北大社普通高等教育"十三五"数字化建设规划教材

大学物理学

（下）

主　编　俎凤霞　汤朝红

内 容 简 介

本书围绕大学物理课程教学基本要求,对物理学的基本概念、基本理论做了比较系统全面的讲述.全书的内容简明扼要,难度适中,在注重加强基础理论的同时,突出训练和培养学生的科学思维及创新能力.

《大学物理学》分上、下两册,内容分为5篇,总共15章.上册包含第1篇力学、第2篇电磁学;下册包含第3篇波动光学、第4篇热学、第5篇近代物理基础.本书配有学习指导书,除了对课程的重点和难点做了进一步阐述外,对书中的习题也进行了详细且具有拓展性的解答.

本书可作为高等院校理工科、师范类等非物理专业,以及成人教育相关专业的大学物理课程的教材,也可以作为中学物理教师的教学参考书.

前 言

大学物理是理工科高等院校的一门重要的公共基础课程,在大学的基础教育中占有十分重要的位置.帮助学生建立物理学的知识体系,掌握科学的学习和思维方法,培养良好的科学素养和创新能力,是大学物理课程教学的重要目标.

为了积极响应党的二十大报告中关于"办好人民满意的教育""加强教材建设和管理"的号召,主动适应当前大学物理教学改革的需求,本书以物理基础知识为载体、以课程思政为途径,及时将党的二十大精神融进物理课堂.从家国情怀、科学精神等方面着眼,促进学生的科学素养与人文素养协调发展,注重在潜移默化中坚定学生理想信念,落实立德树人的根本任务.

本书涵盖了教育部制定的《非物理类理工学科大学物理课程教学基本要求》中的核心内容,保证了基本物理体系的系统性和完整性,同时注重知识点的深化以及知识面的扩展.本书精选了部分既能培养学生分析和解决问题的能力,又能激发学生兴趣的例题和优秀物理学家的事迹作为阅读材料.

全书物理概念清晰,论述深入浅出,注重对基本概念、基本规律的阐述.在保证必要的基本训练的基础上,突出了物理理论在实际中的应用和扩展,并在有效融入课程思政方面做了初步尝试,因而更加符合教学基本要求和课程的教学规律.

本书上册由刘阳、吴涛主编,下册由俎凤霞、汤朝红主编,多名一线教师参与编写,刘阳、吴涛负责统稿、定稿.全书各篇章的具体编写分工如下:刘阳、李海霞编写第 1 章、第 2 章,岑敏锐编写第 3 章,吴涛编写第 4 章,李端勇、郑文文编写第 5 章,魏巧、殷勇编写第 6 章,黄河编写第 7 章,熊伦编写第 8 章,俎凤霞编写第 9 章,汤朝红编写第 10 章,谭荣编写第 11 章,张昱编写第 12 章,黄淑芳编写第 13 章,刘培姣编写第 14 章,何菊明、丁春玲编写第 15 章.

本书在出版过程中得到了北京大学出版社,武汉工程大学教务处、光电信息与能源工程学院、数理学院的相关领导以及大学物理课程组全体教师的大力支持,沈辉提供了本书教学资源的架构设计,滕京霖提供了版式设计方案,龚维安审查并剪辑了全书的视频资源,在此表示衷心的感谢.

由于编写时间较紧,编者水平所限,书中疏漏和不足之处在所难免,敬请同人和师生提出宝贵的意见,以便修订时校正.

编者

目　　录

第3篇　波动光学

第9章　光的干涉 ········· 3
  9.1　光的电磁理论　光的相干性 ········· 3
  9.2　分波面干涉　空间相干性 ········· 11
  9.3　分振幅干涉　薄膜干涉 ········· 18
  9.4　迈克耳孙干涉仪　时间相干性 ········· 28
  9.5　多光束干涉 ········· 31
  思考题 ········· 32
  习题9 ········· 33

第10章　光的衍射 ········· 35
  10.1　光的衍射现象　惠更斯-菲涅耳原理 ········· 35
  10.2　单缝夫琅禾费衍射 ········· 37
  10.3　圆孔衍射　光学仪器的分辨本领 ········· 43
  10.4　光栅衍射　光栅光谱 ········· 46
  10.5　X射线衍射 ········· 52
  思考题 ········· 55
  习题10 ········· 55

第11章　光的偏振 ········· 57
  11.1　光的横波性　自然光和偏振光 ········· 57
  11.2　起偏与检偏　马吕斯定律 ········· 60
  11.3　反射和折射时光的偏振　布儒斯特定律 ········· 65
  11.4　双折射　寻常光和非寻常光 ········· 66
  11.5　椭圆偏振光和圆偏振光　偏振光的干涉 ········· 74
  思考题 ········· 78
  习题11 ········· 79

第4篇 热　学

第12章　气体动理论 ... 82
- 12.1　热力学系统与状态 ... 82
- 12.2　理想气体的压强与温度 ... 86
- 12.3　麦克斯韦速率分布律 ... 93
- *12.4　玻尔兹曼分布律 ... 98
- 12.5　能量均分定理　理想气体的内能 ... 100
- 12.6　气体分子平均碰撞频率和平均自由程 ... 103
- 思考题 ... 106
- 习题12 ... 106

第13章　热力学基础 ... 108
- 13.1　热力学第一定律 ... 108
- 13.2　理想气体的等值过程、绝热过程、*多方过程 ... 111
- 13.3　循环过程　卡诺循环 ... 118
- 13.4　热力学第二定律 ... 121
- 思考题 ... 130
- 习题13 ... 131

第5篇　近代物理基础

第14章　狭义相对论基础 ... 135
- 14.1　伽利略相对性原理 ... 135
- 14.2　伽利略变换与经典力学的困难 ... 137
- 14.3　狭义相对论的基本假设与洛伦兹变换 ... 144
- 14.4　狭义相对论时空观 ... 151
- 14.5　狭义相对论动力学基础 ... 161
- 思考题 ... 170
- 习题14 ... 170

第15章　量子力学基础 ... 172
- 15.1　黑体辐射　普朗克能量子假说 ... 172
- 15.2　光电效应　光的波粒二象性 ... 178
- 15.3　康普顿效应 ... 182
- 15.4　氢原子光谱　玻尔理论 ... 185
- 15.5　德布罗意假设　电子衍射实验 ... 190
- 15.6　海森伯不确定关系 ... 194
- 15.7　波函数及其统计解释 ... 197
- 15.8　薛定谔方程及其应用 ... 202
- *15.9　氢原子的量子理论简介 ... 208

*15.10　电子自旋　原子核外电子的壳层结构 …………………………………… 211
*15.11　激光原理及其应用 …………………………………………………………… 214
　　思考题 ……………………………………………………………………………… 219
　　习题 15 ……………………………………………………………………………… 220

习题参考答案 ………………………………………………………………………… 221

第 3 篇

波 动 光 学

人类研究光已有三千多年的历史,其中17世纪和18世纪是光学研究的一个重要发展时期,科学家不仅从实验上对光进行研究,而且对光学知识进行了系统化和理论化的整理.17世纪初,在牛顿提出的"微粒说"被许多科学家接受时,惠更斯提出了光的"波动说",即认为光是一种弹性机械波.波动说能解释一些光学现象.但由于当时未得到足够的实验数据的支持和牛顿的权威性,波动说并没有被物理学界所广泛接受.19世纪初,托马斯·杨(T. Young)、菲涅耳(Fresnel)等人利用光的波动说和干涉原理,通过设计的实验装置得到了干涉和衍射图样;马吕斯(Malus)等人研究光的偏振现象,确认了光具有横波性.1850年,傅科(Foucault)测出了光在水中的传播速度比空气中的小.之后,光的波动说开始被广泛接受.19世纪60年代,麦克斯韦创立的电磁理论预言了电磁波的存在,并指出光就是一种电磁波;赫兹在进行了一系列实验后,于1887年发现了电磁波,并用实验验证了电磁波具有和光波类似的反射、折射、偏振等性质,而且用电磁理论计算出的电磁波在真空中的传播速度与当时已测得的光在真空中的传播速度完全相等.从此,光是电磁波的观点取代了光是弹性机械波的观点.19世纪末和20世纪初,通过对黑体辐射、光电效应和康普顿(Compton)效应的研究,人们对光的本性的认识又向前推进了一步,知道光不但具有波动的特性,还明显地表现出粒子性,即光是一种具有波粒二象性的物质.

研究光现象、光的本性和光与物质的相互作用等规律的学科称为光学.光学通常分为几何光学、波动光学和量子光学三部分.几何光学是以光沿着直线传播为基础,研究光的传播及其成像规律,以及光学仪器的理论;波动光学研究光的电磁性质和传播规律,特别是光的干涉、衍射和偏振的规律;量子光学以近代量子理论为基础,研究光与物质相互作用的规律.20世纪五六十年代,随着激光和光信息技术的出现,光学又取得了新的进展,并且派生了许多分支,如光纤技术、全息技术、非线性光学等.

干涉和衍射是一切波动所特有的现象,也是用以判断某种物质运动是否具有波动性的证据.本篇将介绍波动光学,主要讨论光的干涉、衍射和偏振等波动特征及其应用.

第 9 章 光的干涉

本章在介绍光的相干性的基础上着重讨论光的分波面干涉和分振幅干涉,并对光的空间相干性和时间相干性进行简单分析.

9.1 光的电磁理论 光的相干性

9.1.1 光的电磁理论

光是一种电磁波. 通常意义上的光是指**可见光**,即能引起人的视觉的电磁波. 它的频率为 $3.95 \times 10^{14} \sim 7.69 \times 10^{14}$ Hz,相应地,它在真空中的波长为 $760 \sim 390$ nm. 不同频率的可见光给人以不同的颜色视觉,频率从大到小呈现从紫到红的各种颜色. 广义的光的频率为 $10^{12} \sim 10^{16}$ Hz,其范围从微波、红外线、可见光、紫外线直至 X 射线和 γ 射线(除特别说明外,书中所说的光一般指可见光).

1. 光速和折射率

根据麦克斯韦的电磁理论,光在真空中的传播速度为

$$c = \frac{1}{\sqrt{\varepsilon_0 \mu_0}}, \tag{9.1.1}$$

这是一个常数,式中 ε_0 为真空电容率(又称真空介电常量),μ_0 为真空磁导率(又称磁常量).

光在介质中的传播速度为

$$u = \frac{1}{\sqrt{\varepsilon \mu}} = \frac{1}{\sqrt{\varepsilon_0 \varepsilon_r \mu_0 \mu_r}} = \frac{c}{\sqrt{\varepsilon_r \mu_r}}, \tag{9.1.2}$$

式中 ε_r 为介质的相对电容率,μ_r 为介质的相对磁导率.

真空中的光速与介质中的光速之比定义为介质的绝对折射率 n. 由式(9.1.1)和(9.1.2)有

$$n = \frac{c}{u} = \sqrt{\varepsilon_r \mu_r}. \tag{9.1.3}$$

由于光穿过不同介质时,频率是不变的,当频率为 ν 的单色光由一种介质进入另一种介质时,光速和波长都会发生改变.若频率为 ν 的单色光在真空和介质中的波长分别为 λ 和 λ_n,则有

$$\lambda = \frac{c}{\nu}, \tag{9.1.4}$$

$$\lambda_n = \frac{u}{\nu} = \frac{\lambda}{n}. \tag{9.1.5}$$

注意:复色光在介质中传播时,介质对不同波长的成分表现出不同的折射率,这种现象称为光的色散.

2. 光矢量和光强

电磁波是横波,其电场强度 E、磁场强度 H 均与传播方向(波速 u)垂直,如图 9.1 所示.由于光波中参与物质相互作用(感光作用、生理作用等)的是电场强度 E,光波中的振动矢量通常指的是 E 矢量,称为光矢量.

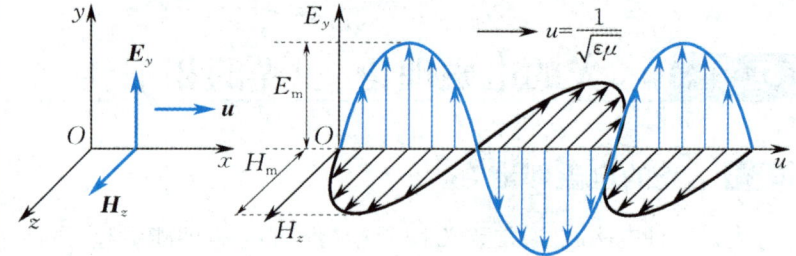

图 9.1 电磁波的横波性

对于光波来说,空间各点光矢量的大小、方向随时间和空间做周期性变化.沿 x 轴正方向传播的平面光波的波函数为

$$E_y = E_m \cos\left[\omega\left(t - \frac{x}{u}\right) + \varphi_0\right],$$

$$H_z = H_m \cos\left[\omega\left(t - \frac{x}{u}\right) + \varphi_0\right].$$

波动的传播总是伴随着能量的传递,一般用平均能流密度(能流密度在一个振动周期内的平均值)来描述.按照电磁波的理论,光的强度 I(简称光强)等于电磁波的平均能流密度 $\overline{S}$,正比于光矢量振幅的平方,即

$$I = \overline{S} = \overline{EH} = \sqrt{\frac{\varepsilon}{\mu}}\,\overline{E^2} = \frac{1}{2}E_m H_m = \frac{1}{2}\sqrt{\frac{\varepsilon}{\mu}}\,E_m^2 \propto E_m^2.$$

在讨论光的干涉和衍射问题中只注重光的相对强弱,为简化计算,常略去系数 $\frac{1}{2}\sqrt{\frac{\varepsilon}{\mu}}$,直接用 E_m^2 代表光强.

9.1.2 普通光源发光的微观机制

1. 光源和光谱

能发光的物体称为光源.如果光源发出的光的频率(颜色)是

单一的,则称之为 单色光源. 普通光源发出的光的频率都不是单一的. 如果普通光源发出的光束通过三棱镜或光谱仪,光束中不同频率的光以不同的角度射到观察屏上或拍摄在底片上,这样得到的光强按频率(或波长)的分布称为 光的频谱,简称 光谱.

2. 原子的发光模型与普通光源发光的微观机制

从微观上看,普通光源的发光都属于分子和原子发光,其发光机制是处于激发态的原子(或分子)的自发辐射. 根据近代物理理论,一个孤立的原子,它的能量只允许处在一系列的分立的能级 $E_1, E_2, \cdots, E_n$ 上. 当原子处在某个能级上时,并不发射电磁波. 通常原子处于最低的能级 E_1(基态,是稳定态)上,当受到外界的激发,即光源中的原子吸收能量,就会跃迁到能量较高的激发态. 而处于激发态的原子极不稳定(在激发态存在的平均时间只有 $10^{-11} \sim 10^{-8}$ s),它会自发地回到能量较低的激发态或基态,并将大小为 ΔE(两能级之差)的能量以光的形式向外发射出来,如图 9.2 所示. 原子发光完全是随机进行的,在激发态存在的时间中何时发光难以预知. 可见,原子发射的光波是一个在时间上很短,在空间中有限长的光波. 在波动光学中把原子发射的这种有限长的光波称为原子光波波列,光波的频率根据玻尔(Bohr)提出的频率公式计算:

$$\nu = \frac{\Delta E}{h},$$

式中 $h = 6.63 \times 10^{-34}$ J·s 称为普朗克(Planck)常量.

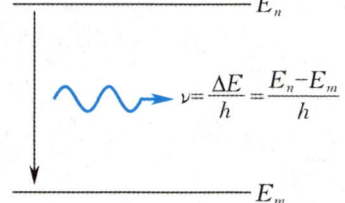

图 9.2 原子的自发辐射

综上所述,普通光源的发光过程具有以下特点:

(1) 间歇性. 原子发光是间歇的,每次发光的持续时间极短,发出的是一个有特定振动方向、频率和相位的有限长的短波列. 但由于可见光的频率很高,在发光的持续时间内完成了很多次振动,因此一个理想的点光源一次发出的波列的长度为 $L = c\Delta t$,如图 9.3 所示,式中 Δt 为发光时间,c 为光速. 若 $\Delta t = 10^{-8}$ s,则 $L = c\Delta t \approx$ 3 m. 由于分子、原子的热运动影响,实际光源发光的波列长度远小于 3 m. 例如,低温下,氖气放电放出橙红色光,其波列长度约为 77 cm. 其他普通光源发光的波列长度比它还要短得多.

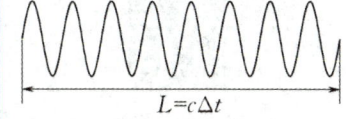

图 9.3 光波波列

(2) 随机性. 一个普通光源中有很多的原子,每个原子各自独立地、间歇地、随机地发出一个个波列,它们彼此间没有任何的关联. 不同原子同一时刻或同一原子不同时刻所发光波波列的频率一般不同(单色光源除外),相位和振动方向一般也不同,传播方向也彼此无关.

9.1.3 光波的叠加及相干性

1. 光波叠加原理

实验证明,对于真空中传播的光或在介质中传播的不太强的光,当几列光波相遇时,其合成光波的光矢量 E 等于各列光波光矢量 $E_1,E_2,\cdots$ 的矢量和,即

$$E = E_1 + E_2 + \cdots. \tag{9.1.6}$$

这一规律称为<u>光波叠加原理</u>.

但应指出,对于在介质中传播的强光(如激光、同步辐射)或不太强的光通过某些特殊介质(如变色玻璃等),上述光波叠加原理一般不成立.在本章所涉及的范围内,光波叠加原理仍然是一个基本原理.

下面以光矢量分别为 E_1 和 E_2 的两列光波的叠加为例来计算合成光波的强度,即求出合光强与分光强的关系.显然,合成光波的光矢量 $E = E_1 + E_2$,光强 $I = \overline{S} = \overline{E^2}$.由于

$$\overline{E^2} = \overline{E \cdot E} = \overline{(E_1+E_2)\cdot(E_1+E_2)} = \overline{E_1^2} + \overline{E_2^2} + 2\overline{E_1 \cdot E_2},$$

可得

$$I = I_1 + I_2 + I_{12}, \tag{9.1.7}$$

式中 $I_{12} = 2\overline{E_1 \cdot E_2}$ 称为<u>干涉项</u>.

在光波叠加原理中遵从相加规则的是光矢量而非光强,合光强一般并不等于分光强之和.然而,两个独立普通光源或从同一普通光源的不同部分发出的光相遇时,其合光强总等于分光强之和,即干涉项 $I_{12} = 0$,有

$$I = I_1 + I_2. \tag{9.1.8}$$

这种情形称为<u>光的非相干叠加</u>.

2. 光的相干叠加

按照波的叠加原理,如果两列振动方向相同、频率相同、相位差恒定的简谐波叠加,则会产生干涉现象.实验证明,光波也有类似情形,当两列振动方向相同、频率相同、相位差恒定的简谐光波相遇时也会发生干涉现象.两相干光源发出的光波,在相遇区内某些空间点处,合光强大于分光强之和($I_{12} > 0$),在另一些空间点处合光强小于分光强之和($I_{12} < 0$),形成明暗相间的稳定的周期性分布.光波的这种叠加称为<u>光的相干叠加</u>.

<u>振动方向相同(或有平行的振动分量)、频率相同、相位差恒定</u>是产生光的干涉的三个必要条件,称为<u>相干条件</u>.满足相干条件的两束光称为<u>相干光</u>,能产生相干光的光源称为<u>相干光源</u>.下面将说明相干光的三个相干条件是缺一不可的.

相干光与光程

首先，若两列光波的光矢量 $\boldsymbol{E}_1$ 与 $\boldsymbol{E}_2$ 完全垂直，则 $I_{12} = 2\overline{\boldsymbol{E}_1 \cdot \boldsymbol{E}_2} = 0$，即两列光波为非相干叠加，不发生干涉。当 $\boldsymbol{E}_1$ 与 $\boldsymbol{E}_2$ 有一定的夹角时，将它们正交分解，显然只有平行分量之间才可能发生干涉；$\boldsymbol{E}_1$ 与 $\boldsymbol{E}_2$ 平行时，干涉效果更好。

其次，若设两光矢量平行（光振动的方向相同），但有不同的频率，相位差也不恒定，两列简谐光波的波函数分别为

$$E_1 = E_{1m}\cos\left(\omega_1 t + \varphi_1 - \frac{2\pi}{\lambda_1}r_1\right),$$

$$E_2 = E_{2m}\cos\left(\omega_2 t + \varphi_2 - \frac{2\pi}{\lambda_2}r_2\right),$$

式中 $\omega_1, \omega_2, \varphi_1, \varphi_2, \lambda_1, \lambda_2$ 分别为两列光波的角频率、初相位和波长；r_1, r_2 则代表观测点 P 距两光源 S_1 和 S_2 的距离（见图 9.4）。

由于两简谐光波的频率不同，其合成光波不可能是一个简谐波。由光波叠加原理可得

$$E^2 = E_{1m}^2 + E_{2m}^2 + 2E_{1m}E_{2m}\cos\Delta\varphi,$$

对上式各项取时间平均值，即得到合光强为

$$I = I_1 + I_2 + 2\sqrt{I_1 I_2}\,\overline{\cos\Delta\varphi}, \quad (9.1.9)$$

而干涉项为

$$I_{12} = 2\sqrt{I_1 I_2}\,\overline{\cos\Delta\varphi} = 2\sqrt{I_1 I_2}\left(\frac{1}{\tau}\int_0^\tau \cos\Delta\varphi \mathrm{d}t\right), \quad (9.1.10)$$

式中

$$\Delta\varphi = (\omega_1 - \omega_2)t + (\varphi_1 - \varphi_2) - \left(\frac{2\pi}{\lambda_1}r_1 - \frac{2\pi}{\lambda_2}r_2\right), \quad (9.1.11)$$

τ 为某一时间间隔（其值远大于光振动的周期）。

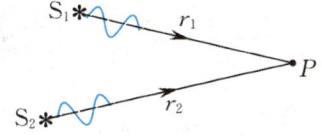

图 9.4　光波的叠加

我们知道，测量光的各种探测器的响应时间或分辨时间（如人眼的响应时间约为 0.05 s，现代快速光电记录器的响应时间约为 10^{-9} s）远大于光矢量的振动周期（10^{-15} s），利用探测器无法测定光矢量 $\boldsymbol{E}$ 的瞬时值，仅能对 $\boldsymbol{E}$ 的大小做平均响应。也就是说，探测器的测量值实际与光强相联系。由此可知，式(9.1.9)各项平均值的计算时间自然是由探测器的响应时间来确定的。

从式(9.1.10)和(9.1.11)不难看出，当 $\omega_1 \neq \omega_2$ 时，在观测时间内 $(\omega_1 - \omega_2)t$ 可取各种值，从而使 $\overline{\cos\Delta\varphi} = 0$；若 φ_1 和 φ_2 各自独立，且随机地取值，也将使 $\overline{\cos\Delta\varphi} = 0$。两种情况下，都有 $I_{12} = 0$，使两列光波不发生干涉。由此可见，相干光必须同时满足三个必要条件。

下面给出两相干光在空间各点处的合光强的计算公式。设两相干光在同一介质（折射率为 n）中传播，有

$$E_1 = E_{1m}\cos\left(\omega t + \varphi_1 - \frac{2\pi}{\lambda_n}r_1\right),$$

$$E_2 = E_{2m}\cos\left(\omega t + \varphi_2 - \frac{2\pi}{\lambda_n}r_2\right),$$

式中 λ_n 是两相干光在折射率为 n 的介质中的波长. 可见, 合成光波也是角频率为 ω 的简谐光波. 设合成光波的振幅为 E_m, 则

$$E_m^2 = E_{1m}^2 + E_{2m}^2 + 2E_{1m}E_{2m}\cos\Delta\varphi.$$

而

$$\Delta\varphi = (\varphi_1 - \varphi_2) - \frac{2\pi}{\lambda_n}(r_1 - r_2), \tag{9.1.12}$$

于是合光强为

$$I = I_1 + I_2 + 2\sqrt{I_1 I_2}\cos\Delta\varphi. \tag{9.1.13}$$

因相位差 $\Delta\varphi$ 保持恒定, 故无须计算 $\cos\Delta\varphi$ 对时间的平均值. 由式(9.1.13)很容易计算出干涉场中各点处的合光强.

3. 相干光的获得

鉴于普通光源发光过程的特征, 利用两个独立的普通光源不可能观察到稳定的干涉现象. 在激光尚未出现之前, 为了获得相干光, 通常要采用极小尺寸的光源(在光源前放上带有针孔或狭缝的屏作为光阑), 利用某种方法将一束光分割为两束或多束光, 然后再让它们通过不同的光路会合而产生干涉. 这种一分为二获得相干光的方法主要有两类: 一类是 分波面法, 就是在光源发出的某一波面上, 取出两部分小面元作为相干光源(见图 9.5); 另一类是 分振幅法, 就是将一束光利用反射或折射使其分成两束同振动方向、同频率、相位差恒定的相干光(见图 9.6).

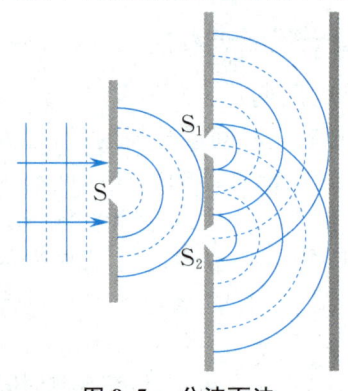

图 9.5　分波面法

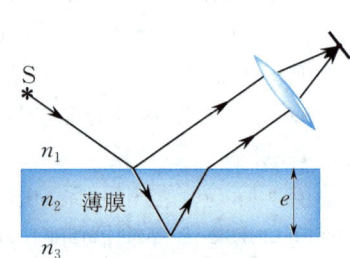

图 9.6　分振幅法

9.1.4　光程与光程差

相位差 $\Delta\varphi$ 的计算在分析光的干涉现象时十分重要. 为了方便地比较和计算光经过不同介质时引起的相位差, 引入 光程 与 光程差 的概念.

1. 光程与光程差

光在介质中传播时, 光振动的相位沿传播方向逐点落后, 以 λ_n 表示光在折射率为 n 的介质中的波长, 则通过路程 r 时, 光振动相

位落后的值为

$$\Delta\varphi = \frac{2\pi}{\lambda_n} r.$$

同一束光通过不同介质时,频率不变而波长不同,以 λ 表示光在真空($n=1$)中的波长,由式(9.1.5)有 $\lambda_n = \frac{\lambda}{n}$,将此关系代入上式中,可得光在介质中传播几何路程为 r 时,相应的相位变化为

$$\Delta\varphi = \frac{2\pi}{\lambda} nr. \tag{9.1.14}$$

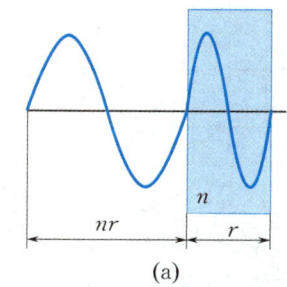

(a)

式(9.1.14)的右边表示光在真空中传播路程 nr 时所引起的相位落后.由此可知,同一频率的光在折射率为 n 的介质中传播几何路程 r 所引起的相位差与它在真空中传播几何路程 nr 所引起的相位差相同(见图 9.7(a));而同一频率的光在真空和介质中都传播几何路程 r 所引起的相位差却不同(见图 9.7(b)).

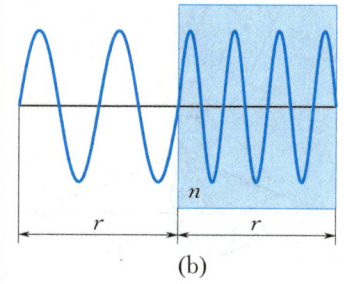

(b)

图 9.7 一束光在几种介质中的传播

定义光在某一介质中所经过的几何路程 r 和该介质的折射率 n 的乘积 nr 为与 r 相应的光程.它实际上是把光在介质中通过的几何路程按相位变化相同折算到真空中通过的几何路程.这样折算的优点是可以统一地用光在真空中的波长 λ 来计算光的相位变化.

引入光程后,光程差就定义为两束光到达相遇点的光程的差值.设从两个同相位(初相位 $\varphi_1 = \varphi_2$)的相干光源 S_1 和 S_2 发出的两相干光,分别在折射率为 n_1 和 n_2 的介质中传播,相遇点 P(两种介质的界面上一点)与光源 S_1 和 S_2 的距离分别为 r_1 和 r_2,则两束光到达 P 点的光程差为

$$\delta = n_2 r_2 - n_1 r_1,$$

相位差为

$$\Delta\varphi = \frac{2\pi}{\lambda_{n_2}} r_2 - \frac{2\pi}{\lambda_{n_1}} r_1 = \frac{2\pi}{\lambda}(n_2 r_2 - n_1 r_1) = \frac{2\pi}{\lambda}\delta. \tag{9.1.15}$$

引进光程和光程差后,不论光在什么介质中传播,式(9.1.15)中的 λ 均是光在真空中的波长.如果两相干光源不是同相位的,则两相干光在 P 点的相位差为

$$\Delta\varphi = (\varphi_2 - \varphi_1) + \frac{2\pi}{\lambda}\delta. \tag{9.1.16}$$

例如,在图 9.8 中有两种介质,折射率分别为 n 和 n',由两个同相位的相干光源 S_1 和 S_2 发出的光到达 P 点所经过的光程分别是 $n' r_1$ 和 $n'(r_2 - d) + nd$,它们的光程差为

$$\delta = n'(r_2 - d) + nd - n' r_1 = n'(r_2 - r_1 - d) + nd,$$

由此光程差引起的相位差为

$$\Delta\varphi = \frac{2\pi}{\lambda}\delta = \frac{2\pi}{\lambda}[n'(r_2 - r_1 - d) + nd].$$

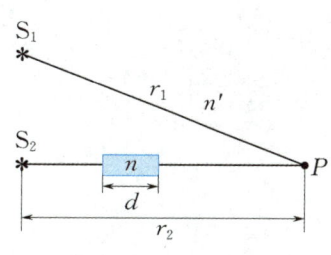

图 9.8 光程差的计算

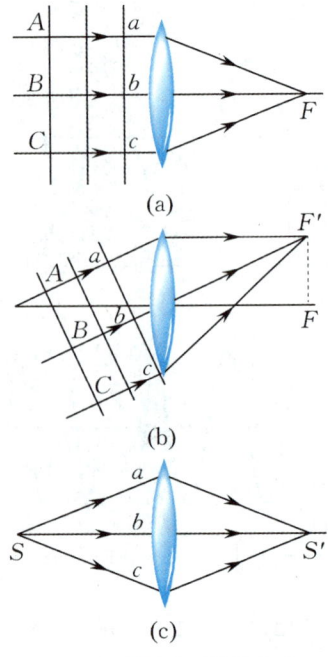

图 9.9 通过透镜的各光线的等光程性

2. 透镜不产生附加的光程差

在干涉和衍射装置中,通常要用到透镜.理论和实验表明:通过透镜的各光线有等光程性.

平行于透镜光轴的光通过透镜后,各光线会聚在焦点,形成一亮点(见图9.9(a)),说明在焦点处各光线是同相位的.由于平行光的波面与光线垂直,从入射平行光内任意一个与光线垂直的平面算起,直到会聚点,各光线的光程都是相等的.例如在图 9.9(a)(或图 9.9(b))中,从 a,b,c 到 F(或 F') 或从 A,B,C 到 F(或 F') 的三条光线都是等光程的.因为 A,B,C 为垂直于入射光束的同一平面上的三点,光线 AaF(或 AaF'),CcF(或 CcF')在空气中传播的距离长,在透镜中传播的距离短;而光线 BbF(或 BbF')在空气中传播的距离短,在透镜中传播的距离长.由于透镜的折射率比空气的折射率大,折算成光程,各光线的光程将相等.这就是说,由于光源的同一波面上的各点有相同的相位,经透镜会聚后仍然有相同的相位,即<u>透镜可以改变光线的传播方向,但不引起附加的光程差</u>.在图 9.9(c) 中,物点 S 发出的光经透镜成像为像点 S',说明物点和像点之间的各光线也是等光程的.

9.1.5 干涉相长与干涉相消

1. 干涉相长

由式(9.1.13) 可知,如果两个相干光源 S_1,S_2 发出的相干光在相遇点 P 处的相位差为

$$\Delta\varphi = \pm 2k\pi \quad (k = 0,1,2,\cdots), \tag{9.1.17}$$

即 $\cos\Delta\varphi = 1$,则两光振动在相遇点 P 处同相位叠加,合振幅最大,因而光强最大,形成明纹.这种叠加称为<u>干涉相长</u>(极大、加强),P 点处的光强为

$$I = I_1 + I_2 + 2\sqrt{I_1 I_2}.$$

若两个相干光源 S_1,S_2 的光强相等($I_1 = I_2$),则干涉相长的地方光强有极大值

$$I_{\max} = 4I_1. \tag{9.1.18}$$

若两个相干光源 S_1,S_2 的振动是同相位的(初相位 $\varphi_1 = \varphi_2$),由式(9.1.16),干涉相长的条件可用光程差表示为

$$\delta = \pm k\lambda \quad (k = 0,1,2,\cdots), \tag{9.1.19}$$

即 δ 为波长整数倍的空间各点处是明纹中心.

2. 干涉相消

如果两个相干光源 S_1,S_2 发出的相干光在相遇点 P 处的相位差为

$$\Delta\varphi = \pm(2k+1)\pi \quad (k = 0,1,2,\cdots), \tag{9.1.20}$$

即 $\cos\Delta\varphi = -1$,则两光振动在相遇点 P 处反相位叠加,合振幅最小,因而光强最小,形成暗纹. 这种叠加称为**干涉相消**(极小、减弱),P 点处的光强为

$$I = I_1 + I_2 - 2\sqrt{I_1 I_2}.$$

若两个相干光源 S_1,S_2 的光强相等($I_1 = I_2$),则干涉相消的地方光强有极小值

$$I_{\min} = 0. \tag{9.1.21}$$

若两个相干光源 S_1,S_2 的振动是同相位的(初相位 $\varphi_1 = \varphi_2$),由式(9.1.16),干涉相消的条件可用光程差表示为

$$\delta = \pm(2k+1)\frac{\lambda}{2} \quad (k = 0,1,2,\cdots), \tag{9.1.22}$$

即 δ 为半波长奇数倍的空间各点处是暗纹中心.

在空间其他位置,光强为

$$I = I_1 + I_2 + 2\sqrt{I_1 I_2}\cos\Delta\varphi \xrightarrow{I_1 = I_2} 4I_1\cos^2\frac{\Delta\varphi}{2}. \tag{9.1.23}$$

式(9.1.17)和(9.1.19)是干涉相长的条件;式(9.1.20)和(9.1.22)是干涉相消的条件. 干涉使光的能量在空间重新分布. 光强极大、极小之处是干涉明纹或暗纹的中心,明、暗纹中心之间光强连续变化,相间分布. 两个光强相等的相干光源(两列光波的振幅相等)相干叠加产生的干涉效果最明显,形成明暗对比分明的干涉图样(光强分布如图 9.10 所示).

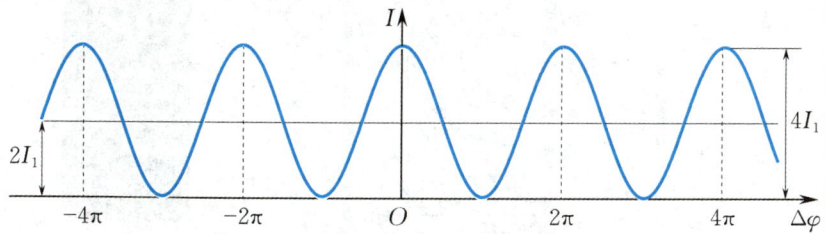

图 9.10 两个光强相等的相干光源干涉的光强分布

可见,要得到稳定、清晰可辨的干涉图样,两束光除了要满足前面所述三个必要条件以外,还要满足以下两个补充条件:

(1) 两光源光矢量振动的振幅不能相差太大;

(2) 两光源到相遇点的光程差不能太大(详见 9.4.2 小节).

9.2 分波面干涉　空间相干性

分波面法就是在一个点光源(或线光源)发出的光波的某一波面上分割出两部分小面元,由于同一波面上各点振动相位相同,其

上任意一点都可看成子波源,这些子波源就是同振动方向、同频率、同相位的相干光源.由它们发出的光波在空间相遇时就能产生干涉.

9.2.1 杨氏双缝干涉

1801年,英国物理学家托马斯·杨巧妙构思,用一个十分简单的装置,第一次观察到了光的干涉现象,并测出了光的波长,这就是典型的分波面干涉的杨氏双缝干涉实验.

1. 干涉装置与干涉图样

杨氏双缝干涉装置如图9.11(a)所示:单色线光源S发出的光照射到与S平行等距的两条相距为d(非常近)的平行窄缝(宽度视为无限小)S_1和S_2上,根据惠更斯原理,S_1和S_2是来自S的同一波面上的两个不同部分,它们是同相位、等光强的两个相干光源.由其发出的相干光在相遇区域形成的干涉图样呈现在离S_1和S_2缝后较远的观察屏上(与双缝相距为$D,D\gg d$),如图9.11(b)所示.

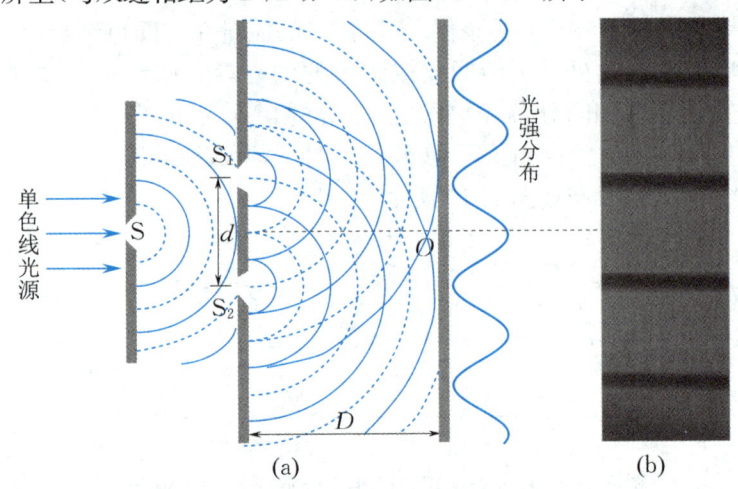

图 9.11 杨氏双缝干涉装置及干涉图样

2. 明纹与暗纹的位置

如图9.12所示,设单色光的波长为λ,从两个同相位、等光强的相干光源S_1和S_2发出的相干光到达观察屏上各点的光程差决定了与双缝平行的观察屏上各点的干涉情况.对观察屏上任意一点P,两束光的光程差为

$$\delta = r_2 - r_1.$$

设P点到两缝中点A的连线与两缝中垂线AO的夹角为θ,由于$D\gg d, D\gg x, \theta$很小,近似有

$$\delta = r_2 - r_1 \approx d\sin\theta \approx d\theta \approx d\tan\theta = d\frac{x}{D}. \quad (9.2.1)$$

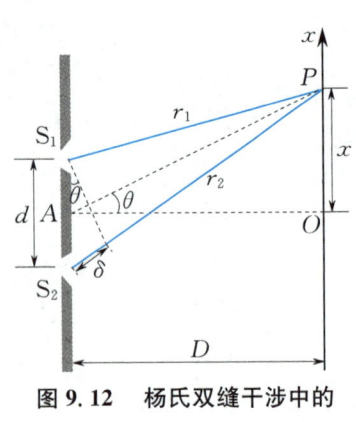

图 9.12 杨氏双缝干涉中的几何关系

由干涉相长条件式(9.1.19)知,当
$$\delta = \pm k\lambda \quad (k=0,1,2,\cdots) \tag{9.2.2}$$
时,P 点处振动干涉相长,是明纹中心.

由干涉相消条件式(9.1.22)知,当
$$\delta = \pm(2k-1)\frac{\lambda}{2} \quad (k=1,2,\cdots) \tag{9.2.3}$$
时,P 点处振动干涉相消,是暗纹中心.

由式(9.2.1)和(9.2.2)可得观察屏上明纹中心位置的坐标为
$$x = \pm k\frac{\lambda D}{d} \quad (k=0,1,2,\cdots). \tag{9.2.4}$$

由式(9.2.1)和(9.2.3)可得观察屏上暗纹中心位置的坐标为
$$x = \pm\left(k-\frac{1}{2}\right)\frac{\lambda D}{d} \quad (k=1,2,\cdots). \tag{9.2.5}$$

3. 条纹特点与光强分布

(1) 由式(9.2.4)和(9.2.5)可知,干涉条纹位置坐标 x 由干涉装置的参数及入射光的波长决定.O 点到 S_1 和 S_2 的距离相等,光程差为零,所以 O 点是零级明纹(也称为中央明纹)中心;两式中的 k 为明、暗纹的级次(称为干涉级),正负号表明干涉条纹是关于 O 点两侧对称分布的,故在单色光照射时,干涉条纹是明暗相间的直条纹.

(2) 由式(9.2.4)和(9.2.5)可知,干涉条纹的宽度(相邻明纹中心或暗纹中心之间的距离)为
$$\Delta x = x_{k+1} - x_k = \frac{\lambda D}{d}, \tag{9.2.6}$$
Δx 与 λ,D,d 有关,与干涉级 k 无关,因此干涉条纹是等间隔、等宽度的.由于光波波长很小,只有当 d 足够小,且 $D \gg d$ 时,干涉条纹才能够分辨.

(3) 由式(9.1.23)可知,各级明纹中心处的光强相等,与 k 无关,其值为
$$I_{\max} = 4I_1\cos^2\frac{\Delta\varphi}{2} = 4I_1\cos^2\frac{\pi}{\lambda}\delta = 4I_1\cos^2\frac{\pi}{\lambda}(\pm k\lambda) = 4I_1,$$
各级暗纹中心处的光强为
$$I_{\min} = 4I_1\cos^2\frac{\Delta\varphi}{2} = 4I_1\cos^2\frac{\pi}{\lambda}\delta = 4I_1\cos^2\frac{\pi}{\lambda}\left[\pm(2k-1)\frac{\lambda}{2}\right] = 0.$$

在各级明纹中心到暗纹中心之间的区域,光强将按式(9.1.23)呈周期性变化,如图9.11所示.可见,杨氏双缝干涉条纹是一组明暗相间的等间隔、等宽度、等光强且关于中央明纹对称的与缝平行的直条纹.

如果用白光作光源,除 $k=0$ 的中央明纹因各单色光重合而显

白色外,其他各级明纹将因各单色光的波长不同,出现的位置错开而呈现由紫到红的彩色条纹,并且各种颜色级次稍高的条纹将发生重叠以致模糊一片而分不清条纹.白光干涉条纹的这一特点在干涉测量中可用来判断是否出现了中央明纹.

例 9.2.1 如图 9.12 所示,单色光照射到 $d=0.2$ mm 的双缝上,已知双缝与观察屏的垂直距离为 $D=1$ m. 问:

(1) 若第 1 级明纹中心到同侧第 4 级明纹中心的距离为 $\Delta x_{41} = 7.5$ mm,单色光的波长为多少?

(2) 第 10 级明纹中心的位置和角位置各是多少?

(3) 相邻明纹间的距离为多少?

(4) 若把双缝装置放置在折射率为 $n=1.33$ 的水中,相邻明纹间的距离又为多少?

解 (1) 双缝干涉明纹中心在观察屏上的位置为

$$x = \pm k\frac{\lambda D}{d} \quad (k=0,1,2,\cdots),$$

取 $k=1$ 和 $k=4$,可得第 1 级和第 4 级明纹中心在观察屏上的位置 x_1 和 x_4.依题意有

$$\Delta x_{41} = x_4 - x_1 = \frac{D}{d}(4-1)\lambda,$$

所用单色光的波长为

$$\lambda = \frac{d}{D}\frac{\Delta x_{41}}{4-1} = \frac{0.2 \times 7.5}{1\,000 \times (4-1)} \text{ mm} = 5 \times 10^{-4} \text{ mm} = 500 \text{ nm}.$$

可见,若测量出 D,d 和某级条纹中心的位置坐标 x 或条纹间隔 Δx,则可计算出入射光的波长.

(2) 取 $k=10$ 代入式(9.2.4)可得第 10 级明纹中心在观察屏上的位置为

$$x_{10} = 10\frac{\lambda D}{d} = 10 \times \frac{5 \times 10^{-4} \times 1\,000}{0.2} \text{ mm} = 25 \text{ mm}.$$

由式(9.2.1)和(9.2.4)可得第 10 级明纹中心在观察屏上的角位置为

$$\theta_{10} = 10\frac{\lambda}{d} = 10 \times \frac{5 \times 10^{-4}}{0.2} \text{ rad} = 0.025 \text{ rad} \approx 1.4°.$$

由此可见,只要 $D \gg d$,中央明纹两侧的前 10 个条纹展开的角度都会很小,因此前面分析时做 $d\sin\theta \approx d\tan\theta \approx d\theta$ 的近似是合理的.

(3) 由式(9.2.6)可计算相邻明纹间的距离为

$$\Delta x = \frac{D}{d}\lambda = \frac{1\,000}{0.2} \times 5 \times 10^{-4} \text{ mm} = 2.5 \text{ mm}.$$

注意:相邻明纹间的距离,实际是相邻两明纹中心之间的距离,也就是暗纹的宽度;反之,相邻暗纹间的距离就是明纹的宽度.

(4) 如果把双缝装置放置在水中,要注意光在介质中的波长 λ_n 小于在空气中的波长 λ,用 λ 来计算光程差时,式(9.2.1)给出的两相干光到达 P 点的光程差要改为

$$\delta = n(r_2 - r_1) \approx nd\sin\theta \approx nd\tan\theta = nd\frac{x}{D}.$$

将双缝干涉明纹的条件式(9.2.2)代入上式,可得相邻明纹间的距离为

$$\Delta x = x_{k+1} - x_k = \frac{D\lambda}{nd} = \frac{1\,000 \times 5 \times 10^{-4}}{1.33 \times 0.2}\,\text{mm} \approx 1.88\,\text{mm}.$$

可见,干涉条纹的宽度要变小.

例 9.2.2 如图 9.13 所示,用波长为 $\lambda = 650$ nm 的单色平行光垂直入射在双缝上,可在观察屏上观察到干涉条纹.这时用一透明薄云母片(折射率为 $n = 1.58$)覆盖其中一条狭缝,发现观察屏上中央明纹正好移动到了原来的(未覆盖云母片时)第 5 级明纹所在的位置 P 点,求云母片的厚度 h.

解 依题意,未覆盖云母片时,两缝发出的相干光在 P 点的光程差为

$$\delta = r_2 - r_1 = 5\lambda, \qquad ①$$

覆盖云母片后,两缝发出的相干光在 P 点的光程差为

$$\delta' = r_2 - (r_1 - h + nh) = 0. \qquad ②$$

可见,两种情况下两光程差的差(覆盖云母片前后引起的附加光程差)$\Delta\delta$ 使条纹移动了 5 条.由式①和②有

$$\Delta\delta = \delta - \delta' = (n-1)h = 5\lambda,$$

解得云母片的厚度为

$$h = \frac{5\lambda}{n-1} = \frac{5 \times 650}{1.58-1}\,\text{nm} \approx 5\,603\,\text{nm}.$$

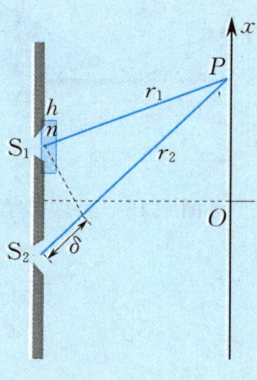

图 9.13

由例 9.2.2 可知,附加光程差 $\Delta\delta$ 引起条纹移动 Δk 条,两者的关系为

$$\Delta\delta = \delta - \delta' = \Delta k \lambda,$$

条纹每移动一条,光程差变动一个波长,但 Δk 可以不为整数.

由此可见,<u>光程差决定明暗条纹的位置,而附加光程差 $\Delta\delta$ 引起条纹的移动</u>.原来的中央明纹处($\delta = 0$),现在是 $\Delta k = \dfrac{(n-1)h}{\lambda}$ 级,这说明原中央明纹向加薄介质片的那一端移动,即在真空中传播的光靠增加几何路程来补偿加了薄介质片后引起的附加光程差 $\Delta\delta$,但干涉条纹的宽度不变,仍为 $\Delta x = \dfrac{D\lambda}{d}$.

9.2.2 其他分波面干涉实验

利用分波面法产生相干光的实验还有菲涅耳双面镜实验、劳埃德(Lloyd)镜等.

1. 菲涅耳双面镜

1818 年,法国物理学家菲涅耳做了著名的双面镜干涉实验,装置如图 9.14 所示,狭缝线光源 S 的光射向装在一起的有微小夹角(保证 d 小)的两平面镜 M_1 和 M_2,光源旁放置一个挡板 L,避免光

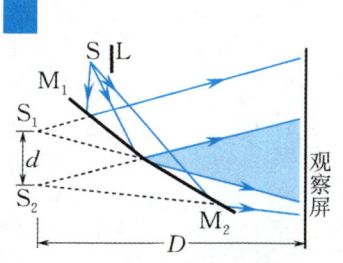

图 9.14 菲涅耳双面镜

直接照射到观察屏上. 从 S 发出的一束光经 M_1 和 M_2 反射后形成的两束相干光交叠(图中阴影区域),发生干涉. 根据平面镜成像原理,这两束光好像分别来自虚光源 S_1 和 S_2,有关杨氏双缝干涉实验的分析也完全适用于菲涅耳双面镜干涉实验.

2. 劳埃德镜

1834 年,劳埃德做了劳埃德镜干涉实验,装置如图 9.15 所示,S_1 是一狭缝光源,它发出的一部分光直接照射到观察屏上,另一部分光几乎与镜面平行(入射角接近 90°),掠射到平面镜上并反射,两束光在交叠区(图中阴影区域)发生干涉. 根据平面镜成像原理,这两束光好像分别来自实光源 S_1 和虚光源 S_2,有关杨氏双缝干涉实验的分析同样适用于劳埃德镜干涉实验. 实验发现,当将观察屏平移到劳埃德镜的一端(图 9.15 中的虚线位置处)时,接触的 N 点处却是暗纹. 这一现象可从两个方面来解释:一方面,此处相当于杨氏双缝干涉实验的中央明纹(到达此处的两束相干光的光程差等于 0)位置,呈现暗纹说明 S_1 和 S_2 两个光源是反相相干光源;另一方面,在反射点 N 处是未经反射的光和反射的光相叠加,它们的干涉完全相消,说明反射光的相位与入射光的相位相反. 这一现象说明当光由空气(光疏介质)入射到玻璃(光密介质)上时,反射光发生了半波损失,即反射光的振动相位突变了 π.

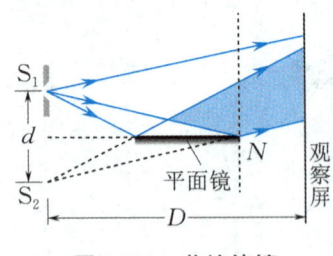

图 9.15 劳埃德镜

9.2.3 空间相干性

空间相干性与时间相干性

在杨氏双缝干涉实验中,如果逐渐增加光源狭缝的宽度,虽然可以增加入射光的强度,但干涉条纹的清晰程度就会下降. 当直接用普通光源照射双缝时,在观察屏上完全看不到干涉条纹. 这说明光源的尺度对干涉有重要影响.

如图 9.16 所示,用宽度为 b 的面光源 BAC 直接照射双缝 S_1 和 S_2. 为便于分析,可将面光源视为由许多垂直纸面的线光源排列组成,这些线光源发出的光彼此是非相干光,在通过双缝后各自产生一套干涉条纹,各套条纹强度相加而又彼此错开. 例如,A 处线光源产生的中央明纹 A' 位于观察屏中央 O 点处,而 A 上(下)方的线光源产生的中央明纹在 O 点下(上)方,距 A 越远的线光源,其干涉条纹上下偏移越多. 如果上边缘 B 处的线光源所产生的第 1 级暗纹正好落在 A 处线光源所产生的中央明纹上,就会使整个干涉条纹因相互错开而变得完全模糊起来. 这时对应的光源的宽度 b 就可当作能产生干涉所允许的光源最大尺度.

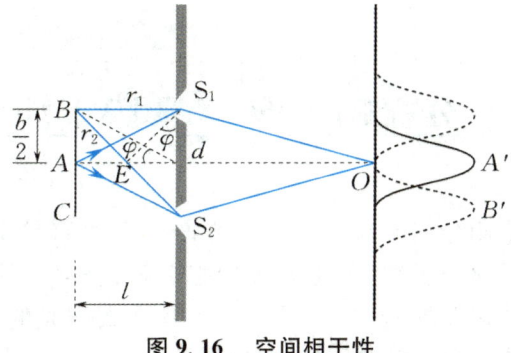

图 9.16 空间相干性

由 B 处线光源射出的光通过 S_1 和 S_2 到达 O 点产生第 1 级暗纹应满足

$$r_2 - r_1 = \frac{\lambda}{2}.$$

从 S_1 作 r_2 的垂线,相交于 E,在 d 很小的情况下可近似认为该垂线与双缝所在平面的夹角等于 B 点到两缝中点的连线与两缝中垂线之间的夹角 φ(见图 9.16),再近似取 $\varphi = \frac{b}{2l}$(设 $b \ll l$),于是

$$r_2 - r_1 \approx d\sin\varphi \approx \varphi d = \frac{bd}{2l},$$

故有

$$\frac{bd}{2l} = \frac{\lambda}{2},$$

即

$$b = \frac{l}{d}\lambda \quad \text{或} \quad d = \frac{l}{b}\lambda.$$

上式表明,在 l 一定的条件下,面光源越宽,就越要求双缝 S_1 和 S_2 靠得越近,才能观察到干涉图样,这就是杨氏双缝干涉实验中要求单色光源为狭缝的原因.

对具有一定尺度的光源来说,它所发出的光波波面上,沿垂直于波线方向并不是任意两处的光都能产生干涉,只有来自两点距离小于 $\frac{l}{b}$ 的光才是相干的. 光波的这一性质称为空间相干性. 显然,在点光源所发出的球面波波面上的任意两点作为次级光源时,它们都是相干光,所以点光源发出的光具有很好的空间相干性. 光源的尺度越大,空间相干性就越差.

对于激光光源,因激光的光场中任意两点的光都是相干光,所以用激光直接照射双缝(无须另加狭缝),就能得到清晰的干涉条纹(见图 9.17).

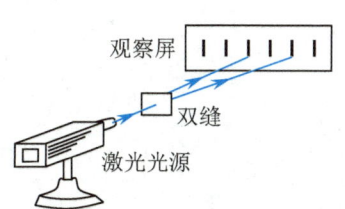

图 9.17 利用激光束直接入射的双缝干涉实验示意图

9.3 分振幅干涉 薄膜干涉

本节讨论用分振幅法获得相干光产生干涉的实验,最典型的分振幅干涉是薄膜干涉.平常看到的肥皂膜、公路上的油膜、金属表面的氧化层以及蜻蜓、蝉等昆虫的翅膀在太阳光的照射下呈现出的色彩或彩色花纹就是薄膜干涉的结果.

9.3.1 薄膜干涉概述

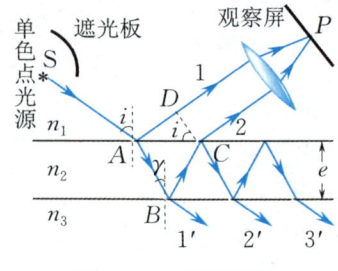

图 9.18 薄膜干涉

从单色点光源 S 发出的一束光射向一个透明的薄膜时,光束在薄膜的上、下表面发生多次反射和折射.图 9.18 所示为一平行平面薄膜,入射光线在薄膜的上、下表面反射和折射,反射光线 $(1,2,\cdots)$ 或透射光线 $(1',2',\cdots)$ 都来自同一束入射光线,只是振幅因多次反射和折射而被分割了.利用分割振幅而得到的多束光,其频率相同,振动方向也相同,相位差保持恒定,是相干光.

对于一般的薄膜,只有前两束反射光线的振幅相近,其余各束反射光线的振幅都很小,可以忽略不计,通常只考虑前两束反射光线 1 和 2 的干涉.

如图 9.18 所示,入射光线从折射率为 n_1 的介质以入射角 i 射到厚度为 e、折射率为 n_2 的均匀介质薄膜上的 A 点,经薄膜的上、下表面反射后得到相互平行的两反射相干光线 1 和 2,经透镜会聚于 P 点,从而产生干涉(也可用眼睛使之会聚于视网膜上),干涉的结果由这两束相干光线到 P 点的光程差 δ 决定.

在图 9.18 中作线段 CD 垂直 AD 于 D 点,则 DP,CP 的光程相等.从 A 点开始到 CD 平面,光线 1 的光程为 $n_1 \overline{AD}$,光线 2 的光程为 $n_2(\overline{AB}+\overline{BC})=2n_2\overline{AB}$,它们之间的光程差为

$$\delta = 2n_2\overline{AB} - n_1\overline{AD}. \qquad (9.3.1)$$

由图中的几何关系,可得

$$\overline{AB} = \frac{e}{\cos\gamma},$$

$$\overline{AD} = \overline{AC}\sin i = 2e\tan\gamma\sin i.$$

由折射定律,有

$$n_1\sin i = n_2\sin\gamma.$$

将以上三式代入式(9.3.1),即得

$$\delta = 2n_2\overline{AB} - n_1\overline{AD} = \frac{2n_2 e}{\cos\gamma} - \frac{2n_2 e\sin^2\gamma}{\cos\gamma} = 2n_2 e\cos\gamma$$

或
$$\delta = 2e\sqrt{n_2^2 - n_1^2 \sin^2 i}. \qquad (9.3.2)$$

考虑到当光从光疏介质入射到光密介质时,不论入射角如何,反射光线都有半波损失,当三种折射率满足 $n_1 < n_2, n_2 > n_3$(反射光线 1 有半波损失)或者 $n_1 > n_2, n_2 < n_3$(反射光线 2 有半波损失)时,有

$$\delta = 2n_2 e \cos\gamma + \frac{\lambda}{2} = 2e\sqrt{n_2^2 - n_1^2 \sin^2 i} + \frac{\lambda}{2}. \qquad (9.3.3)$$

当三种折射率满足 $n_1 < n_2 < n_3$(反射光线 1 和 2 都有半波损失,只影响条纹的级次,不改变条纹的明暗)或者 $n_1 > n_2 > n_3$(反射光线 1 和 2 都没有半波损失)时,有

$$\delta = 2n_2 e \cos\gamma = 2e\sqrt{n_2^2 - n_1^2 \sin^2 i}. \qquad (9.3.4)$$

通常情况下薄膜周围的介质是相同的,即 $n_1 = n_3$,薄膜干涉一般使用式(9.3.3)来计算两反射相干光线在相遇点的光程差.

根据干涉相长和干涉相消的条件,当

$$\delta = 2e\sqrt{n_2^2 - n_1^2 \sin^2 i} + \frac{\lambda}{2} = k\lambda \quad (k = 1, 2, \cdots) \qquad (9.3.5)$$

时,干涉相长,P 点处为明纹中心;当

$$\delta = 2e\sqrt{n_2^2 - n_1^2 \sin^2 i} + \frac{\lambda}{2} = (2k+1)\frac{\lambda}{2} \quad (k = 0, 1, 2, \cdots)$$
$$(9.3.6)$$

时,干涉相消,P 点处为暗纹中心.

由式(9.3.3)和(9.3.4)可见,对于确定的单色光,当 n_1, n_2 已确定时,两反射相干光线在相遇点的光程差由薄膜的厚度 e 和入射角 i 决定,e 和 i 决定薄膜干涉的类型和特点.

一般来说,薄膜干涉的情况都相当复杂,其干涉图样的特征与光源的尺寸、薄膜的厚度、形状等都有密切关系.下面仅仅讨论两种重要的简单情况.

9.3.2　薄膜的等厚干涉

等厚干涉是以一束平行光入射到厚度不均匀的透明介质薄膜上反射时产生的.当平行光入射薄膜时,由于薄膜上、下表面之间有一个很小的夹角(称为楔角),构成楔形膜,其上、下表面反射的光线 1 和光线 2 不平行(见图 9.19).为观察干涉条纹,可利用透镜和观察屏,并使观察屏恰好位于光线 1 和光线 2 的相遇处(如 P 点处),也可以直接用眼睛观察.

当楔角很小时,可近似应用平行平面薄膜的光程差公式(9.3.3),即

$$\delta = 2e\sqrt{n_2^2 - n_1^2 \sin^2 i} + \frac{\lambda}{2}.$$

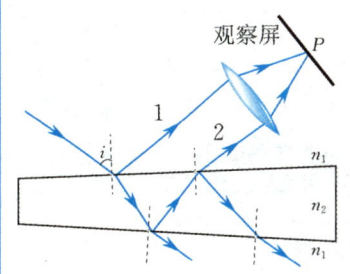

图 9.19　等厚干涉

折射率 n_1, n_2 为常数，当入射角 i 给定时，反射光线的光程差仅由薄膜的厚度 e 确定，凡厚度相同处，光程差就相同. 若用眼睛观察，这种干涉条纹好像位于薄膜表面上（极靠近薄膜表面），因同一级干涉条纹处于薄膜厚度相同的位置，故称这种干涉为等厚干涉，相应的干涉条纹称为 等厚条纹.

在等厚干涉实验中，一般采用平行光垂直入射薄膜表面，即入射角 $i = 0$，则等厚干涉的光程差可以简化为

$$\delta = 2n_2 e + \frac{\lambda}{2}. \tag{9.3.7}$$

因此，等厚干涉的明纹满足

$$\delta = 2n_2 e + \frac{\lambda}{2} = k\lambda \quad (k = 1, 2, \cdots), \tag{9.3.8}$$

暗纹满足

$$\delta = 2n_2 e + \frac{\lambda}{2} = (2k+1)\frac{\lambda}{2} \quad (k = 0, 1, 2, \cdots). \tag{9.3.9}$$

由此可见，等厚干涉条纹的形状取决于薄膜厚度的分布情况，即由薄膜的等厚线决定. 在实验室中产生等厚干涉的常见装置是劈尖膜和牛顿环.

1. 劈尖膜

劈尖形状的透明薄膜称为劈尖膜. 图 9.20(a) 所示是空气 ($n_2 = 1$) 劈尖，两块平板玻璃片($n_1 = n_3$)一端叠在一起而另一端夹一薄纸片，使两玻璃片之间形成一个夹角 θ 很小的空气膜. 光源 S 发射的波长为 λ 的单色光经凸透镜 L 成为平行光，再经以 $45°$ 角放置的半透半反玻璃片 M 反射后，垂直入射到空气劈尖上，将会产生等厚干涉条纹. 可以观察到这种干涉条纹是形成在劈面上一些平行于棱边的明暗相间、等间距、等光强的直条纹. 如果两块平板玻璃片（通常 $n_1 = n_3$，也可以 $n_1 \neq n_3$）之间充满透明介质($n_2 > 1$)，就可以形成介质劈尖，如图 9.20(b) 所示.

（1）明、暗条纹的位置. 以介质劈尖为例，当波长为 λ 的单色光垂直入射到膜厚为 e 处时，根据式(9.3.7)，由劈尖膜的上、下表面反射得到两束相干光线的光程差为

$$\delta = 2n_2 e + \frac{\lambda}{2}.$$

由于劈尖各处膜的厚度不同，光程差也不同，因而产生干涉加强和干涉减弱，在劈面上形成明暗条纹.

由式(9.3.8)和(9.3.9)得到第 k 级明纹和暗纹对应的光程差为

明纹 $\delta = 2n_2 e + \frac{\lambda}{2} = k\lambda \quad (k = 1, 2, \cdots)$,

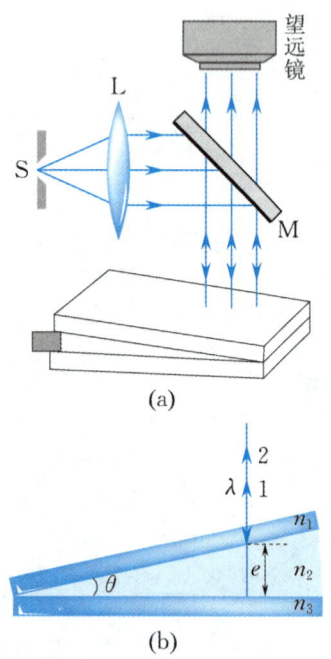

图 9.20 劈尖膜示意图

暗纹 $\delta = 2n_2 e + \dfrac{\lambda}{2} = (2k+1)\dfrac{\lambda}{2}$ $(k = 0, 1, 2, \cdots)$.

由此解得第 k 级明纹和暗纹对应的厚度分别为

$$e_{k\text{明}} = \left(k - \dfrac{1}{2}\right)\dfrac{\lambda}{2n_2} \quad (k = 1, 2, \cdots), \tag{9.3.10}$$

$$e_{k\text{暗}} = \dfrac{k\lambda}{2n_2} \quad (k = 0, 1, 2, \cdots). \tag{9.3.11}$$

显然,$k = 0$,$e_{0\text{暗}} = 0$,棱边处光程差为 $\dfrac{\lambda}{2}$,对应零级暗纹. 这再次证明光由光疏介质入射到光密介质,反射光存在半波损失.

如果三种折射率满足 $n_1 < n_2 < n_3$ 或 $n_1 > n_2 > n_3$,那么两反射相干光不考虑(或没有)半波损失,光程差为 $\delta = 2n_2 e$. 其他讨论与上面的相同,但棱边处将是零级明纹,条纹明暗是互补的.

由式(9.3.10)和(9.3.11)可以得到任意相邻明纹和暗纹间的膜层厚度差为

$$\Delta e = e_{k+1} - e_k = \dfrac{\lambda}{2n_2} = \dfrac{\lambda_{n_2}}{2}, \tag{9.3.12}$$

Δe 与 k 无关,式中 λ_{n_2} 为光在劈尖膜中的波长.

(2) 明、暗条纹的间距. 如图 9.21 所示,当劈尖楔角为 θ(很小,约为 10^{-4} rad)时,相邻明纹和暗纹的间距(也是明、暗纹的宽度)为

$$\Delta l = \dfrac{\Delta e}{\sin\theta} = \dfrac{\lambda}{2n_2 \sin\theta} \approx \dfrac{\lambda}{2n_2 \theta}. \tag{9.3.13}$$

对于一定波长的入射光,干涉条纹等间距且与 θ 成反比,增大楔角 θ 条纹变密,当 θ 增大到一定程度后,条纹不可分辨,故要求 θ 很小. 对于固定的楔角 θ,条纹间距与入射光的波长成正比,因此白光在劈尖膜表面将产生彩色条纹. 阳光下观察到的肥皂泡呈现彩色条纹就是等厚干涉的结果.

当劈尖的上玻璃板平行向上移动时,可以观察到干涉条纹向棱边方向移动,但保持条纹间距不变.

劈尖干涉在科学研究和生产中应用广泛. 由式(9.3.12)可知,当劈尖膜的厚度增大或减小 $\dfrac{\lambda}{2n_2}$ 时,干涉条纹要移动一个级次,通过测量上玻璃板移动的距离,计数条纹移动的级次,就可以计算入射光的波长或介质的折射率;由式(9.3.13)可进行微小厚度和角度测量(见例 9.3.1). 此外,还可利用等厚条纹的形状和弯曲程度检查工件的平整度(见例 9.3.2)等.

2. 牛顿环

在一块平板玻璃上放置一个曲率半径 R 很大的平凸透镜,如图 9.22(a)所示,这样在平凸透镜的凸表面和平板玻璃的平面之间

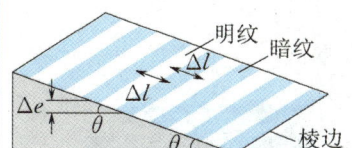

图 9.21 劈尖膜干涉图样

就会形成一个空气($n_2 = 1$)薄层.用波长为λ的单色光垂直入射从而产生等厚干涉,可以观察到这种干涉条纹是以平凸透镜与平板玻璃接触点O为中心的中央疏、边缘密、明暗相间的圆环,称为牛顿环,如图 9.22(b) 所示.也可将牛顿环装置放入透明介质($n_2 > 1$)中实现等厚干涉.

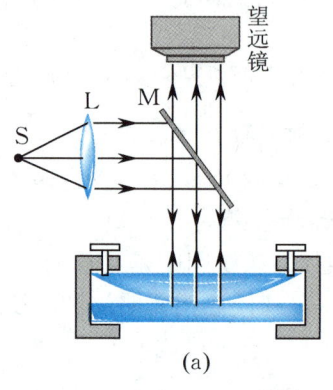
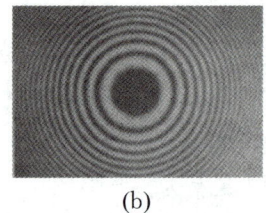

图 9.22 牛顿环

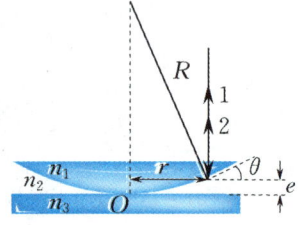

图 9.23 牛顿环计算用图

(1) 明、暗环的位置.如图 9.23 所示,考虑 $n_1 = n_3$,入射光垂直入射($i = 0$),由式(9.3.7)可知,在厚度为 e 处,两反射相干光的光程差为

$$\delta = 2n_2 e + \frac{\lambda}{2}.$$

由式(9.3.8)和(9.3.9),可得出现明、暗环处的光程差为

明环 $\quad \delta = 2n_2 e + \dfrac{\lambda}{2} = k\lambda \quad (k = 1, 2, \cdots),$

暗环 $\quad \delta = 2n_2 e + \dfrac{\lambda}{2} = (2k+1)\dfrac{\lambda}{2} \quad (k = 0, 1, 2, \cdots).$

设任一干涉环的半径为 r,由图 9.23 中的几何关系可得

$$r^2 = R^2 - (R-e)^2 = 2Re - e^2.$$

由于 $R \gg e$,略去 e^2,故得 $e = \dfrac{r^2}{2R}$.将其代入光程差公式,得到

明环的半径 $\quad r_k = \sqrt{\dfrac{(2k-1)R\lambda}{2n_2}} \quad (k = 1, 2, \cdots),\quad (9.3.14)$

暗环的半径 $\quad r_k = \sqrt{\dfrac{kR\lambda}{n_2}} \quad (k = 0, 1, 2, \cdots). \quad (9.3.15)$

式(9.3.14)和(9.3.15)中 $n_2 = 1$ 是通常情况.在平凸透镜与平板玻璃的接触点 O 处,$e = 0$,光程差为 $\delta_O = \dfrac{\lambda}{2}$,故牛顿环中心是一个暗点.由于平凸透镜的曲率半径很大,接触部分变形,中心点处几乎是面接触,因此中心是一个黑色的圆斑.

如果三种折射率满足 $n_1 < n_2 < n_3$ 或 $n_1 > n_2 > n_3$，那么计算两反射相干光的光程差时不必考虑（或没有）半波损失，光程差为 $\delta = 2n_2 e = 2n_2 \dfrac{r^2}{2R}$. 其他讨论与上面的相同，牛顿环中心是一个亮斑，圆环明暗是互补的.

（2）明、暗环的间距. 从式（9.3.15）可以看出，半径 r_k 与级次 k 的平方根成正比，即

$$r_1 : r_2 : r_3 : \cdots = 1 : \sqrt{2} : \sqrt{3} : \cdots.$$

随着干涉级次的增加，离圆心越远（k 越大），光程差增加得越快，牛顿环就变得越来越密，因此条纹分布不均匀. 实际上，牛顿环是一个 θ 不等的对称劈尖，越往外 θ 越大，而条纹宽度与 θ 成反比.

如果使用的平凸透镜的曲率半径 R 变小，各处 θ 变大，或者平凸透镜往上平移，即各处 e 增加，则条纹向中心缩进且条纹变密；反之亦然.

若利用实验仪器（如读数显微镜）测出牛顿环的半径，就可由式（9.3.14）或（9.3.15）计算光波的波长 λ 或平凸透镜的曲率半径 R. 在实际测量中，由于牛顿环的中心暗斑较大，半径不易准确测定，确定某一级明环或暗环的级次往往又不太准确，实验中采用的方法是先测量距中心较远的第 k 级暗环直径 D_k 和第 $k+m$ 级暗环的直径 D_{k+m}，由式（9.3.15）有

$$r_k^2 = \dfrac{D_k^2}{4} = kR\lambda,$$

$$r_{k+m}^2 = \dfrac{D_{k+m}^2}{4} = (k+m)R\lambda.$$

上面两式相减，整理可得

$$R = \dfrac{D_{k+m}^2 - D_k^2}{4m\lambda}.$$

此外，利用牛顿环也可以检测光学零件的表面质量.

例 9.3.1 把金属细丝夹在两块平板玻璃之间，从而形成空气劈尖. 如图 9.24 所示，金属丝和棱边的距离为 $D = 28.880$ mm. 用波长为 $\lambda = 589.3$ nm 的钠黄光垂直照射，测得 30 条明纹之间的总距离为 $L = 4.295$ mm，求金属细丝的直径 d.

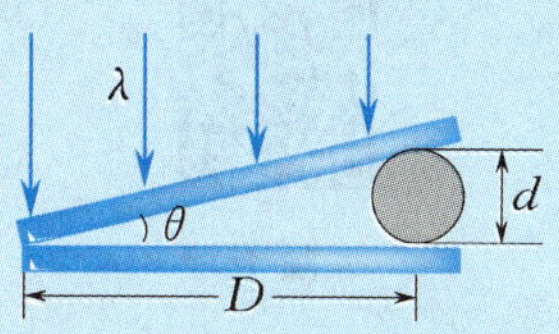

解 由式（9.3.13）和题意可知，相邻明纹的间距为

$$\Delta l = \dfrac{\lambda}{2\sin\theta} = \dfrac{L}{30-1}.$$

又由图 9.24 中的几何关系可得

$$d = D\tan\theta.$$

图 9.24 金属细丝直径测定

由于劈尖楔角 θ 很小，$\tan\theta \approx \sin\theta = \dfrac{\lambda}{2\Delta l}$，可根据测量数据计算金属细丝的直径

$$d = D\frac{\lambda}{2\Delta l} = 28.880 \times \frac{589.3 \times 10^{-6}}{2 \times \frac{4.295}{29}} \text{ mm} \approx 5.746 \times 10^{-2} \text{ mm}.$$

利用劈尖干涉实验还可以测量微小角度和波长(请读者思考).

例 9.3.2 利用等厚干涉条纹可以检验精密加工工件表面存在的极小的凹凸不平.在工件上放一光学平板玻璃,形成空气劈尖(见图 9.25(a)),用波长为 λ 的单色光垂直照射平板玻璃表面,观察到的干涉条纹如图 9.25(b) 所示.试根据干涉条纹弯曲的方向,判断工件表面是凹还是凸,并求凹凸的深度.

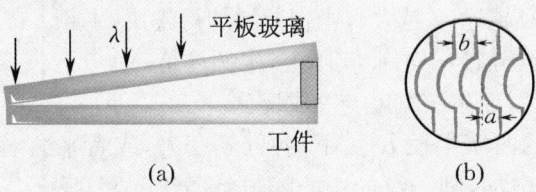

图 9.25 工件表面平整度的检验示意图

解 由于平板玻璃下表面是"完全"平的,如果工件表面也是平的,空气劈尖的等厚条纹应为平行于棱边的直条纹.条纹发生了局部弯曲说明工件表面不平.因为在同一级干涉条纹上,弯向棱边的部分和直的部分所对应的空气膜厚度应该相等,本来越靠近棱边空气膜的厚度应越小,而现在同一级干涉条纹上近棱边处和远棱边处空气膜厚度相等,所以可判断工件表面此处有一下凹的纹路.

由图 9.26 可计算凹进去的深度 h(或凸起的高度).图中 b 是条纹间隔,a 是条纹弯曲的深度,e_k 和 e_{k+1} 分别是第 k 级和第 $k+1$ 级相邻条纹对应的正常空气膜厚度,以 Δe 表示相邻两条纹对应空气膜的厚度差,则由图中两直角三角形相似,可得

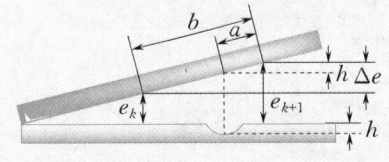

$$\frac{h}{\Delta e} = \frac{a}{b}.$$

由于对于空气劈尖来说,$\Delta e = \frac{\lambda}{2}$,代入上式,可得

$$h = \frac{a\lambda}{2b}.$$

图 9.26 计算纹路深度用图

9.3.3 薄膜的等倾干涉

等倾干涉

另一种简单的薄膜干涉是**等倾干涉**,即厚度均匀的平板形透明介质薄膜两个表面的反射光产生的干涉,如图 9.18 所示.若将薄膜置于另一介质中,在 A 点经薄膜的上、下表面反射后得到的相互平行的两反射相干光 1 和 2 经透镜会聚于 P 点.由式(9.3.3)可知,两束光到达 P 点的光程差为

$$\delta = 2e\sqrt{n_2^2 - n_1^2 \sin^2 i} + \frac{\lambda}{2},$$

式中 e, n_1, n_2, λ 都是常数,两束光的光程差只取决于倾角(指入射

角 i). 凡以相同倾角 i 入射到的厚度均匀的薄膜上的光线经薄膜上、下表面反射后产生的相干光都有相同的光程差，从而对应干涉图样中的同一条纹，故称这种只与倾角有关的干涉为等倾干涉，相应的干涉条纹称为等倾条纹.

观察等倾条纹的实验装置如图 9.27(a) 所示. S 为一面光源，M 为半反半透平面镜，L 为凸透镜，H 为置于凸透镜焦平面上的观察屏. 先考虑 S 上某一点发出的光线，这些光线中以相同倾角入射到薄膜表面上的应该在同一圆锥面上，它们的反射线经透镜会聚后应分别相交于焦平面上的同一个圆周上. 因此，形成的等倾条纹是一组明暗相间的同心圆环(内疏外密). 面光源上每一点发出的光束都要产生一组相应的干涉环. 由于方向相同的平行光线将被透镜会聚到焦平面上的同一点上，而与光线从何处射来无关，由光源上不同点发出的光线，凡有相同倾角的，它们形成的干涉环都将重叠在一起. 例如，图 9.27(a) 中光锥面 $1',2',1'',2''$ 产生的干涉环与光锥面 1,2 产生的干涉环就相互重叠. 这样总光强为各个干涉环光强的非相干相加，因而明暗对比更为鲜明，这就是观察等倾条纹时使用面光源的原理.

1. 条纹的特点

(1) 等倾干涉条纹是一组内疏外密的圆环，如图 9.27(b) 所示. 如果观察从薄膜透过的光线，也可看到干涉环，它和图 9.27(b) 显示的反射干涉环是互补的，即反射光干涉为明环的位置，透射光干涉为暗环.

由式(9.3.3) 以及干涉相长和干涉相消的条件可得到等倾干涉明环的光程差公式

$$\delta = 2n_2 e\cos\gamma + \frac{\lambda}{2} = k\lambda \quad (k=1,2,\cdots) \quad (9.3.16)$$

和等倾干涉暗环的光程差公式

$$\delta = 2n_2 e\cos\gamma + \frac{\lambda}{2} = (2k+1)\frac{\lambda}{2} \quad (k=0,1,2,\cdots).$$

(9.3.17)

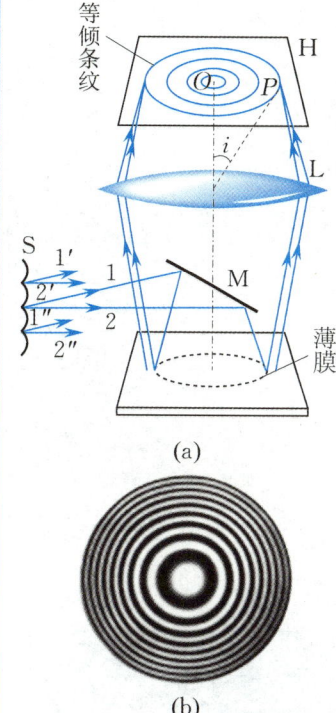

图 9.27 等倾干涉实验装置与光路图以及条纹

当薄膜的厚度 e 一定时，越靠近等倾干涉条纹的中心，入射角 i 越小，折射角 γ 也越小，$\cos\gamma$ 越大. 由式(9.3.16) 和(9.3.17) 可知，越靠近等倾干涉条纹的中心，干涉级次 k 越大(与牛顿环的情况相反)，故 $\gamma=0 (i=0)$ 对应中央环心，此处 k 有最大值，所以干涉圆环环心处的干涉级次最大.

对式(9.3.16) 两边同时微分，有

$$-2n_2 e\sin\gamma \Delta\gamma = \Delta k\lambda.$$

令 $\Delta k = 1$，可得相邻两圆环的角间距

$$\Delta\gamma = \gamma_{k+1} - \gamma_k = -\frac{\lambda}{2n_2 e\sin\gamma}. \quad (9.3.18)$$

式(9.3.18)表明,倾角越小处,等倾条纹越稀疏;反之,倾角越大处,等倾条纹越密集.薄膜的厚度 e 增大时,等倾条纹的角间距变小,因而条纹将变密.负号表示第 $k+1$ 级干涉圆环在第 k 级干涉圆环的里面.

(2) 如果在实验中使薄膜的厚度慢慢增大,则随着 e 的增大,k 将增大,可以观察到所有圆环在扩大,环纹增多变密,在环心处不断有条纹从中间"冒"出来.如果使薄膜的厚度慢慢减小,则在环心处不断有条纹"缩"进去.利用上述现象可以观察平板薄膜的质量,当薄膜厚薄不匀时,干涉圆环就会有疏密变化.

(3) 如果用白光做等倾干涉实验,由式(9.3.16)可知,对于同一干涉级次 k,红光条纹在内,紫光条纹在外.

2. 增透膜与增反膜

在近代光学仪器所用的透镜或者一些光学镜头上,都镀有光学薄膜,根据其功能划分为增透膜和增反膜.

(1) 增透膜. 普通的光学仪器中常常包含多个镜片,其反射损失往往可以达到 20%～50%,使进入仪器的透射光的光强减弱,同时杂散的反射光还会影响观测的清晰度.在光学镜头上镀一层或者多层透明薄膜,利用薄膜干涉原理可以使反射光干涉相消,从而增强透射光.这种透明薄膜称为**增透膜**.设薄膜的折射率为 n_2,厚度为 e;玻璃的折射率为 n_3($n_3 > n_2 > n_1$,n_1 为空气的折射率,反射光 1 和 2 都有半波损失),在正入射情况下(入射角 $i=0$),如图 9.28 所示,由式(9.3.4)和干涉相消条件,当厚度满足

$$\delta = 2n_2 e = (2k+1)\frac{\lambda}{2} \quad (k=0,1,2,\cdots) \quad (9.3.19)$$

时,反射光干涉相消,可得薄膜的厚度为

$$e = (2k+1)\frac{\lambda}{4n_2} \quad (k=0,1,2,\cdots). \quad (9.3.20)$$

满足上述条件,就可以使某波长的反射光的光强达到极小.薄膜的最小厚度为

$$e_{\min} = \frac{\lambda}{4n_2}. \quad (9.3.21)$$

这里只考虑了反射光相位差对干涉的影响,实际上能否完全干涉相消,还要看反射光的振幅.如果再考虑振幅,可以证明,当反射光完全干涉相消时,薄膜的折射率应满足

$$n_2 = \sqrt{n_1 n_3}. \quad (9.3.22)$$

对于折射率 n_3 为 1.50 左右的光学玻璃,如要用单层薄膜达到 100% 的增透效果,则要求 $n_2 = 1.22$.折射率如此低的镀膜材料目前尚未找到,现在一般用折射率为 $n_2 = 1.38$ 的氟化镁,因而仍有 1.3% 的反射损失.

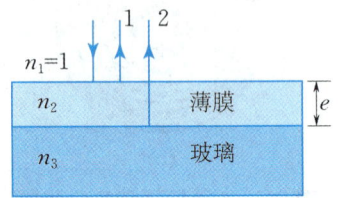

图 9.28 增透膜与增反膜

(2) 增反膜. 与增透膜相反,有些光学器件要增强反射光,要求在光学镜头上镀上一层或者多层薄膜使反射光干涉相长. 把这种透明薄膜称为 增反膜. 如果在玻璃基片上镀制折射率为 n_2 ($n_3 < n_2$, $n_2 > n_1$,反射光1有半波损失)、厚度为 e 的薄膜,则在正入射情况下,由式(9.3.3)和反射光干涉相长的条件,当厚度满足

$$\delta = 2n_2 e + \frac{\lambda}{2} = k\lambda \quad (k = 1, 2, \cdots) \tag{9.3.23}$$

时,反射光干涉相长,可得薄膜的厚度为

$$e = (2k-1)\frac{\lambda}{4n_2} \quad (k = 1, 2, \cdots). \tag{9.3.24}$$

因每次反射的光强与入射光强度相比很弱,所以为达到高反射的目的,常采用镀制多层膜的方法. 在玻璃基片上依次喷镀高折射率膜($n_H > n_3$)和低折射率膜($n_L > n_3$),构成类似 HLHLHLH 的膜系,如图 9.29 所示. 在式(9.3.24) 中令 $k = 1$,可得薄膜的最小厚度. 不难证明,只需高折射率膜和低折射率膜的厚度分别为

$$e_H = \frac{\lambda}{4n_H}, \quad e_L = \frac{\lambda}{4n_L},$$

图 9.29 中各个界面的反射光 1,2,3,4,5,6,7,8 就会同相位,使反射光大大加强. 在激光器谐振腔中使用的反射面就是这种多层增反膜镜片,能反射 99.9% 的入射光.

特别强调的是,不管是增透膜还是增反膜,只能增透或增反某一特定波长的光线,对于可见光范围的光学仪器常选取对人眼最敏感的黄绿光($\lambda = 550$ nm). 例如,在太阳光下看到的相机镜片呈现蓝紫色反光就是因为相机镜片上镀有增透膜使反射光中消除了黄绿光.

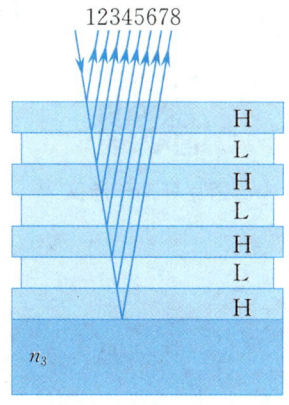

图 9.29 多层增反膜

> **例 9.3.3** 用波长为 500 nm 的可见光照射一肥皂膜,在与肥皂膜表面成 60° 方向观察到肥皂膜最亮. 已知肥皂膜的折射率为 1.33,问此肥皂膜的厚度至少为多少?若改为垂直观察,求能使此肥皂膜最亮的光波波长的最大值.
>
> **解** 根据题意可知,入射光的入射角为 $i = 30°$. 明纹满足
>
> $$\delta = 2e\sqrt{n_2^2 - n_1^2 \sin^2 i} + \frac{\lambda}{2} = k\lambda \quad (k = 1, 2, \cdots),$$
>
> 由此可得肥皂膜的厚度为
>
> $$e = \frac{\left(k - \frac{1}{2}\right)\lambda}{2\sqrt{n_2^2 - n_1^2 \sin^2 i}}.$$
>
> 要计算肥皂膜的最小厚度,k 应取最小值1,可得
>
> $$e_{\min} = \frac{\lambda}{4\sqrt{n_2^2 - n_1^2 \sin^2 i}} = \frac{500}{4\sqrt{(1.33)^2 - (1.0)^2 \sin^2 30°}} \text{ nm} \approx 101 \text{ nm}.$$
>
> 如果将光改为垂直入射,且观察到肥皂膜最亮,所对应的最大波长应满足
>
> $$\delta = 2n_2 e + \frac{\lambda}{2} = k\lambda \quad (k = 1, 2, \cdots),$$

所以

$$\lambda = \frac{2n_2 e}{k - \frac{1}{2}} = \frac{500 n_2}{\sqrt{n_2^2 - n_1^2 \sin^2 i}} \text{ nm} = \frac{500 \times 1.33}{\sqrt{(1.33)^2 - (1.0)^2 \sin^2 30°}} \text{ nm} \approx 537 \text{ nm}.$$

9.4 迈克耳孙干涉仪　时间相干性

9.4.1 迈克耳孙干涉仪

迈克耳孙干涉仪

1881年，美国物理学家迈克耳孙（Michelson）设计制造了干涉仪，并用它做了检验"以太"是否存在的著名实验（参见第14章相关内容）.迈克耳孙干涉仪实际上是利用分振幅法产生两相干光进行干涉.干涉仪的结构如图9.30所示，M_1 和 M_2 是两块平面反射镜，分别装在相互垂直的两臂上，M_2 固定，而 M_1 可通过精密丝杆沿臂长方向移动.G_1 和 G_2 是两块折射率和厚度都相同的平板玻璃，G_1 为分光板，在其后表面上镀有半透明的银膜，能使入射光分为振幅相等的两相干反射光束1和透射光束2，G_2 为补偿板，它与 G_1 平行放置，是为了使光束2与光束1一样两次通过玻璃板，以保证两光束间的光程差不致过大（这对使用单色性不好的光源是必要的，参见9.4.2小节）.G_1，G_2 与 M_1，M_2 成 45° 倾斜安装.由光源发出的光束，通过 G_1 分成反射光束1和透射光束2，分别射向 M_1 和 M_2，并被反射回到 G_1，光束1透过银膜的部分与光束2被银膜反射的部分经目镜会聚于观察屏上.由于这两束光是相干光（同一束光分出的），从而产生干涉.

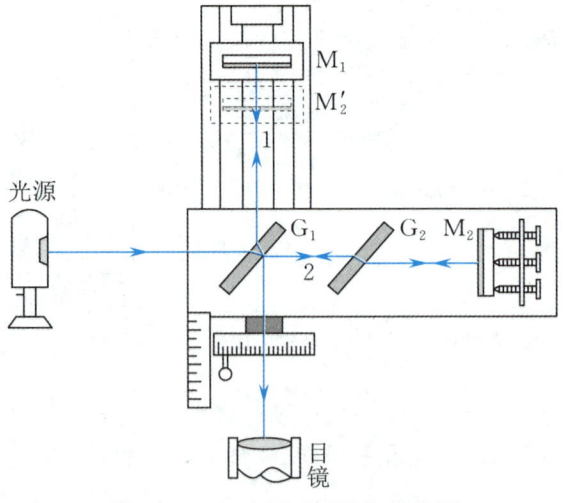

图 9.30　迈克耳孙干涉仪结构图

由于 G_1 后表面银膜的反射,使在 M_1 附近形成了 M_2 的一个虚像 M_2',因此光束 1 和光束 2 的干涉等效于由 M_1 和 M_2' 之间虚空气膜的干涉. 当调节 M_2 使 M_1 和 M_2 相互垂直(M_1 和 M_2' 平行)并且调节目镜使观察屏位于它的焦平面上时,就能观察到等倾条纹;如果 M_1 和 M_2 偏离相互垂直的方向(M_1 和 M_2' 成一定的角度),就能观察到等厚条纹.

当干涉条纹为等倾条纹时,如果 M_1 移近 M_2',虚空气膜的厚度变小,条纹向中心收缩;当 M_1 远离 M_2' 时,虚空气膜的厚度变大,条纹由中心向外扩张. 调节 M_1 使其做微小的移动,M_1 每移动 $\frac{\lambda}{2}$ 的距离,视场中心就会冒出或者吞进一级干涉环. 当干涉条纹为等厚条纹时,M_1 每移动 $\frac{\lambda}{2}$ 的距离,就有一条干涉条纹从视场中移过. 视场中干涉条纹移动的数目 N 和 M_1 移动的微小距离 Δd 之间的关系为

$$\Delta d = N \frac{\lambda}{2}. \tag{9.4.1}$$

式(9.4.1)表明,如果已知波长 λ 和条纹的移动数目 N,便可算出 M_1 移动的距离. 如果将移动 M_1 的距离与待测长度相比较,就可测定这个长度,其测量精度可达到 10^{-12} m 的数量级. 反之,在已知标准长度时,可通过与移动 M_1 的距离比较,并计数干涉条纹移动数目 N,就可精确测定光的波长 λ. 通常,M_1 移动几毫米,视场中干涉条纹已移过上万条,因此常需要采用光电自动计数器记录移过的干涉条纹数目. 1892 年,迈克耳孙利用干涉仪首先测出镉(Cd)红线的波长 $\lambda_{Cd} = 643.846\ 96$ nm. 因为光的波长稳定,容易复现,特别是在干涉仪上光的波长能直接当作长度单位,所以光的波长作为长度基准是方便的.

迈克耳孙干涉仪是现代许多干涉仪的原型,在其基础上设计和制造了许多专用的干涉仪,如法布里-珀罗(Fabry-Perot)干涉仪、特外曼(Twyman)干涉仪、马赫-曾德尔(Mach-Zehnder)干涉仪等. 它不仅可以用来做精密长度的测量,还由于它的两束相干光完全分开,便于在光路中加入其他的光学器件,完成其他的光学测量,如测量透明薄膜的厚度、空气的折射率等.

例 9.4.1 在迈克耳孙干涉仪的一臂中放入一个长为 $l = 10$ cm 的玻璃管,并充以一个标准大气压的空气. 用波长为 $\lambda = 585$ nm 的光作为光源产生干涉,在将玻璃管内空气逐渐抽成真空的过程中,观察到有 $\Delta k = 100$ 条干涉条纹的移动,求空气的折射率.

解 设空气的折射率为 n，将玻璃管内空气抽成真空前后的光程差分别为 δ 和 δ'，其附加光程差为

$$\Delta\delta = \delta - \delta' = 2nl - 2l = 2(n-1)l.$$

该附加光程差引起了干涉条纹的移动，干涉条纹每移动一条，光程差的变动为一个波长. 依题意有

$$\Delta\delta = 2(n-1)l = \Delta k\lambda,$$

由此可以计算出空气的折射率为

$$n = 1 + \frac{\Delta k}{2l}\lambda = 1 + \frac{100}{2 \times 10 \times 10^{-2}} \times 585 \times 10^{-9} \approx 1.000\,293.$$

9.4.2 时间相干性

在迈克耳孙干涉仪实验中，M_1 和 M_2' 的距离超过一定范围使光程差过大时，就观察不到干涉现象. 正因为如此，实验中在光束 2 的光路上加上补偿板 G_2，以免两束光的光程差过大.

光是由大量彼此无关的原子光波波列组成. 就获得两束相干光而言，无论是采用分波面法还是分振幅法，都是将一个个原子光波波列分割成两部分. 两束光经不同光路到达会合点时能否发生干涉，关键在于到达会合点的两光波是否仍属于同一光波波列的两部分. 很明显，要保证同一原子光波波列被分割的两部分能重新会合，两光路的光程差就不能超过原子光波波列在真空中的长度（证明略）

$$\Delta x = \frac{\lambda^2}{\Delta\lambda}, \tag{9.4.2}$$

式中 $\Delta\lambda$ 为光源的谱线宽度. 或者说，来自两光路的同一原子光波波列的两部分到达会合点的时间先后相差不能超过

$$\Delta t = \frac{\Delta x}{c} = \frac{\lambda^2}{c\Delta\lambda}. \tag{9.4.3}$$

Δt 即为发射一个原子光波波列的时间. 通常我们将 Δx 和 Δt 分别称为相干长度和相干时间，并将这类相干性称为**时间相干性**. 显然，相干长度或相干时间越长，时间相干性越好. 不难看出，光的单色性越好，Δx 和 Δt 就越大，时间相干性就越好.

联系 9.2.3 小节所讨论的光的空间相干性，可以得出：空间相干性研究的是在垂直于光线的空间横向两点上光的相干性；时间相干性所讨论的是沿光线的空间纵向两点上光的相干性. 前者的好坏取决于光源的尺度，而后者的优劣则由光源的单色性决定. 尺度较大或者单色性较差的光源都难以形成干涉.

9.5　多光束干涉

如果将杨氏双缝干涉实验中的双缝以多缝代之,那么同一束光可分成 N 束同相位、同振幅(均为 a)的相干光. 在光束重叠区域内放置一观察屏,在观察屏上也将出现明暗相间的干涉条纹. 这种干涉称为**多光束干涉**.

设波长为 λ 的单色光垂直入射到多缝上,多缝相互平行,间距相等. 如图 9.31 所示,与入射方向成 θ 角 $\left(-\dfrac{\pi}{2}<\theta<\dfrac{\pi}{2}\right)$ 的 N 条平行相干光,通过透镜会聚于焦平面上的 P 点,相邻缝隙发出的光线到达相遇点的光程差均相等,其值为

$$\delta = d\sin\theta, \tag{9.5.1}$$

式中 d 为相邻缝之间的距离. 对应的相位差为

$$\Delta\varphi = \frac{2\pi}{\lambda}\delta = \frac{2\pi d\sin\theta}{\lambda}. \tag{9.5.2}$$

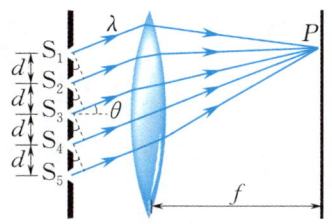

图 9.31　多光束干涉示意图

由式(4.6.9)可知,这 N 条平行相干光在相遇点的合振动的振幅为

$$E = a\frac{\sin\dfrac{N\Delta\varphi}{2}}{\sin\dfrac{\Delta\varphi}{2}}, \tag{9.5.3}$$

光强为

$$I = a^2\frac{\sin^2\dfrac{N\Delta\varphi}{2}}{\sin^2\dfrac{\Delta\varphi}{2}}. \tag{9.5.4}$$

由式(9.5.3)和(9.5.4)可知,当

$$\Delta\varphi = 2k\pi \quad (k = 0, \pm 1, \pm 2, \cdots) \tag{9.5.5}$$

时,合振动的振幅和光强分别为

$$E = Na, \quad I = I_{\max} = N^2 a^2 = N^2 I_0. \tag{9.5.6}$$

这是多光束干涉的主极大情况. 当

$$N\Delta\varphi = 2k'\pi, \quad \Delta\varphi = \frac{2k'\pi}{N}$$

$$(k' \text{为不等于} 0, \pm N, \pm 2N, \cdots \text{的其他整数}) \tag{9.5.7}$$

时,合振动的振幅和光强分别为

$$E = 0, \quad I = I_{\min} = 0. \tag{9.5.8}$$

这是多光束干涉的极小情况.

两个相邻主极大之间还有取决于光束数目的若干个较弱的次

极大. 令式(9.5.3)的一阶导数为零,可得次极大的位置,即当

$$N\Delta\varphi = \pm(2k''+1)\pi, \quad \Delta\varphi = \frac{(2k''+1)\pi}{N} \quad (k''=0,1,2,\cdots)$$
(9.5.9)

时,对应次极大. 这是多光束干涉的次极大情况.

由式(9.5.5),(9.5.7)和(9.5.9)可以证明,在多光束干涉中的两个相邻的主极大之间除有 $N-1$ 个极小以外,还有 $N-2$ 个次极大. 在杨氏双缝干涉实验中,$N=2$,两个相邻明纹之间只有一个极小. 如图9.32所示为 $N=2,N=3,N=4,N=10$ 和 N 很大时多光束干涉光强分布图. 随着 N 的增加,明纹变得细而明亮. 图9.33所示为实验测量的光强分布图,多光束干涉的结果是在几乎黑暗的背景上出现又细又亮且分得很开的明纹.

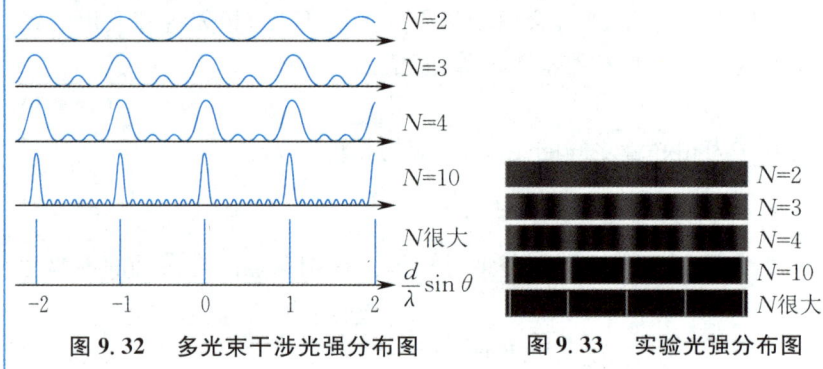

图9.32 多光束干涉光强分布图   图9.33 实验光强分布图

思考题

1. 两列频率相同的光波在空间相遇,若产生干涉,则这两列光波在相遇时还应具备哪些条件?

2. 如果两束光是相干的,在两束光重叠处光强应如何计算?如果两束光是不相干的,又怎样计算?(分别以 I_1 和 I_2 表示这两束光的光强.)

3. 试比较光通过介质中一段路程的时间和通过相应的光程的时间来说明光程的物理意义.

4. 在杨氏双缝干涉实验中,

(1) 如果用两个灯泡分别照射两个狭缝 S_1,S_2,在观察屏上可否看到干涉条纹?

(2) 用白色线光源照射双缝,若在狭缝 S_1 后面放一红色滤光片,狭缝 S_2 后面放一绿色滤光片,在观察屏上可否看到干涉条纹?

5. 在杨氏双缝干涉实验中,若做如下变化,干涉条纹将如何变化?

(1) 线光源 S 沿平行于狭缝 S_1,S_2 所在平面向下做微小移动;

(2) 加大双缝间距;

(3) 把整个装置浸入水中;

(4) 在某条缝后贴一折射率为 n 的很薄的透明介质片.

6. 已知在杨氏双缝干涉实验中,观察屏上 P 点处是明纹中心. 若将狭缝 S_2 盖住,并在狭缝 S_1,S_2 连线的垂直平分面处放一高折射率介质反射面 M,构成劳埃德镜,如图9.34所示,则此时 P 点处的条纹发生了什么变化?为什么?

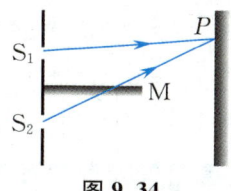

图 9.34

7. 从肥皂水中拉出一个肥皂泡,刚开始肥皂泡没有颜色,吹到一定大小时会看到一些彩色的图案,其颜色随肥皂泡增大而改变,彩色条纹会发生不规则移动. 当彩色消失呈黑色时,肥皂泡破裂. 为什么?

8. 如图 9.35 所示,两块平板玻璃构成的劈尖干涉装置若发生如下变化,干涉条纹将怎样变化?
(1) 劈尖上方平板玻璃缓慢向上平移;
(2) 棱边不动,逐渐增大楔角;
(3) 两块平板玻璃之间注入水;
(4) 劈尖下方平板玻璃表面上有凸和凹的纹路.

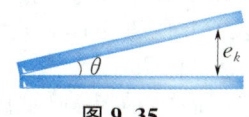

图 9.35

9. 为什么劈尖干涉的条纹是等间距的,而牛顿环则随着条纹半径的增大而变密?

10. 牛顿环装置由三种透明材料组成,如图 9.36 所示,试分析反射光干涉图样. 从透射光中看到的牛顿环与反射光的牛顿环有什么不同?

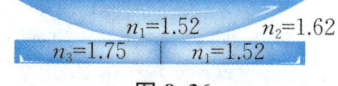

图 9.36

11. 通常在透镜表面覆盖一层氟化镁透明膜,分析该透明膜的作用.

12. 如果迈克耳孙干涉仪的两臂的光程相等,在观察屏上会出现什么情况?

习题 9

1. 在杨氏双缝干涉实验中,双缝之间的距离为 0.12 mm,用波长为 546 nm 的光垂直照射,观察屏离双缝的距离为 55 cm. 求:
(1) 第 1 级暗纹的角位置;
(2) 第 10 级明纹的角位置;
(3) 观察屏上相邻明纹间的距离.

2. 在杨氏双缝干涉实验中,双缝之间的距离是 0.30 mm. 用单色光照射,在离缝 1.2 m 的观察屏上测得两个第 5 级暗纹的距离为 22.78 mm,求入射光的波长.

3. 在杨氏双缝干涉实验中,波长为 $\lambda = 550$ nm 的单色光垂直入射到缝间距为 $d = 2\times 10^{-4}$ m 的双缝上,观察屏距双缝的距离为 $D = 2$ m.
(1) 求中央明纹两侧的两条第 10 级明纹中心的间距;
(2) 用一个厚度为 $e = 6.6\times 10^{-6}$ m,折射率为 $n = 1.58$ 的玻璃片覆盖一缝后,中央明纹将移到原来的第几级明纹处?

4. 在杨氏双缝干涉实验装置的一缝后覆盖一块折射率为 $n_1 = 1.30$ 的薄塑料片,另一缝后覆盖一块折射率为 $n_2 = 1.70$ 的薄玻璃片,两薄片的厚度一样. 用波长为 $\lambda = 480$ nm 的单色光照射时发现,放入薄片前观察屏上中央条纹的位置,现在是第 5 级暗纹,求薄片的厚度.

5. 在空气中有一透明介质劈尖,其楔角为 $\theta = 1.0\times 10^{-4}$ rad,在波长为 $\lambda = 700$ nm 的单色光垂直照射下,测得两相邻明纹间距为 $l = 0.25$ cm,求此透明介质的折射率 n.

6. 两块平行平板玻璃构成空气劈尖,用波长为 500 nm 的单色平行光垂直照射劈尖上表面.
(1) 求从棱边算起的第 10 条暗纹处空气膜的厚度;
(2) 若使空气膜的上表面向上平移 Δe,干涉条纹将如何变化?若 $\Delta e = 2.0\ \mu m$,分析原来第 10 条暗纹处的干涉情况.

7. 用劈尖干涉法可检测工件表面的缺陷,装置如图 9.37(a) 所示. 当波长为 λ 的单色平行光垂直照射时,若观察到的干涉条纹如图 9.37(b) 所示,每一

条条纹弯曲部分的顶点恰好与其左边条纹的直线部分的连线相切. 对于工件表面与条纹弯曲处对应的部分,问:

(1) 工件表面是凸的还是凹的?
(2) 凸(凹)的高(深)度是多少?

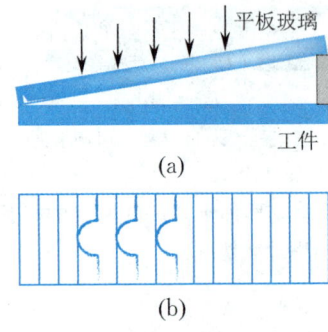

图 9.37

8. 把一细钢丝夹在两块光学平板玻璃之间,形成空气劈尖. 已知钢丝的直径为 $d = 0.048$ mm,钢丝与棱边的距离为 $L = 120$ mm,用波长为 632.8 nm 的平行光垂直照射玻璃表面上. 求:

(1) 两平板玻璃间的夹角;
(2) 相邻明纹的间距;
(3) 在这 120 mm 内呈现的明纹的条数.

9. 如图 9.38 所示,设平凸透镜的中心恰好和平板玻璃接触,平凸透镜的曲率半径为 $R = 400$ cm. 用某单色平行光垂直照射,观察反射光形成的牛顿环,测得第 5 级明环的半径是 0.30 cm.

(1) 求入射光的波长;
(2) 设图中 $OA = 1.00$ cm,求在半径为 OA 的圆的范围内可观察到的明环数目.
(3) 如果把这个装置放入水($n = 1.33$)中,那么在半径为 OA 的圆的范围内可观察到的明环数目又是多少?

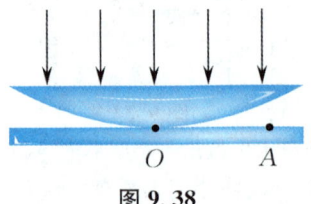

图 9.38

10. 在牛顿环实验装置中,平凸透镜的曲率半径为 $R = 40$ cm,用某单色平行光垂直照射,观察到某级暗环的半径为 $r = 2.5$ mm. 现将平板玻璃向下平移 $d_0 = 5.0$ μm,刚才观察到的那一级暗环的半径变为多少?

11. 在空气中垂直入射的白光从肥皂膜上反射,肥皂膜的折射率为 1.33,在可见光谱中 630 nm 处有一个干涉极大,而在 525 nm 处有一个干涉极小,在极大和极小之间没有其他的极小,假定肥皂膜的厚度是均匀的,求肥皂膜的厚度.

12. 单色平行光垂直照射到均匀覆盖着薄油膜的平板玻璃上,设光源的波长在可见光范围内可以连续变化,波长变化期间只观察到波长为 500 nm 和 700 nm 的光在反射光中消失. 已知油膜的折射率为 1.33,玻璃的折射率为 1.50,求油膜的厚度.

13. 用某种波长的光照射迈克耳孙干涉仪,在动臂移动 0.138 mm 的过程中,视场中有 50 个圆环冒出,求入射光的波长.

14. 在迈克耳孙干涉仪的一臂插入一个厚度为 $e = 5.9 \times 10^{-2}$ mm 的薄玻璃片的过程中,可观察到 150 条干涉条纹向一方移动. 若所用光源的波长为 $\lambda = 500$ nm,求所插玻璃片的折射率.

第 9 章阅读材料

第 10 章 光的衍射

衍射现象与干涉现象一样，也是一切波动的重要特征．光的衍射现象从另一个侧面再次证明了光的波动性，同时更加明确地指出了几何光学基本规律（光的直线传播、反射及折射定律）的近似性．为简单起见，本章只讨论夫琅禾费（Fraunhofer）衍射，即平行光通过单缝、圆孔及光栅时衍射条纹的特点和应用，并对 X 射线衍射做简略介绍．

10.1 光的衍射现象 惠更斯-菲涅耳原理

光的衍射现象与
惠更斯-菲涅耳原理

10.1.1 光的衍射现象

光作为一种电磁波，也具有衍射现象．光在传播的过程中遇到某种障碍物时，偏离原来直线传播的路径，可以绕到障碍物的阴影区域并形成明暗相间的条纹，这种现象称为**光的衍射**．

光的衍射现象不容易看到，这是因为光的波长较短，比障碍物的线度要小得多，光一般表现为直线传播．当障碍物（如小孔、狭缝、圆盘、细针等）的线度与光的波长可以比较时，就会看到明显的衍射现象．光不仅在"绕弯"传播，还能产生明暗相间的条纹，这种条纹图样称为**衍射图样**．图 10.1(a) 和图 10.1(b) 分别表示障碍物是圆盘和矩形孔时呈现的明暗相间的衍射图样．

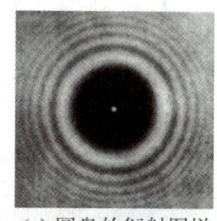

(a) 圆盘的衍射图样

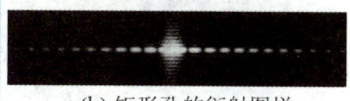

(b) 矩形孔的衍射图样

图 10.1 光的衍射现象

10.1.2 衍射的分类

衍射系统一般是由光源、衍射屏和观察屏组成的．按它们相互距离的关系，通常把光的衍射分为两大类：一类叫作**菲涅耳衍射**，另一类叫作**夫琅禾费衍射**．

如果衍射屏（或障碍物）离光源 S 和观察屏的距离为有限远，或者离其中之一为有限远，这类衍射称为**菲涅耳衍射**，又称发散光的衍射，如图 10.2(a) 所示．如果衍射屏（或障碍物）离光源 S 和观察屏的距离均为无限远,这类衍射称为**夫琅禾费衍射**,又称平行光的衍射,如图 10.2(b) 所示.夫琅禾费衍射在实验室中是用两个凸透镜来实现的,如图 10.2(c) 所示.

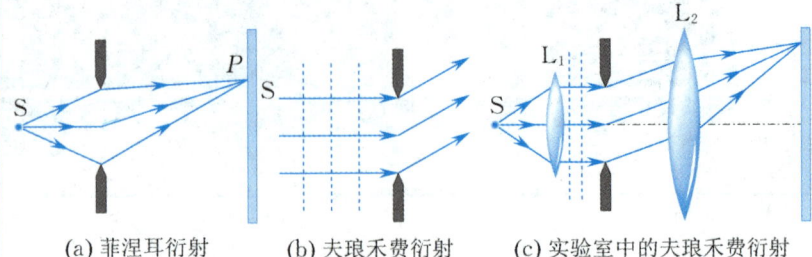

(a) 菲涅耳衍射　　　(b) 夫琅禾费衍射　　　(c) 实验室中的夫琅禾费衍射

图 10.2　两类衍射

在这两类衍射中,夫琅禾费衍射在理论和实际应用中都十分重要,而且分析和计算都比较简单,本书中只讨论夫琅禾费衍射.

10.1.3　惠更斯-菲涅耳原理

惠更斯原理指出,任意时刻波面上的每一点都可以作为子波的波源,这些子波的包络就是新的波面.虽然此原理成功地定性解释了波的衍射现象,但不能定量给出衍射波在各个方向上的强度,因而不能解释光的衍射图样中明暗相间的条纹的形成.

菲涅耳在光波叠加原理的基础上,受到杨氏双缝干涉实验的启发,赋予子波以物理的特征,给出了关于相位和振幅的定量描述,提出了"**子波相干叠加**"的概念,从而补充和丰富了惠更斯原理,发展成为**惠更斯-菲涅耳原理**,为衍射理论奠定了基础.他认为,**从同一波面上各点发出的子波是相干波,在传播到空间某一点时,各子波进行相干叠加的结果决定了该点处的波振幅**.

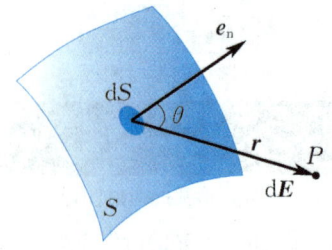

图 10.3　惠更斯-菲涅耳原理

惠更斯-菲涅耳原理可圆满地解释光的衍射现象,计算衍射图样中光强的分布.在图 10.3 中,波面 S 上每个面积元 dS 都可以看成新的波源,它们发出球面子波.波面前方空间某一点 P 的光振动可以由 S 面上所有面积元发出的子波在该点的光振动叠加后的合振动来表示.菲涅耳进一步指出,从面积元 dS 所发出的子波的振幅与 dS 的面积成正比,与面积元到 P 点的距离 r 成反比,并且与面积元法线单位矢量 e_n 和 r 之间的夹角 θ 有关.把子波振幅与夹角 θ 的关系用函数 $K(\theta)$ 来表示,由于 $K(\theta)$ 是由 dS 取向的倾斜而引起的,因而被称作倾斜因子.P 点处光振动的相位仍由 dS 到 P 点的光程决定.P 点处的光矢量 E 的大小可表示为

$$E = C \iint_S \frac{K(\theta)}{r} \cos(\omega t - kr) dS, \tag{10.1.1}$$

式中 C 为比例常数;k 为角波数;倾斜因子 $K(\theta)$ 随 θ 增大而缓慢减

小，当 $\theta \geqslant \dfrac{\pi}{2}$ 时，$K(\theta) = 0$，这就解释了子波为什么不能向后传播. 式(10.1.1) 就是惠更斯-菲涅耳原理的数学表达式.

应用惠更斯-菲涅耳原理，原则上可以解决一般衍射问题，但式(10.1.1) 的积分比较复杂，只能对少数简单情况求得解析解.

10.2　单缝夫琅禾费衍射

10.2.1　单缝夫琅禾费衍射的实验装置

夫琅禾费衍射是平行光的衍射，在实际应用中可以借助透镜来实现. 如图 10.4(a) 所示，线光源 S 放在透镜 L_1 的焦平面上，因此从透镜 L_1 穿出的光线形成一平行光束. 这束平行光照射在单缝 K 上，一部分穿过单缝，再经过透镜 L_2，照射在 L_2 的焦平面处的观察屏 E 上，呈现出一组明暗相间的平行直条纹，如图 10.4(b) 所示.

单缝夫琅禾费衍射

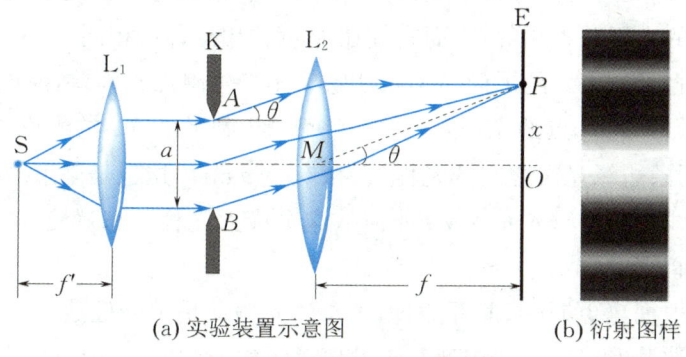

(a) 实验装置示意图　　(b) 衍射图样

图 10.4　单缝夫琅禾费衍射

设单缝 K 的宽度为 a，在单色平行光的垂直照射下，单缝平面 AB 就是入射光经过单缝时的波面，如图 10.5 所示(图中的缝的宽度 a 被放大了，缝的长度垂直于纸面). 按照惠更斯原理，在波面上的每一点都可视为子波波源，各自发出球面波. 显然，每一个子波波源向前方所有可能的方向都发射子波，这些子波都称为衍射光，它们在图 10.5 中用许多带箭头的直线表示. 例如，A 点上的 1,2,3, 4,5 就代表该点发出的任意五个传播方向的衍射光，而波面上各点发出的所有衍射光，则相互构成不同方向的平行光束，每一光束包含许多相互平行的子波. 又如，在图 10.5 中，沿同一方向的 1,1′, 1″,1‴,1⁗,… 的无数子波构成一个平行光束，图中画出五个平行光束，每一个平行光束的方向可用与光的入射方向的夹角 θ 来表示，这个夹角称为 衍射角.

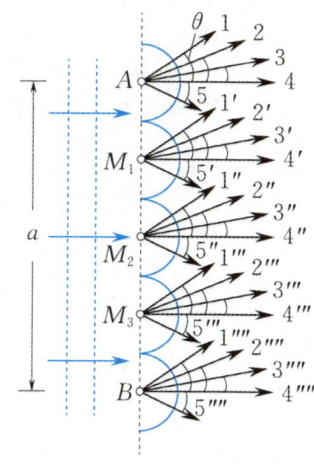

图 10.5　单缝平面的子波

同一衍射角 θ 方向上的衍射光经过透镜 L_2 会聚于焦平面上的同一点 P,P 点的位置由通过透镜光心的衍射光线 MP 决定,如图 10.4(a) 所示,所以 P 点与衍射角 θ 一一对应,所有在这一方向上的衍射光在 P 点的相干叠加决定了该点的光强和明暗.

10.2.2　菲涅耳半波带法

下面我们采用菲涅耳半波带法来分析观察屏上的衍射图样.

首先,考虑沿入射方向($\theta = 0$)传播的一束平行衍射光(图 10.6 中光束 1),它们从同一波面 AB 上各点发出时具有相同的相位,光程差为零.透镜不产生附加光程差,这束平行光经过透镜 L 会聚于 P_0 点时是同相位叠加,因此互相加强.这样,在正对狭缝中心的 P_0 点处将是一条明纹的中心,这就是 **中央明纹**(或 **零级明纹**)中心的位置.

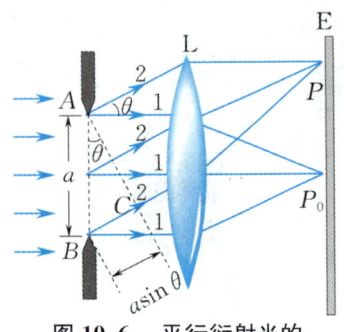

图 10.6　平行衍射光的最大光程差

其次,考虑沿衍射角 θ 方向传播的一束平行光(图 10.6 中光束 2),它们经过透镜会聚于观察屏上的 P 点,这束光中各光线到达 P 点时的光程并不相等,因而它们在 P 点的相位各不相同.过 A 点作一垂直于光束 2 的平面 AC,由于透镜不产生附加光程差,波面 AB 上各点到达 P 点的光程差就等于波面 AB 到平面 AC 的光程差.显然,两条边缘光线之间的光程差为 $BC = a\sin\theta$,这也是该束衍射光各光线之间的 **最大光程差**.如何从这个最大光程差来确定 P 点处的明暗呢?

根据惠更斯-菲涅耳原理,P 点的光振动是单缝处波面上所有子波波源发出的子波传到 P 点的振动的相干叠加.在衍射角 θ 为某些特定值时,从 C 点开始沿 BC 作一系列平行于 AC 的平面,使两相邻平面之间的距离等于入射光波长的一半,即 $\dfrac{\lambda}{2}$,从而将宽度为 a 的波面 AB 分成许多等宽度的纵长条带(例如,图 10.7 中这些平面将单缝所在处的波面 AB 分割为 AA_1,A_1A_2 和 A_2B 三个宽度相等的条带).这样就使两个相邻条带上的任意两个对应点(如 A_1A_2 条带上的 G 点与 A_2B 条带上的 G' 点)所发出的子波在 P 点的光程差均为 $\dfrac{\lambda}{2}$(相位差为 π),这样的条带称为 **半波带**,如图 10.7 所示.利用半波带来分析衍射图样的方法叫作 **菲涅耳半波带法**.

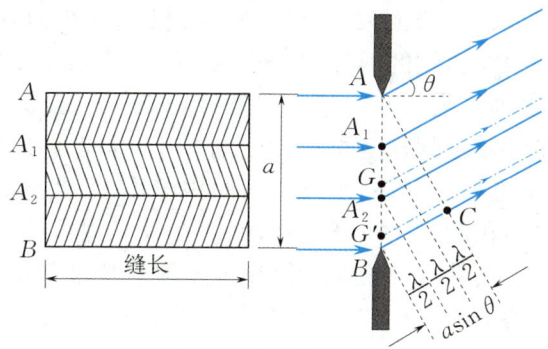

图 10.7 菲涅耳半波带法

显然,衍射角 θ 不同,单缝处波面分出的半波带个数不同. 半波带的个数取决于衍射角为 θ 的平行光线的最大光程差 BC. 当 BC 等于半波长的奇数倍时,单缝处波面 AB 可分为奇数个半波带(见图 10.8(a));当 BC 等于半波长的偶数倍时,单缝处波面可分成偶数个半波带(见图 10.8(b)).

各个半波带的面积相等,到 P 点的距离近似相等,因此各个半波带在 P 点所引起的光振幅近似相等. 而相邻两半波带的对应点上发出的子波在 P 点的光程差为 $\dfrac{\lambda}{2}$,将两两干涉相消,因此相邻两半波带发出的光振动在 P 点合成时将完全相互抵消. 这样,对于某些衍射角 θ,如果单缝处波面 AB 恰好能分成偶数个半波带,则由于一对对相邻的半波带发出的光都分别在 P 点相互抵消,合振幅为零,P 点应是暗纹的中心;对于某些衍射角 θ,如果单缝处波面 AB 可分成奇数个半波带,则一对对相邻的半波带发出的光分别在 P 点相互抵消后,还剩下一个半波带发出的光到达 P 点合成,P 点应近似为明纹的中心;如果对于某些衍射角 θ,波面 AB 既不可分成偶数个半波带,也不可分成奇数个半波带,则 P 点将是介于最明与最暗之间的中间区域.

综上所述,当平行光垂直照射单缝平面时,单缝衍射形成的明暗条纹位置由衍射角 θ 决定:

暗纹中心 $\quad a\sin\theta = \pm 2k\dfrac{\lambda}{2} = \pm k\lambda \quad (k=1,2,\cdots),$

(10.2.1)

明纹中心 $\quad a\sin\theta = \pm(2k+1)\dfrac{\lambda}{2} \quad (k=1,2,\cdots),$

(10.2.2)

中央明纹中心 $\quad \theta = 0, \quad a\sin\theta = 0,$

式中 k 为明纹或暗纹的级次.

在单缝衍射条纹中,光强分布并不是均匀的,如图 10.9 所

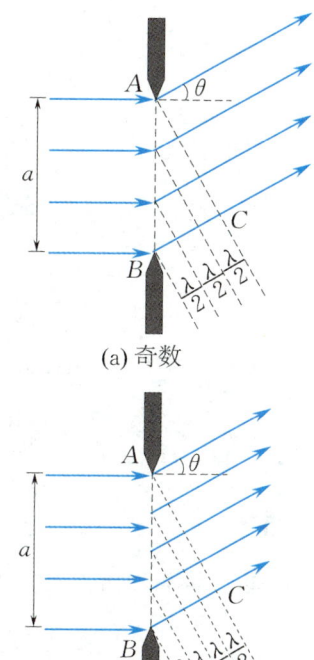

(a) 奇数

(b) 偶数

图 10.8 半波带个数的示意图

示. 中央明纹(即零级明纹)最亮,同时也最宽(约为其他明纹宽度的两倍). 中央明纹的两侧,光强迅速减小,直至第 1 级暗纹;其后,光强又逐渐增大而成为第 1 级明纹,依此类推. 必须注意,各级明纹的光强随着级次的增大而逐渐减小. 这是由于衍射角 θ 越大,分成的半波带数越多,半波带的面积越小,未被抵消的半波带面积占单缝面积的比例也就越小,因而明纹光强也就越小.

菲涅耳半波带法的精妙之处在于无须数学推导,便能得到衍射条纹分布的概貌.

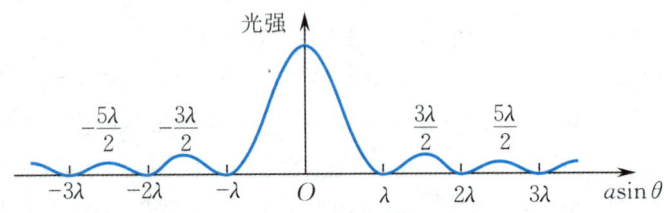

图 10.9 单缝衍射条纹的光强分布

10.2.3 单缝夫琅禾费衍射的条纹特点

1. 条纹位置

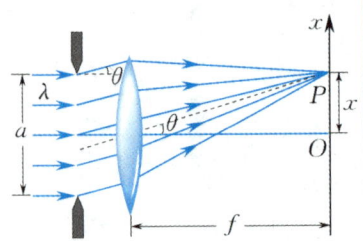

图 10.10 单缝衍射条纹的位置

通常 θ 很小,有 $\tan\theta \approx \sin\theta \approx \theta$. 如图 10.10 所示,$P$ 点的坐标为 $x = f\tan\theta \approx f\sin\theta$,$f$ 为透镜的焦距. 由式(10.2.1)和(10.2.2)可得:

明纹中心坐标

$$x = \pm(2k+1)\frac{\lambda f}{2a} \quad (k=1,2,\cdots), \quad (10.2.3)$$

暗纹中心坐标

$$x = \pm k\frac{\lambda f}{a} \quad (k=1,2,\cdots), \quad (10.2.4)$$

式中 k 为明纹或暗纹的级次.

2. 条纹宽度

如图 10.11(a) 所示,$x=0$ 处是中央明纹的中心,在观察屏上中央明纹两侧的第 1 级($k=\pm 1$)暗纹中心之间的区域为中央明纹. 由此定义中央明纹的角宽度 $\Delta\theta_0$ 为 $k=\pm 1$ 暗纹中心对透镜光心的张角. 以 $\theta_{1暗}$ 表示第 1 级暗纹中心对应的衍射角,由式(10.2.1),有

$$\pm\theta_{1暗} = \pm\arcsin\frac{\lambda}{a} \approx \pm\frac{\lambda}{a}.$$

显然,$\theta_{1暗}$ 是中央明纹的半角宽度,所以中央明纹的角宽度为

$$\Delta\theta_0 = 2\theta_{1暗} \approx 2\frac{\lambda}{a}. \quad (10.2.5)$$

定义中央明纹的线宽度为两个第 1 级暗纹中心之间的距离. 在

式 (10.2.4) 中取 $k=1$,得到两个第 1 级暗纹中心坐标为 $\pm x_{1暗} = \pm \dfrac{\lambda}{a} f$. 中央明纹的线宽度为

$$\Delta x_0 = 2 x_{1暗} = 2 \dfrac{\lambda}{a} f. \tag{10.2.6}$$

式 (10.2.6) 表明,中央明纹的线宽度正比于波长 λ,反比于缝宽 a. 这一关系又称为**衍射反比律**. 可见,波长越长,光的衍射效果越好;缝越窄,衍射效果越明显.

其他各级明纹的角宽度和线宽度分别定义为与之相邻的两个暗纹中心的角间距与距离,如图 10.11(b) 所示,有

$$\Delta \theta_k = \theta_{k+1暗} - \theta_{k暗} \approx \dfrac{\lambda}{a}, \quad \Delta x_k = x_{k+1暗} - x_{k暗} = \dfrac{\lambda}{a} f. \tag{10.2.7}$$

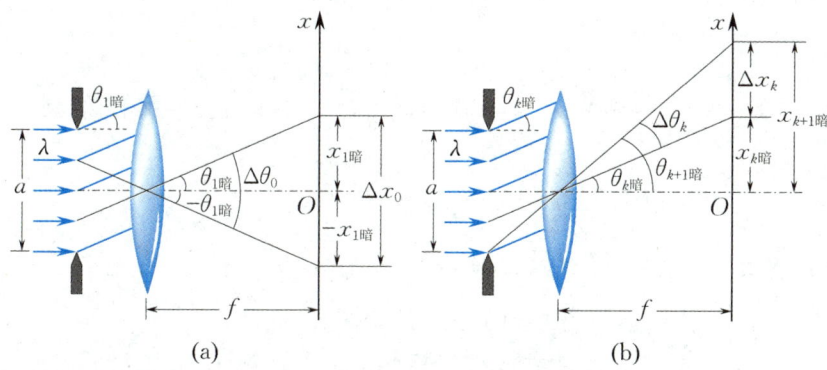

图 10.11 单缝衍射明纹的角宽度和线宽度

可见,其他各级明纹等间隔分布,宽度是中央明纹的一半. 单缝衍射图样是关于中央明纹对称的、一系列光强分布不均匀的等宽度的明暗相间、与缝平行的直条纹. 它和杨氏双缝干涉图样中条纹呈等宽等亮的分布明显不同,单缝衍射图样的中央明纹既宽又亮,两侧的明纹则窄而较暗.

由式 (10.2.6) 或 (10.2.7),若已知缝宽 a、焦距 f,测出 Δx_0 或 Δx_k,就可利用单缝衍射来测定光的波长 λ.

3. 缝宽 a 对衍射条纹的影响

由式 (10.2.1),(10.2.2) 和 (10.2.6) 可知,对于波长 λ 一定的单色光,缝宽 a 变小时,相应各级条纹的衍射角增大,衍射现象越显著;当 a 增大时,各级条纹的衍射角变小,都向中央明纹靠拢,同时条纹的间隔变小而逐渐不能分辨,这时衍射现象不明显. 当 $a \gg \lambda$ 时,各级条纹非常接近中央明纹,以致不能区分,形成单一的明纹,即单缝在透镜中的像,此时可认为光沿直线传播,遵从几何光学的规律. 由此可见,几何光学是波动光学在 $a \gg \lambda \left(\dfrac{\lambda}{a} \to 0 \right)$ 时的极限

情形. 对于透镜成像来说,仅当衍射不显著时,才能形成物的几何像. 如果衍射不能忽略,则透镜所成的像将不是物的几何像,而是一个衍射图样.

4. 白光的衍射条纹

当缝宽 a 一定时,对于同级条纹,波长越大,衍射角越大. 因此,当用白光入射时,除在中央明纹区形成白色条纹外,在两侧将出现一系列由紫到红的彩色条纹,且不同级明纹间有重叠,称之为衍射光谱.

例 10.2.1 用波长为 $\lambda = 500$ nm 的单色光垂直照射缝宽为 $a = 0.25$ mm 的单缝,在缝后置一焦距为 $f = 0.25$ m 的透镜,求:

(1) 第 1 级暗纹的中心与中央明纹中心的距离;
(2) 中央明纹的线宽度;
(3) 第 1 级明纹的线宽度.

解 (1) 由于中央明纹的上、下侧条纹是对称分布的,只需讨论其中的一侧. 根据式(10.2.4),取 $k = 1$,得

$$x_1 = \frac{\lambda}{a}f,$$

此即第 1 级暗纹的中心与中央明纹中心的距离. 代入数据,得

$$x_1 = \frac{\lambda}{a}f = \frac{500 \times 10^{-6}}{0.25} \times 0.25 \times 10^3 \text{ mm} = 0.5 \text{ mm}.$$

(2) 中央明纹的线宽度为 x_1 的两倍,即

$$\Delta x_0 = 2x_1 = 2 \times 0.5 \text{ mm} = 1.0 \text{ mm}.$$

(3) 第 1 级明纹的线宽度为 $k = 1$ 和 $k = 2$ 两条暗纹中心之间的距离,即

$$\Delta x_1 = x_2 - x_1 = 2\frac{\lambda}{a}f - \frac{\lambda}{a}f = \frac{\lambda}{a}f = 0.5 \text{ mm}.$$

例 10.2.2 波长为 λ_1 的单色平行光垂直照射一单缝,其衍射第 3 级明纹恰与波长为 $\lambda_2 = 600$ nm 的单色平行光垂直照射该单缝时的衍射第 2 级明纹重合,求波长 λ_1.

解 由单缝衍射明纹条件式(10.2.2),对波长分别为 λ_1 和 λ_2 的单色光,有

$$a\sin\theta = \pm(2k_1 + 1)\frac{\lambda_1}{2}, \quad a\sin\theta = \pm(2k_2 + 1)\frac{\lambda_2}{2}.$$

当波长为 λ_1 的第 k_1 级明纹和波长为 λ_2 的第 k_2 级明纹重合时,有

$$(2k_1 + 1)\frac{\lambda_1}{2} = (2k_2 + 1)\frac{\lambda_2}{2}.$$

由题意可知 $k_1 = 3, k_2 = 2$,则解得

$$\lambda_1 = \frac{2k_2 + 1}{2k_1 + 1}\lambda_2 = \frac{2 \times 2 + 1}{2 \times 3 + 1} \times 600 \text{ nm} \approx 428.6 \text{ nm}.$$

10.3 圆孔衍射 光学仪器的分辨本领

10.3.1 圆孔衍射

圆孔衍射

当光波照射小圆孔时,也会产生衍射现象.光学仪器中所用的孔径光阑、透镜的边框等都相当于一个透光的圆孔,在成像问题中常常涉及圆孔衍射问题,所以圆孔夫琅禾费衍射具有重要的意义.

在观察单缝夫琅禾费衍射的实验装置中,用小圆孔代替单缝.单色平行光垂直照射到圆孔上,光通过圆孔后被透镜 L 会聚.按照几何光学,在观察屏上只能出现一个亮点,但是实际上看到的是圆孔的衍射图样,中央是一个较亮的圆斑,外围是一组同心的暗环和明环.由第 1 级暗环所围的中央亮斑集中了入射光光强的 83.8%,称为艾里(Airy)斑,如图 10.12 所示.

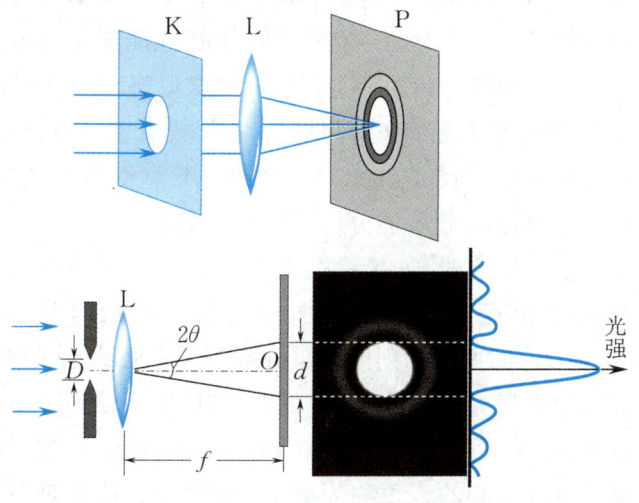

图 10.12 圆孔衍射和艾里斑

由理论计算可得,第 1 级暗环(艾里斑的边缘)对应的衍射角满足

$$\sin\theta = 1.22\frac{\lambda}{D}, \tag{10.3.1}$$

式中 D 是圆孔的直径,λ 是入射光的波长.式(10.3.1)与单缝衍射第 1 级暗环的条件相对应,仅仅多了一个反映几何形状的常数 1.22.

θ 称为艾里斑的半角宽度,而 2θ 称为艾里斑的角宽度. 从图 10.12 中可以看出,2θ 也相当于第 1 级暗环直径对透镜光心的张角. 当 θ 很小时,艾里斑的直径为

$$d = 2f\tan\theta \approx 2f\sin\theta = 2.44\frac{\lambda}{D}f. \qquad (10.3.2)$$

这一关系与单缝衍射的衍射反比律在物理实质上是一致的. 它说明波长 λ 越大或圆孔直径 D 越小,衍射现象就越显著. 当 $\frac{\lambda}{D} \ll 1$ 时,衍射现象可以忽略,光线沿直线传播,遵守几何光学规律.

10.3.2 光学仪器的分辨本领

大多数光学仪器通过透镜将入射光会聚成像,透镜边缘一般制成圆形,可以看成一个小圆孔. 从几何光学的观点来说,物体通过光学仪器成像时,每一个物点就有一个对应的像点,但由于光的衍射,像点已不是一个几何点,而是有一定大小的艾里斑. 对相距很近的两个物点,其相对应的两个艾里斑就会相互重叠甚至无法分辨出是两个物点的像点. 可见,光的衍射现象使光学仪器的分辨能力受到限制. 例如,天上两颗亮度大致相同、相距很近的星体 a 和 b,在望远镜物镜的像方焦平面上形成两个艾里斑,它们分别是 a 和 b 的像点. 如果这两个艾里斑分得较开,边缘没有重叠或重叠较少,就能够分辨出 a,b(见图 10.13(a)). 如果 a,b 靠得很近,它们的艾里斑将相互重叠,a,b 就不能分辨(见图 10.13(c)).

对于一个光学仪器,如果一个点光源的衍射图样的艾里斑中心刚好与另一个点光源的衍射图样的第 1 级暗环相重合(见图 10.13(b)),这时两个衍射图样重叠部分中心处的光强约为单个衍射图样的中央最大光强的 80%. 此时,人的眼睛恰能分辨出这是两个光点的像,这一条件称为**瑞利(Rayleigh)判据**. 在这一临界条件下两点对透镜光心的张角称为**最小分辨角** θ_0,这正是艾里斑的半角宽度. 由式(10.3.1)可知

$$\theta_0 = 1.22\frac{\lambda}{D}. \qquad (10.3.3)$$

第 10 章 光 的 衍 射

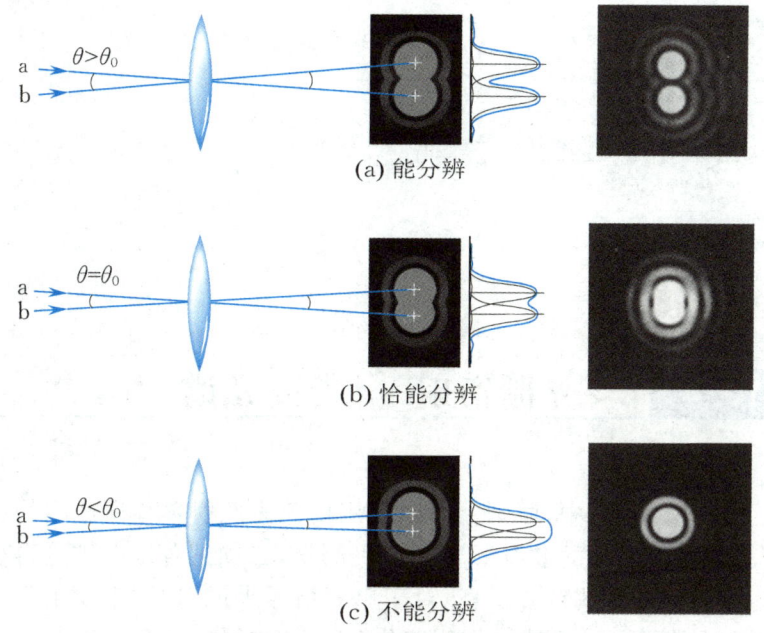

图 10.13 光学仪器的分辨本领

最小分辨角由光学仪器的直径 D 和光的波长 λ 决定. 在光学中,常将光学仪器的最小分辨角的倒数称为该仪器的**分辨本领**(或分辨率),即

$$R = \frac{1}{\theta_0} = \frac{D}{1.22\lambda}. \tag{10.3.4}$$

可见,提高光学仪器的分辨本领有两条途径:一是增大透镜的直径 D,二是减小入射光的波长 λ. 在天文观测中,采用直径很大的透镜(因为 λ 无法改变),一方面是为了增大入射光的光强,另一方面就是为了提高分辨本领. 例如,1990 年发射的哈勃太空望远镜(见图 10.14)的凹面物镜的直径为 2.4 m,最小分辨角 θ_0 小于 $0.1''$,可观察 130 亿光年远的太空深处. 在显微镜的应用上,利用的光的波长 λ 越小,其最小分辨角也越小,分辨本领也就越高. 利用波长为 0.1 nm 的电子束,可以制成最小分辨距离达 10^{-1} nm 的电子显微镜,比普通光学显微镜的分辨本领大数千倍.

图 10.14 哈勃太空望远镜

例 10.3.1 人眼通常状况下瞳孔的直径大约为 3 mm. 问人眼的最小分辨角为多大?远处有两根细丝间距为 2.24 mm,试问在多远的地方才能区分得开?

解 以视觉感受最灵敏的黄绿光(波长为 $\lambda = 550$ nm)来讨论,则人眼的最小分辨角为

$$\theta_0 = 1.22\frac{\lambda}{D} = 1.22 \times \frac{5.5 \times 10^{-7}}{3 \times 10^{-3}} \text{ rad} = 2.24 \times 10^{-4} \text{ rad} \approx 1'.$$

设细丝的间距为 ΔL,人与细丝相距为 L,则两根细丝对人眼的张角为 $\Delta\theta \approx \frac{\Delta L}{L}$. 恰能分辨

时，由式(10.3.3)有

$$\Delta\theta = \theta_0.$$

于是有

$$L \approx \frac{\Delta L}{\theta_0} = \frac{2.24 \times 10^{-3}}{2.24 \times 10^{-4}} \text{ m} = 10 \text{ m}.$$

超过上述距离，则人眼不能分辨．

10.4 光栅衍射　　光栅光谱

在单缝衍射中，原则上可以利用单色光照射单缝所产生的衍射条纹来测定光的波长 λ. 为了准确测量，必须把各级明纹分得很开，而且每一级明纹要很亮．对于单缝衍射来说，这两个要求不可能同时满足．因为要求各级明纹分得很开，单缝的宽度 a 就要很小，而宽度太小，通过单缝的光强就小，明纹就不会很亮．那么，是否能获得既亮又窄，且相邻明纹分得很开的条纹呢？利用光栅就可以获得这样的衍射条纹．

10.4.1 光栅

一般而言，具有周期性结构的衍射屏都可以称为光栅．光栅通常分为两种：一种是透射光栅，另一种是反射光栅．在一块很平的玻璃上，用金刚石刀尖刻出一系列等宽等距的平行刻痕，如图 10.15(a) 所示，每条刻痕处相当于不透光的毛玻璃，而两条刻痕之间可以透光，相当于一个单缝，这样平行排列的大量等宽等距的狭缝就构成了透射光栅．在很平整的不透光材料（如金属）表面刻出一系列等间隔的平行刻槽，则入射光将在这些刻槽处反射，这种光栅就是反射光栅，如图 10.15(b) 所示．

衍射光栅是一种非常精密的光学元件，通常光栅上每厘米内刻有几千甚至上万条刻痕．在近代物理实验中，光栅常用于分光装置，主要用来形成光谱．

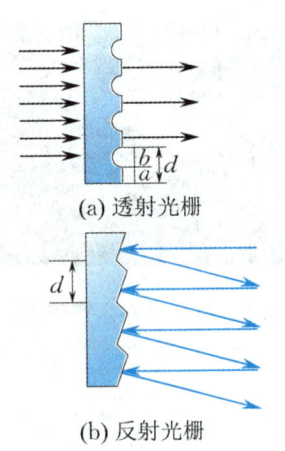

(a) 透射光栅

(b) 反射光栅

图 10.15　光栅的种类

光栅衍射

10.4.2 光栅衍射

这里主要讨论透射光栅的夫琅禾费衍射，图 10.16 所示为光栅衍射示意图．当单色平行光垂直照射在光栅上时，衍射光束通过透镜会聚在透镜焦平面处的观察屏上，产生一组明暗相间的衍射条纹．

如图10.17所示,光栅衍射条纹的分布与单缝衍射条纹的情况明显不同.在单缝衍射条纹中,中央明纹的宽度很大,其他各级明纹的宽度较小,且亮度随级数增大而递减.而在光栅衍射中,随着狭缝数目的增多,明纹亮度增加,条纹变细,且相互分得越开,在明纹之间形成大片暗区.

在单缝夫琅禾费衍射中,观察屏上各级条纹的位置仅取决于相应的衍射角 θ,而与单缝在衍射屏上所处的位置无关.也就是说,如果把单缝上下平移,通过同一透镜而在观察屏上显示的衍射图样保持不变.因此,在具有 N 条狭缝的光栅平面上,所有狭缝单独产生的单缝衍射图样在观察屏上的位置是相同的,它们完全重合在一起.如果 N 个狭缝发出的衍射光是不相干的,那么在观察屏上呈现的仍然是单缝衍射图样,只是各处的光强都增加了 N 倍.但是,光栅是与杨氏双缝类似的分波面装置,每个狭缝发出的衍射光是相干光,在观察屏上会聚时还要产生多缝干涉现象.因此,光栅每条狭缝的自身衍射和各狭缝之间的干涉共同决定了光通过光栅后的光强分布,即光栅衍射实际上是多光束干涉和单缝衍射的综合效果.下面根据这一思想对光栅衍射进行分析.

设图10.16中光栅每一条狭缝的宽度为 a,不透光部分的宽度为 b,称 $a+b$ 为该光栅的**光栅常数**,记为 d,即
$$d = a+b,$$
它反映了光栅的空间周期性.以 N 表示光栅的总缝数,并设单色平行光垂直照射到光栅表面上.先考虑多缝干涉的影响,这时可认为各缝共形成 N 个间距都是 d 的同相位的子波波源,它们沿每一方向都发出频率相同、振幅相同的光波.这些光波叠加就形成多光束干涉.当衍射角为 θ 时,光栅上任意相邻两狭缝对应位置的衍射光到达 P 点的光程差都是相等的.由图10.16可知,这一光程差为
$$\delta = (a+b)\sin\theta = d\sin\theta.$$
由干涉加强的条件可知,当 θ 满足
$$d\sin\theta = \pm k\lambda \quad (k=0,1,2,\cdots) \quad (10.4.1)$$
时,所有的缝发出的各衍射光到达 P 点引起的光振动干涉加强,形成明纹.值得注意的是,由于这些明纹是由所有狭缝射出的衍射光叠加而成的,P 点处的合振幅应是来自一条狭缝光振幅的 N 倍,而合光强将是来自一条狭缝衍射光强的 N^2 倍.可见,光栅的缝数 N 越大,条纹越明亮.与这些明纹相对应的光强的极大值称为**主极大**.决定主极大位置的式(10.4.1)称为**光栅方程**,它是研究光栅衍射的基本公式之一.式(10.4.1)中,k 称为主极大的级次.$k=0$ 对应中央明纹;$k=1,2,\cdots$ 对应的明纹分别叫作第1级、第2级……明纹,正、负号表示各级明纹对称分布在中央明纹两侧.

按照分析单缝衍射的菲涅耳半波带法类推,光栅的最上一条

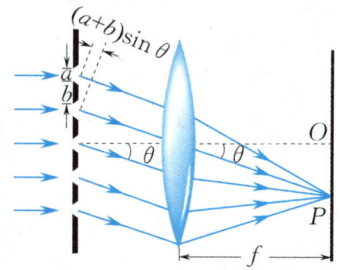

图 10.16 光栅衍射示意图

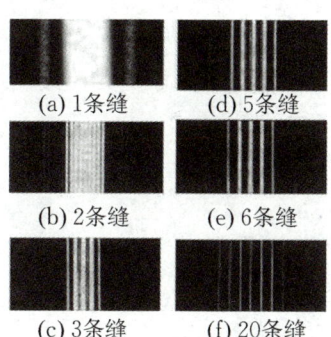

(a) 1条缝   (d) 5条缝

(b) 2条缝   (e) 6条缝

(c) 3条缝   (f) 20条缝

图 10.17 多缝衍射条纹

狭缝和最下一条狭缝发出的光的光程差 $\delta = Nd\sin\theta$. 当 δ 等于 $k'\lambda$，并且 k' 不是 N 的整数倍（因为 $k' = kN$ 属于出现主极大的情况）时，P 点处将出现暗纹. 因此，光栅衍射的暗纹应该满足下列关系式：

$$Nd\sin\theta = \pm k'\lambda$$
$$(k' = 1, 2, \cdots, N-1, N+1, \cdots, 2N-1, 2N+1, \cdots).$$
(10.4.2)

这时，可以视为将光栅宽度为 Nd 的波面分成偶数 ($2k'$) 个半波带，相邻两个半波带的对应狭缝发出的衍射光在 P 点的光程差都是半个波长，相位差为 π，干涉相消. 由于半波带为偶数个，成对抵消，故 P 点处出现暗纹. 式 (10.4.2) 中，k' 为暗纹的级次. 显然，在相邻两个主极大之间都有 $N-1$ 条暗纹. 而两暗纹之间应为明纹，所以在 $N-1$ 条暗纹之间还应有 $N-2$ 条明纹，这些明纹是大量半波带相互抵消后剩下的一个半波带产生的. 计算表明，这些明纹的光强仅为主极大明纹的 4% 左右，所以称为次明纹或次极大. 当 N 很大时，次极大的光强很小，用肉眼无法分辨，相邻两个主极大之间实际上形成一片暗区. 这样，多光束干涉的结果就是：<u>在几乎黑暗的背景上出现了一系列又细又亮的明纹</u>. 这一结果的光强分布曲线如图 10.18(b) 所示.

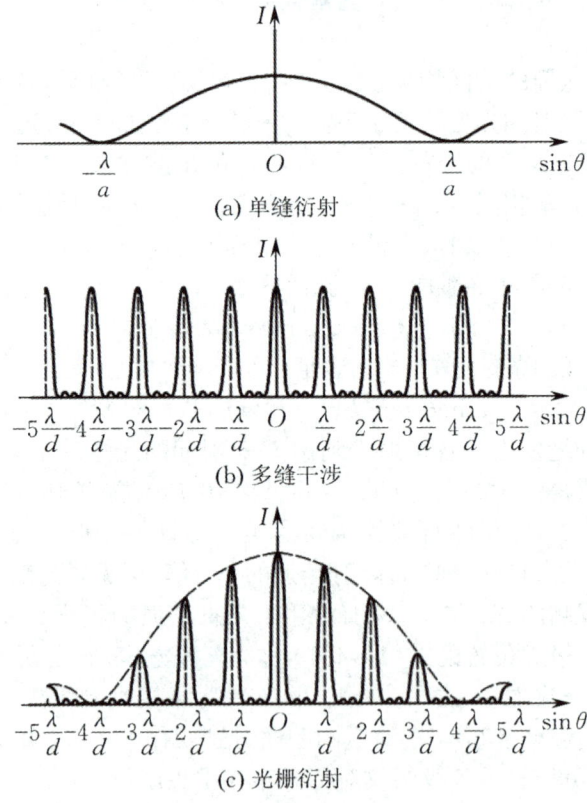

图 10.18 光栅衍射的光强分布

图 10.18(b) 中的光强分布曲线是假设各缝在各方向的衍射光的强度一样而得出的. 实际上, 光栅衍射的条纹还要受到单缝衍射的影响. 通过每条缝的光, 由于衍射, 在不同衍射角 θ 的方向的光强是不同的(见图 10.18(a)). 不同衍射角 θ 的方向的衍射光相干叠加形成的主极大也就要受衍射的影响, 光栅衍射的各级主极大是来源于不同强度的衍射光的干涉叠加. 当衍射角较小时, 单缝衍射光强较大, 由此所产生的多光束干涉主极大光强就越大; 随着衍射角的增大, 单缝衍射光强变小, 由此所产生的多光束干涉主极大光强也变小. 这就是说, **多光束干涉的明纹经过单缝衍射光强的调制, 最后才形成光栅衍射的主极大**. 图 10.18(b) 给出的是 $N=4$ 且不考虑单缝衍射因素时, 多缝干涉的光强分布. 图 10.18(a) 为每一个单缝衍射的光强分布, 它对 4 光束干涉的光强分布进行调制, 给出了光栅衍射的"轮廓", 即由单缝衍射和多缝干涉共同决定了实际的光栅衍射光强分布, 如图 10.18(c) 所示.

还应该指出的是, 如果单缝衍射暗纹对应的衍射角 θ 值对应多光束干涉的主极大, 这些主极大将消失. 这种主极大明纹受到单缝衍射调制而消失的现象称为**缺级现象**. 例如, 在图 10.18(c) 中光栅衍射的第 4 级主极大缺级, 原因在于此处既是第 4 级主极大的位置, 同时又是单缝衍射的第 1 级暗纹的位置. 所缺的级次由光栅常数 d 与缝宽 a 的比值决定. 主极大满足

$$d\sin\theta = \pm k\lambda,$$

而单缝衍射暗纹满足

$$a\sin\theta = \pm k'\lambda.$$

如果某一衍射角 θ 同时满足上述两式, 则第 k 级主极大缺级. 两式相除, 可得所缺的主极大级次 k 为

$$k = \pm \frac{d}{a} k' \quad (k' = 1, 2, \cdots). \tag{10.4.3}$$

例如, 当 $d = 4a$ 时, $k = \pm 4, \pm 8, \cdots$ 对应的主极大都要缺级, 如图 10.18(c) 所示.

10.4.3 光栅光谱

根据光栅方程 $d\sin\theta = \pm k\lambda$, 若光栅常数 d 一定, 除中央明纹外, 入射光波长不同, 同一级主极大所对应的衍射角也就不同. 因此, 当以白光入射时, 除中央明纹仍为白色外, 其他各级明纹将按由紫到红的顺序排列, 对称地分布在中央明纹两侧, 这些彩色光带称为**光栅光谱**, 如图 10.19 所示. 由于波长短的光的衍射角小, 波长长的光的衍射角大, 因此紫光(图中以 V 表示)靠近中央明纹, 红光(图中以 R 表示)远离中央明纹. 从第 2 级光谱开始将发生重叠, 级次越高, 重叠越严重.

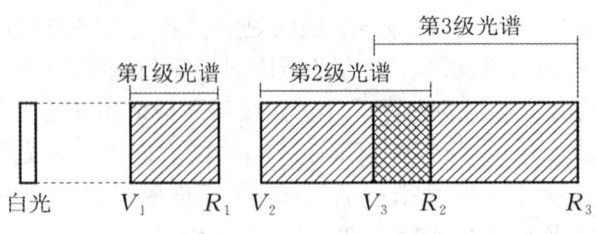

图 10.19 光栅光谱

各种元素或化合物有它们自己特定的谱线,通过测定光栅光谱中各谱线的波长和相对强度,可以确定该物质的成分及其含量. 这种根据物质的光栅光谱来鉴别物质种类及确定它的化学组成和相对含量的方法称为光谱分析. 光栅光谱在科学研究和工程技术上有广泛的应用.

例 10.4.1 用白色平行光垂直照射到每厘米有 6 500 条缝的光栅上,求第 3 级光谱出现的谱线的颜色.

解 白光成分中紫光($\lambda_1 = 400$ nm)波长最短而红光($\lambda_2 = 760$ nm)波长最长. 由题意,光栅常数为

$$d = a + b = \frac{1}{6\,500} \text{ cm}.$$

设紫光和红光第 3 级($k=3$)主极大的衍射角分别为 θ_1 和 θ_2,由式(10.4.1)可得

$$\sin\theta_1 = \frac{3\lambda_1}{d} = 0.78, \quad \theta_1 \approx 51.26°,$$

$$\sin\theta_2 = \frac{3\lambda_2}{d} = 1.48 > 1 \quad (\theta_2 \text{ 不存在}).$$

这说明第 3 级光谱只能出现一部分谱线,这一部分光谱的张角为

$$\Delta\theta \approx 90° - 51.26° = 38.74°.$$

设第 3 级光谱所能出现的最长波长为 λ'(对应的衍射角为 $\theta' = 90°$),则

$$\lambda' = \frac{d\sin 90°}{3} = \frac{d}{3} \approx 513 \text{ nm} \quad (\text{绿光}).$$

于是,第 3 级光谱所能出现的为紫、蓝、青、绿等色光,而黄、橙、红等色光看不见.

例 10.4.2 有一四缝光栅,如图 10.20 所示,缝宽为 a,光栅常数 $d = 2a$,其中缝 1 总是打开的,而缝 2,3,4 可以打开也可以关闭. 波长为 λ 的单色平行光垂直照射光栅,试画出下列条件下,光栅衍射的相对光强分布曲线 $\frac{I}{I_0}$ - $\sin\theta$:

(1) 关闭缝 3,4;
(2) 关闭缝 2,4;
(3) 四缝全部打开.

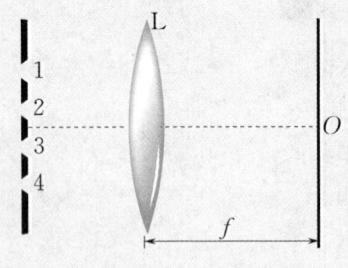

图 10.20 四缝光栅

解 (1) 关闭缝 3,4 时,四缝光栅变成双缝,且 $\dfrac{d}{a}=2$,因此在单缝衍射中央明纹包线内共有 3 条明纹.

(2) 关闭缝 2,4 时,仍成双缝,但光栅常数 $d'=4a$,即 $\dfrac{d'}{a}=4$,因此在单缝衍射中央明纹包线内共有 7 条明纹.

(3) 四缝全部打开时,$\dfrac{d}{a}=2$,单缝衍射中央明纹包线内共有 3 条明纹. 与(1)不同的是, 主极大明纹的宽度和相邻两主极大之间的光强分布不同,还有次极大明纹.

上述三种情况下的光栅衍射的相对光强分布曲线分别如图 10.21(a),(b),(c) 所示,注意三种情况都有缺级现象.

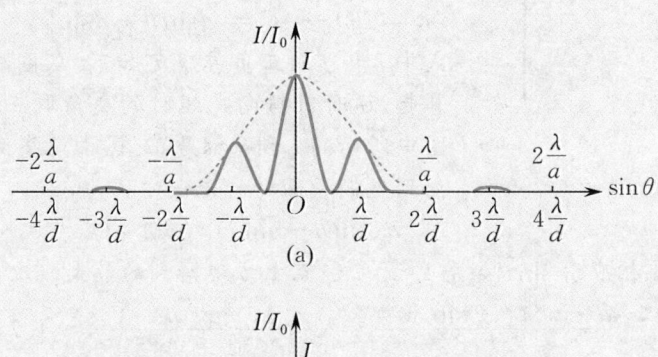

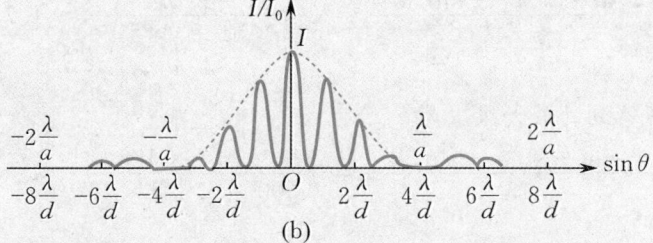

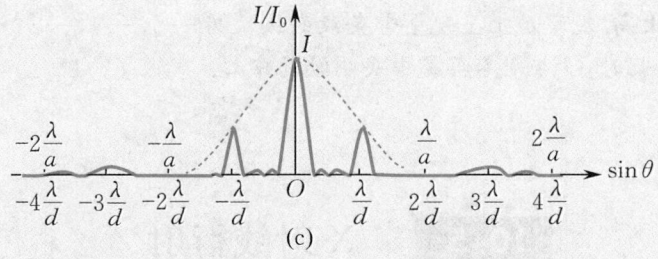

图 10.21 相对光强分布曲线

例 10.4.3 用每毫米刻有 500 条刻痕的光栅观察钠双黄线(平均波长 $\lambda=589.3\,\mathrm{nm}$). 在以下两种情况下,求主极大明纹的最大级次以及观察屏上呈现的全部条纹的级次:

(1) 光线垂直照射光栅;

(2) 光线以入射角为 $30°$ 斜向上照射光栅.

解 (1) 光线垂直照射时,由光栅方程 $d\sin\theta=k\lambda$,得

$$k = \frac{d\sin\theta}{\lambda}.$$

k 的可能最大值相应于 $\sin\theta = \pm 1$,故

$$k_m = \frac{d\sin(\pm 90°)}{\lambda} = \frac{\pm 10^{-3}}{500 \times 5.893 \times 10^{-7}} \approx \pm 3.4.$$

由于级次只能取整数,垂直照射时能看到主极大明纹最大级次是第3级,观察屏上呈现的全部条纹的级次为 $k = 0, \pm 1, \pm 2, \pm 3$,一共有7条主极大明纹.

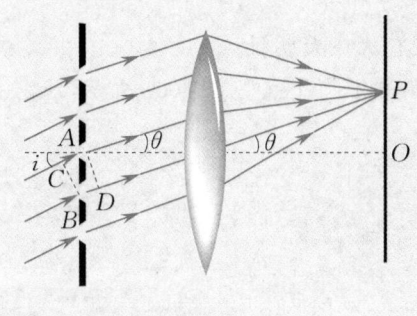

图 10.22

(2)若光线以入射角 i 斜向上照射光栅,光程差的计算公式应做适当的修正.如图10.22所示,作 $BC \perp AC$,$AD \perp BD$,在衍射角 θ 的方向上,相邻两狭缝对应点的衍射光的光程差为

$$\delta = BD - AC = d\sin\theta - d\sin i = d(\sin\theta - \sin i),$$

式中 i 和 θ 的正负号规定如下:从图中光栅平面的法线算起,逆时针转向光线时的夹角取正值;反之,取负值.图中所示的 i 和 θ 都是正值.由此得到一束平行光斜照射到光栅表面时的光栅方程为

$$d(\sin\theta - \sin i) = k\lambda \quad (k = 0, \pm 1, \pm 2, \cdots).$$

同样,k 的可能最大值相应于 $\sin\theta = \pm 1$.设在 O 点上方观察到的最大级次为 k_{1m},有

$$k_{1m} = \frac{d(\sin 90° - \sin 30°)}{\lambda} = \frac{10^{-3} \times 0.5}{500 \times 5.893 \times 10^{-7}} \approx 1.7,$$

取 $k_{1m} = 1$.

设在 O 点下方观察到的最大级次为 k_{2m},有

$$k_{2m} = \frac{d[\sin(-90°) - \sin 30°]}{\lambda} = -\frac{10^{-3} \times 1.5}{500 \times 5.893 \times 10^{-7}} \approx -5.1,$$

取 $k_{2m} = -5$.

因此,以入射角为30°斜向上照射时能看到主极大明纹最大级次为第5级,比垂直照射时观察到的光谱线级次高.观察屏上呈现全部条纹的级次为 $-5, -4, -3, -2, -1, 0, +1$,也是7条主极大明纹.此时,$O$ 点处不再是中央明纹的中心.

10.5　X 射线衍射

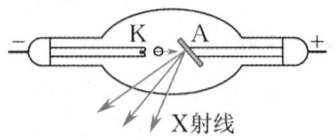

图 10.23　X 射线管

1895年,伦琴(Röntgen)发现,高速电子撞击某些固体时,会产生一种看不见的射线,它能够透过许多对可见光不透明的物质,对感光乳胶有感光作用,并能使许多物质产生荧光,这就是所谓的 X 射线或伦琴射线.

图 10.23 所示的是一种产生 X 射线的真空管(称为 X 射线管),

K 是发射电子的热阴极,A 是由钼、钨或铜等金属制成的阳极. 两极之间加有数万伏的高电压,使电子流加速向阳极 A 撞击而产生 X 射线. 当时,对这种射线的本质尚不清楚,故称它为 X 射线. 实验证实,它是一种波长很短的电磁波,波长在 0.01～10 nm 范围内.

X 射线既然是一种电磁波,也应该有干涉和衍射现象. 但在伦琴发现 X 射线后的十多年内,X 射线的波动性一直没有被实验证实. 原因在于 X 射线的波长很短,利用普通的光学光栅无法观察到 X 射线的衍射光谱. 例如,用光栅常数为 $d=500$ nm 的光学光栅对 X 射线产生衍射,相邻两主极大的角间距约为 2×10^{-6} rad,实际上已无法观察. 人们曾希望获得 X 射线使用的光栅,但 X 射线波长的数量级与原子直径数量级相当,这样的光栅无法用机械方法来制造.

X 射线衍射

1912 年,德国物理学家劳厄(Laue)想到,晶体是由一组有规则排列的微粒(原子、离子或分子)组成的,它们在晶体中排列成有规则的空间点阵,即晶格(见图 10.24). 晶体内相邻微粒之间的距离的数量级约为几十纳米,与 X 射线波长同数量级,因此可以利用晶体作为天然三维衍射光栅观察 X 射线衍射. 劳厄用一束 X 射线通过铅屏的小孔射向晶体,如图 10.25(a)所示,放置在晶体后的底片上就会显影出具有对称性的按一定规则分布的斑点,如图 10.25(b)所示,这些斑点称为劳厄斑,劳厄斑的出现正是 X 射线通过晶体空间点阵发生衍射的结果.

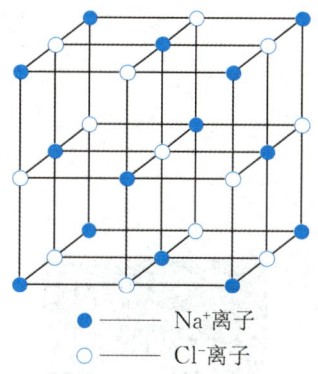

图 10.24 食盐(NaCl)的晶格

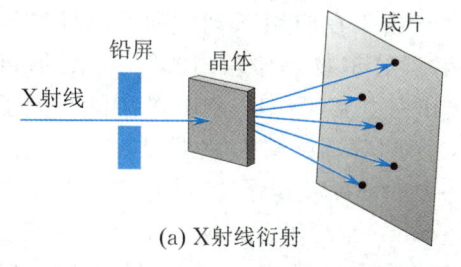

(a) X 射线衍射   (b) 劳厄斑

图 10.25 劳厄实验

劳厄从实验上证明了 X 射线的波动性,同时还证实了晶体中原子排列的规则性,其间隔与 X 射线波长同数量级,因此获得了 1914 年诺贝尔物理学奖.

1913 年,英国物理学家布拉格父子(W. H. Bragg, W. L. Bragg)提出了一种比较简单的方法来研究 X 射线. 他们把晶体的空间点阵简化,当作反射光栅处理,即把晶体看成是由一系列彼此相互平行的原子层构成的,这些原子层称为晶面,两个相邻的晶面间距为 d,称为晶格常数,如图 10.26 所示. 图中小圆点表示晶体点阵中的原子(或离子).

当一束平行的 X 射线以掠射角(入射线与晶面之间的夹角)θ 照射晶体时,一部分将被表面的原子(或离子)层所散射,其余部分

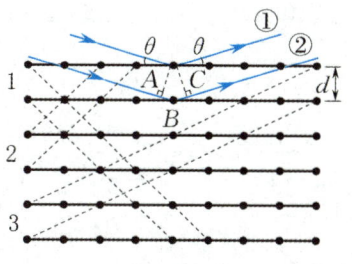

图 10.26 推导布拉格公式图

将被内部各原子(或离子)层所散射.按惠更斯原理,这些原子(或离子)就成为子波波源,向各方向发出散射波.可以证明,在各原子(或离子)层所散射的射线中,满足反射定律的射线的强度最大.如图 10.26 所示,上、下两原子(或离子)层所散射的射线 ① 和 ② 的光程差为 $\delta = AB + BC = 2d\sin\theta$. 显然,各层散射射线相互加强而形成亮点的条件是

$$2d\sin\theta = k\lambda \quad (k = 1, 2, \cdots). \tag{10.5.1}$$

这就是著名的**布拉格公式**.

应该指出,同一晶体中包含许多不同取向的原子层组(如图 10.26 所示的 1,2,3 原子层组).当 X 射线照射到晶体表面上时,对于不同的原子层组,掠射角 θ 不同,晶面常数 d 也不同.凡是满足式(10.5.1)的,都能在相应的反射方向得到加强,形成不同的斑点,这就解释了劳厄斑产生的原因.

晶体的 X 射线衍射有广泛的应用.

(1) 如果已知晶体结构,则可以根据布拉格公式求得 X 射线的波长;若对原子发射的 X 射线的光谱进行分析,还可研究原子的结构.

(2) 如果用已知波长的 X 射线照射某晶体的晶面,则由出现最大衍射强度方向的掠射角 θ 可以求得晶格常数 d,从而研究晶体的结构.这一应用发展为 X 射线的晶体结构分析,在科学技术上具有极大的应用价值.布拉格父子由于在应用 X 射线研究晶体结构方面的贡献,获得了 1915 年诺贝尔物理学奖.1953 年,威尔金斯(Wilkins)、沃森(Watson)和克里克(Crick)利用 X 射线得到了遗传基因脱氧核糖核酸(DNA)的双螺旋结构(见图 10.27),他们也因这项 20 世纪生物学最伟大的成就获得了 1962 年诺贝尔生理学或医学奖.此外,佩鲁茨(Perutz)等人利用 X 射线研究了血红蛋白的分子结构,获得了 1962 年诺贝尔化学奖;霍奇金(Hodgkin)应用 X 射线研究了一系列重要生物化学物质的结构,获得了 1964 年诺贝尔化学奖;美国物理学家科马克(Cormack)和英国工程师豪斯菲尔德(Hounsfield)发明了 X 射线断层扫描仪(CT 扫描仪),获得了 1979 年诺贝尔生理学或医学奖.

总之,X 射线对科学技术的发展和人类社会的进步产生了深刻影响,它为我们提供了一个强有力的武器,促进了医学、化学、生物学及其他相关学科领域的不断发展.

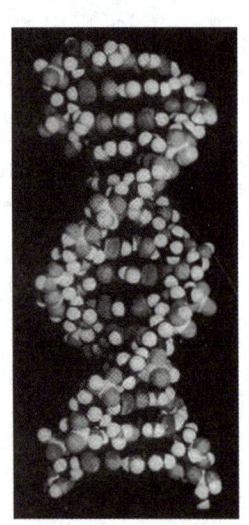

图 10.27 DNA 的双螺旋结构

第10章 光的衍射

思考题

1. 为什么在日常生活中声波的衍射、无线电波的衍射随处可见,而光波的衍射现象却很少有?举出一个日常生活中能见到的光波的衍射例子.

2. 用眼睛通过一狭缝直接观察远处与狭缝平行的线状白光光源,这时看到的衍射图样是菲涅耳衍射还是夫琅禾费衍射?

3. 单缝夫琅禾费衍射和杨氏双缝干涉同样是出现明暗相间的条纹,它们的产生有何不同?单缝衍射明纹条件 $a\sin\theta = \pm(2k+1)\dfrac{\lambda}{2}(k=0,1,2,\cdots)$ 与双缝干涉暗纹条件 $d\sin\theta = \pm(2k+1)\dfrac{\lambda}{2}(k=0,1,2,\cdots)$ 的形式相同,但条纹一明一暗,这是为什么?

4. 在单缝夫琅禾费衍射实验中,试讨论在下列情况下衍射图样的变化:
(1) 狭缝变窄;
(2) 入射光的波长增大;
(3) 单缝沿垂直于透镜光轴的方向平移;
(4) 线光源沿垂直于透镜光轴的方向平移.

5. 在单缝夫琅禾费衍射图样中,为什么级次越高(衍射角 θ 越大)的明纹亮度越小?

6. 如图 10.28 所示,在单缝夫琅禾费衍射中,若单缝处波面恰好分成四个半波带,光线 1,3 是同相位的,光线 2,4 也是同相位的,为什么 P 点处的光强不是极大而是极小?

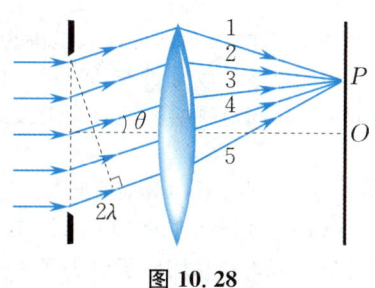

图 10.28

7. 若把单缝衍射实验装置全部浸入水中,则衍射图样将发生怎样的变化?

8. 如果人眼能感知的电磁波波段不是 400~760 nm 范围内,而是移到毫米波段,人眼的瞳孔孔径仍保持在 3 mm 左右,那么人们所看到的世界将是一幅什么景象?

9. 双缝衍射与双缝干涉有什么相同点?又有什么区别?光栅衍射和单缝衍射有什么区别?为什么光栅衍射的明纹特别亮?光栅衍射图样的光强分布具有哪些特征?这些特征分别与光栅的哪些参数有关?

10. N 缝的光栅衍射中,入射光的光强比单缝衍射大 N 倍,而主极大的光强却比单缝大 N^2 倍,这是否违反能量守恒定律?

11. 如果光栅中透光部分的宽度与不透光部分的宽度相等,光栅衍射图样有何特点?

12. 当单色平行光从垂直照射光栅平面变为斜照射时,在观察屏上能得到的光谱线的最高级次 k 将如何变化?

13. 光栅形成的光栅光谱与玻璃棱镜形成的色散光谱有何不同?

14. 一个单层的蓝光光盘(蓝光 DVD)的容量达 25 GB. 使用蓝色激光在光盘上进行数据读写较红色激光有何优越性?

15. 为什么天文望远镜的直径很大?如果已知其直径为 2.44 m,可以得到这台望远镜的哪些光学性能?

习题 10

1. 用波长为 $\lambda = 600$ nm 的单色平行光束垂直照射单缝,在单缝后放一焦距为 2.0 m 的透镜. 已知位于透镜焦平面处的观察屏上的中央明纹宽度为 2.00 mm,求单缝的宽度.

2. 若有一波长为 $\lambda = 600$ nm 的单色平行光垂直照射到缝宽为 $a = 0.6$ mm 的单缝上,缝后有一焦距

为 $f = 40$ cm 的透镜．

(1) 求观察屏上中央明纹的宽度；

(2) 求两条第 3 级暗纹之间的距离；

(3) 若在观察屏上 P 点处是一明纹中心，此明纹距中央明纹的距离为 $x = 1.4$ mm．问 P 点处是第几级明纹，对 P 点而言单缝处波面可分成几个半波带？

3. 一单色平行光垂直照射一单缝，其衍射第 3 级明纹位置恰与波长为 600 nm 的单色光垂直照射该单缝时的第 2 级明纹位置重合，试求该单色光的波长．

4. 单缝的缝宽为 $a = 0.10$ mm，透镜的焦距为 $f = 50$ cm，用波长为 $\lambda = 500$ nm 的绿光垂直照射单缝．若把此装置浸入水（$n = 1.33$）中，中央明纹的半角宽度为多少？

5. 人眼的瞳孔的直径为 3 mm，若视觉感受最灵敏的光的波长为 550 nm，问：

(1) 人眼的最小分辨角是多少？

(2) 在教室的黑板上画一等号，其两横线相距为 $\Delta x = 2$ mm，坐在离黑板 $L = 10$ m 处的同学能否分辨这两条横线？

6. 据说间谍卫星上的照相机能清楚识别地面上的汽车的牌照号码．

(1) 如果需要识别的牌照上的字的间距为 5 cm，在 160 km 高空的间谍卫星上的照相机的最小分辨角是多少？

(2) 此照相机的孔径需要多大？光的波长按 500 nm 计．

7. 用波长 546.1 nm 的单色平行光垂直照射在一光栅上，在分光计上测得第 1 级明纹的衍射角为 $\theta = 30°$，则该光栅每毫米上有几条刻痕？

8. 波长为 $\lambda = 600$ nm 的单色光垂直照射到一光栅上，第 2、第 3 级明纹分别出现在 $\sin\theta = 0.20$ 与 $\sin\theta = 0.30$ 处，第 4 级明纹缺级．求：

(1) 光栅常数；

(2) 光栅上狭缝的最小宽度；

(3) 衍射角在 $-90° < \theta < 90°$ 范围内可能观察到的全部主极大的条数．

9. 一束具有两种波长的平行光垂直照射在光栅上，$\lambda_1 = 600$ nm，$\lambda_2 = 400$ nm，距中央明纹 5 cm 处波长为 λ_1 的平行光的第 k 级主极大和波长为 λ_2 的平行光的第 $k+1$ 级主极大重合，放置在光栅与观察屏之间的透镜的焦距为 $f = 50$ cm，问：

(1) 上述 k 为多少？

(2) 光栅常数 d 为多少？

10. 将氢放电管发出的光垂直照射在某光栅上，在衍射角为 $\theta = 41°$ 的方向上看到波长为 $\lambda_1 = 656.2$ nm 和 $\lambda_2 = 410.1$ nm 的明纹重合，求最小光栅常数．

11. 波长为 $\lambda = 500$ nm 的单色平行光垂直照射在一个 5 缝（$N = 5$）的平面光栅上．已知光栅常数为 $d = 3$ μm，缝宽为 $a = 1$ μm，光栅后透镜的焦距为 $f = 50$ cm，求：

(1) 单缝衍射中央明纹的线宽度；

(2) 在单缝衍射中央明纹的宽度内光栅衍射主极大的条数；

(3) 视场范围内衍射明纹的条数；

(4) 若入射光以 $i = 30°$ 的入射角斜向上照射，视场范围内衍射明纹的条数．

12. 一束波长范围为 400～700 nm 的平行光垂直照射在每毫米有 500 条缝的光栅上，要想在观察屏上得到宽度为 50 mm 的第 1 级明纹，问透镜的焦距应为多少？

13. 已知入射的 X 射线的波长范围为 0.95～1.30 Å，晶体的晶格常数为 2.75 Å，当 X 射线以 45° 角入射到晶体时，问对哪些波长的 X 射线能产生衍射加强？

14. 波长为 0.11 nm 的 X 射线照射岩盐晶面，实验测得在 X 射线的掠射角为 11°30′ 时，获得第 1 级极大的衍射光，那么岩盐晶体原子层之间的间距 d 为多少？

第 10 章阅读材料

第11章 光的偏振

光的干涉和衍射现象揭示了光的波动性,但还不能由此确定光是横波还是纵波;而光的偏振现象则证实了光的横波性,这与电磁理论的预言完全一致.

本章首先介绍偏振光的定义和各种偏振态的特征,然后说明如何获得和检验线偏振光以及产生偏振光的常用器件及其应用,最后讨论光在各向同性介质界面上的反射和折射时的偏振现象以及光通过各向异性介质时出现的双折射现象.

11.1 光的横波性 自然光和偏振光

所谓横波,就是振动方向与传播方向垂直的波动;所谓纵波,就是振动方向与传播方向平行的波动.

11.1.1 横波的偏振性

为了说明偏振现象以及横波和纵波的不同,我们先引用机械波通过狭缝的例子. 如图11.1所示,将一根橡皮绳穿过狭缝AB,橡皮绳的一端固定,另一端用手握住,上下抖动,产生一横波沿橡皮绳传播. 当狭缝AB与手抖动方向(横波的振动方向)平行时(见图11.1(a)),横波便穿过狭缝继续向前传播;而当狭缝AB与手抖动方向垂直时(见图11.1(b)),在狭缝后面的橡皮绳上就不再有波动. 这是因为横波的振动方向与狭缝垂直时,振动受阻,不能穿过狭缝继续向前传播. 在图11.1(c),(d)中,用一长直轻弹簧穿过狭缝AB,用手推拉弹簧,则产生一纵波沿弹簧向前传播,不论狭缝AB的取向如何,纵波都能无阻碍地通过狭缝继续向前传播. 这说明,对纵波而言,通过波的传播方向的所有平面内的运动情况都相同,没有一个平面显示出比其他任何平面特殊,即纵波对于传播方向具有对称性;但对横波而言,通过波的传播方向且包含振动矢量的那个平面显然与其他不包含振动矢量的平面有区别,即横波的振动方向对传播方向具有不对称性.对着传播方向观察,横波的振动方向是一个特殊的方向.这种振动方向对于传播方向的不对称性就称为偏振.它是横波区别于纵波的一个最明显的标志,只有横波才有偏振现象.波的振动方向和波的传播方向所构成的平面称为波的振动面,横波具有确定的振动面,而纵波没有确定的振动面.

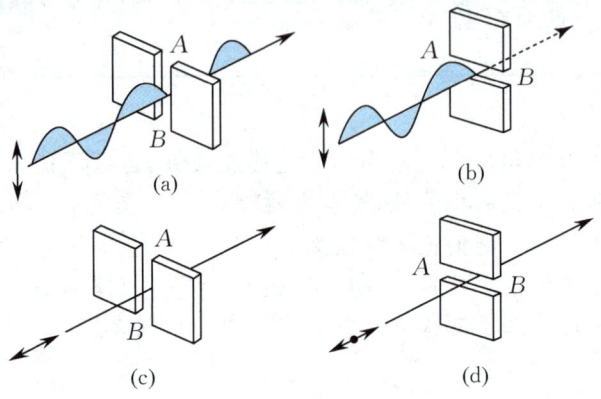

图 11.1　机械横波与纵波的区别

11.1.2　偏振光与自然光

电磁波是横波,光波是电磁波,光矢量 E 和磁场强度 H 都与波的传播方向垂直,并满足右手螺旋定则.对横波而言,当传播方向确定以后,并不能唯一确定其振动方向.因为在垂直于波传播方向的平面内,光矢量可能有不同的振动方向,对应不同的振动状态.通常把光矢量保持在特定方向上的状态称为偏振态.因此,在垂直于波传播方向的平面内,光矢量的各种振动状态使光具有多种偏振态,常见的有五种.

1. 线偏振光

在垂直于光的传播方向上,光矢量只沿一个固定方向振动的光称为线偏振光或完全偏振光.由于线偏振光的振动面是唯一确定的(见图 11.2(a)),线偏振光的光矢量只在其振动面内振动,故又称为平面偏振光,可用图 11.2(b) 表示.常用与传播方向垂直的短线表示在纸面内的光振动,而用点表示与纸面垂直的光振动.

2. 自然光

在普通光源中,有大量的(数量级达 10^{22} 以上)、排列毫无规律的原子或分子在发光,而各个原子和分子在同一时刻发出的光波波列,或者同一原子和分子在不同时刻发出的光波波列不仅频率、初相位和波列长度不相关,波列的光矢量之间也没有恒定的相位

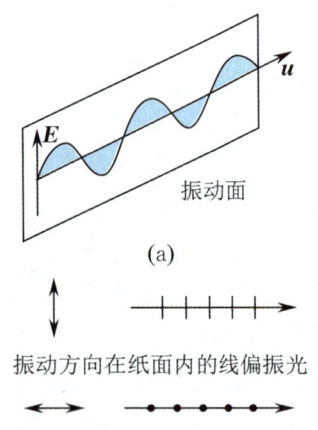

图 11.2　线偏振光

差,而且光波波列的振动方向和传播方向也是彼此互不相关且随机分布的.整个光源发出的光平均来看,在垂直于光的传播方向上,沿各个方向振动的光矢量都有,各个方向的光振动的振幅都相同,且各个方向上的光振动之间没有固定相位关系.因此,在一段时间内,这些互不相关、不同时刻的各个光矢量的末端在垂直于光的传播方向的平面内就组成一个圆,如图 11.3(a) 所示.光矢量既有时间分布的均匀性,又有空间分布的均匀性,这种光就称为 <u>自然光</u>,其光强等于各个原子光波波列的光强之和,而沿同一振动方向的那些原子光波波列的光强之和与振动面的方向无关,即自然光的光强关于光的传播方向轴对称分布.

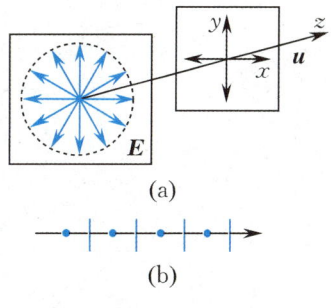

图 11.3 自然光

在自然光中,任意取向的光矢量 E 都可分解为相互垂直的两个方向(如 x 和 y 方向)上的分量,所有取向的光矢量在这两个方向上的分量的时间平均值必相等.由于各个光矢量之间没有固定相位关系,其中任意两个不同取向的光矢量不能合成一个单独的光矢量,它们只能做非相干叠加,即两个振动方向互相垂直的光的光强为

$$I_x = \overline{E_x^2} = \sum_i \overline{E_{ix}^2}, \quad I_y = \overline{E_y^2} = \sum_i \overline{E_{iy}^2}, \quad 且 \quad I_x = I_y.$$

自然光的光强为

$$I = I_x + I_y.$$

上述分析表明,自然光可以用与传播方向垂直的平面内的两个相互独立、振动方向相互垂直、振幅相等(光强为自然光光强一半)且毫无固定相位关系(不相干)的线偏振光来表示.对自然光来说,数目相等、交替均匀的短线和点表示没有哪一个方向的光振动占优势,如图 11.3(b) 所示.

3. 部分偏振光

如果在垂直于光的传播方向上,光矢量的振动方向也是随机地迅速变化,各个方向的光振动都有,但光矢量 E 沿某一方向的振动占优势,而在与该方向垂直的方向上较弱,且各个方向上的振动也没有固定的相位关系,则称这种光为 <u>部分偏振光</u>.部分偏振光可视为自然光与线偏振光的组合.在一段时间内,部分偏振光各时刻的光矢量的末端在与传播方向垂直的平面内组成一个椭圆,如图 11.4(a) 所示,其中线偏振光的振动方向是部分偏振光的振幅最大的方向.

由于部分偏振光的光强的分布不再是轴对称的,所有取向的光矢量在两个相互垂直方向上分量的时间平均值不再相等,部分偏振光可用与传播方向垂直的平面内的两个相互独立、振动方

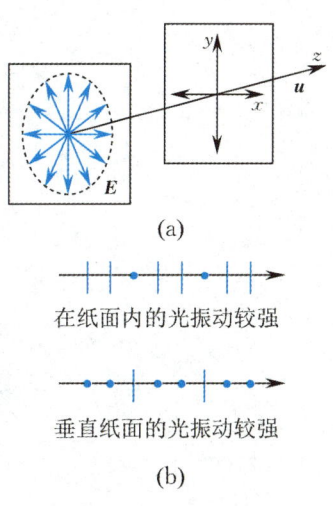

在纸面内的光振动较强

垂直纸面的光振动较强

图 11.4 部分偏振光

相互垂直、振幅不等且没有固定相位关系的线偏振光来表示(见图 11.4(b)).

4. 椭圆偏振光与圆偏振光

在垂直于光的传播方向的平面内,如果光矢量以一定的频率绕光的传播方向(以光线为轴)旋转,当光矢量的端点的运动轨迹为一个圆时,则称这种光为<u>圆偏振光</u>;当光矢量的端点的运动轨迹为一个椭圆时,则称这种光为<u>椭圆偏振光</u>.圆偏振光和椭圆偏振光都有右旋和左旋之分,迎着光线看,光矢量顺时针旋转的称为右旋,光矢量逆时针旋转的称为左旋,如图 11.5 所示.根据相互垂直的简谐振动的合成规律,圆偏振光或椭圆偏振光是由与传播方向垂直的平面内的两个振幅相等或振幅不等、振动方向相互垂直且有固定相位差的线偏振光合成而得.

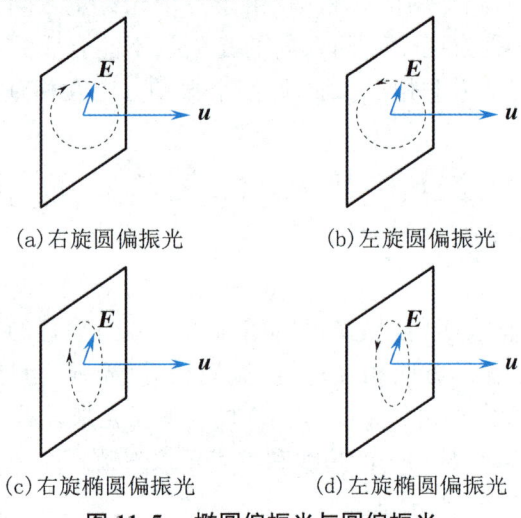

(a) 右旋圆偏振光　　　　(b) 左旋圆偏振光

(c) 右旋椭圆偏振光　　　(d) 左旋椭圆偏振光

图 11.5　椭圆偏振光与圆偏振光

11.2　起偏与检偏　马吕斯定律

虽然普通光源发出的光是自然光,但在自然界中存在各种偏振光,在实验室里也能通过许多途径获得偏振光.例如,利用自然光在介质界面上的反射和折射、晶体的二向色性与双折射、分子的散射和新型的激光光源可以获得偏振光.偏振光在科学研究和工程技术中有极为广泛的应用.

11.2.1 偏振片

有些各向同性介质在某种作用下会呈现各向异性,能强烈吸收入射光矢量在某方向的分量,而让其垂直分量通过,从而使自然光变为线偏振光,介质的这种性质称为二向色性.偏振片通常由这种介质制成.例如,有一种偏振片就是用经碘溶液浸泡过的聚乙烯醇薄膜,沿一个方向拉伸并烘干制成的.由于碘-聚乙烯醇分子沿拉伸方向排成一条长链,电子可以在长链方向上运动,入射光矢量沿此方向的分量对电子做功,因而被强烈吸收;而在与长链垂直的方向上,电子无法运动,光矢量的相应分量不做功,因而不会被吸收.

偏振片中允许光矢量通过的方向称为偏振化方向或透光轴.通常用记号"↕"把偏振化方向标示在偏振片上,如图11.6所示.当自然光从偏振片射出后,透射出的就是振动方向与偏振化方向一致的线偏振光,该线偏振光的光强为入射自然光光强的一半.

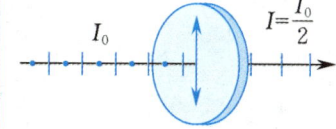

图 11.6 偏振片

11.2.2 起偏与检偏

如图 11.7(a) 所示,自然光传播的路径上,在垂直于光的传播方向的平面内放置偏振片 P_1,当自然光通过 P_1 后,就变成了振动方向与偏振片 P_1 的偏振化方向一致的线偏振光,通常称这个从自然光获得线偏振光的过程为起偏,偏振片 P_1 称为起偏器.由于自然光中光矢量是对称均匀的,以光的传播路径(简称光路)为轴转动 P_1,透过 P_1 的光强不随 P_1 的转动而变化,总是自然光光强的一半.在光路中再放置另一块偏振片 P_2,与 P_1 平行.若以光路为轴转动 P_2,则会发现透射光强在零和最大之间变化.当 P_2,P_1 的偏振化方向平行时,观察到的透射光强最大,如图 11.7(b) 所示;当 P_2,P_1 的偏振化方向垂直时,从 P_1 透射的线偏振光入射到 P_2 后完全被 P_2 吸收,透射光强为零,出现消光现象,如图 11.7(c) 所示.以光的传播方向为轴旋转偏振片 P_2,如果每转 90° 就交替出现透射光强最大和消光现象,并经历由亮变暗,再由暗变亮的周期性变化过程,那么入射到 P_2 上的光必定是线偏振光;否则,就不是线偏振光.上述现象也就成为识别线偏振光的依据.识别线偏振光的过程称为检偏,偏振片 P_2 称为检偏器,它不仅可用来检验入射光是否为线偏振光,而且还可确定线偏振光的振动面.

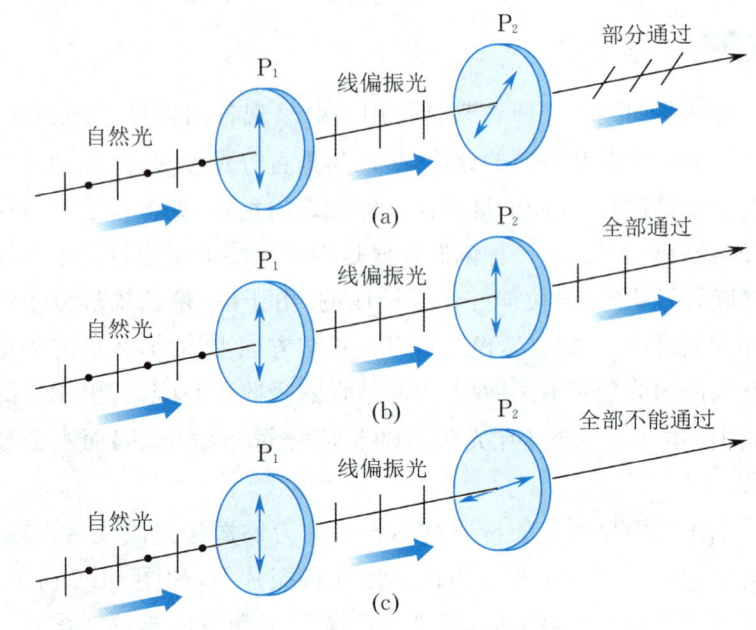

图 11.7 起偏与检偏

当入射到检偏器上的光是部分偏振光时,以光路为轴转动检偏器会发现透射光强也随着转动而变化,但不存在消光现象.当入射到检偏器上的光是圆偏振光或椭圆偏振光时,随着检偏器的转动,对于圆偏振光,其透射光强与检验自然光时所得透射光强的情况一样,光强不变化;对于椭圆偏振光,其透射光强的变化与检验部分偏振光时所得透射光强的变化一样.因此,仅用检偏器观察透射光强的变化,可以区分线偏振光、自然光和部分偏振光(或线偏振光、圆偏振光和椭圆偏振光).但是不能区分自然光和圆偏振光,也不能区分部分偏振光和椭圆偏振光.圆偏振光和椭圆偏振光的鉴别在 11.5 节再详细讨论.

11.2.3 马吕斯定律

马吕斯定律

前面已经指出,自然光的光强为相互垂直的两个线偏振光的光强之和,每个线偏振光的光强为自然光光强的一半.若设自然光的光强为 I_0,通过起偏器 P_1 的线偏振光的光强为

$$I = \frac{I_0}{2}, \tag{11.2.1}$$

那么光强为 I 的线偏振光入射检偏器 P_2 后,透射光强 I' 的变化规律又如何呢?马吕斯在 1808 年研究线偏振光透过检偏器后透射光强时发现:如果入射的线偏振光的光强为 I,透过检偏器后,那么透射光强 I'(不计检偏器对光的吸收)为

$$I' = I\cos^2\alpha, \tag{11.2.2}$$

式中 α 是起偏器和检偏器的偏振化方向的夹角,也是入射检偏器的线偏振光的光振动方向和检偏器偏振化方向的夹角. 式 (11.2.2) 称为**马吕斯定律**,该定律的证明如下:

如图 11.8 所示,起偏器 P_1 的偏振化方向和检偏器 P_2 的偏振化方向的夹角为 α. 设入射检偏器的线偏振光的振幅为 E_m,可将光矢量分解为振幅分别为 $E_m\cos\alpha$ 及 $E_m\sin\alpha$ 的两个相互垂直的分量. 显然,若不考虑偏振片对光的吸收,检偏器只允许平行于其偏振化方向的分量通过,因此从检偏器透过的光的振幅为

$$E'_m = E_m\cos\alpha.$$

由于光强正比于光矢量振幅的平方,故得透射光和入射的线偏振光的光强之比为

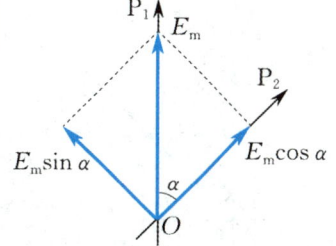

图 11.8 马吕斯定律

$$\frac{I'}{I} = \frac{E_m^2\cos^2\alpha}{E_m^2} = \cos^2\alpha,$$

即

$$I' = I\cos^2\alpha.$$

由马吕斯定律可知,当 $\alpha = 0$ 或 $180°$ 时,$I' = I$,透射光强最大;当 $\alpha = 90°$ 或 $270°$ 时,$I' = 0$,透射光强为零,这时没有光从检偏器透过,是两个消光位置;当 α 为其他值时,则透射光强 I' 介于 0 和 I 之间.

偏振片应用广泛. 例如,汽车夜间行车时为了避免对面汽车灯光晃眼以保证安全行车,可以在汽车的前窗玻璃和车灯前装上偏振化方向相同且与水平方向成 $45°$ 的偏振片,这样相向行驶的汽车都可以打开车灯照亮各自前方的道路,同时也不会被对面车灯晃眼了. 偏振片也可用于制成太阳镜和照相机的滤光镜. 观看立体电影的眼镜的左、右两个镜片就是用偏振片做的,它们的偏振化方向相互垂直.

例 11.2.1 如图 11.9 所示,在两块正交偏振片(偏振化方向垂直)P_1 和 P_3 之间插入偏振片 P_2,光强为 I_0 的自然光垂直入射偏振片 P_1,求以角速度 ω 转动 P_2 时,透过 P_3 的光强 I_3 与转角的关系.

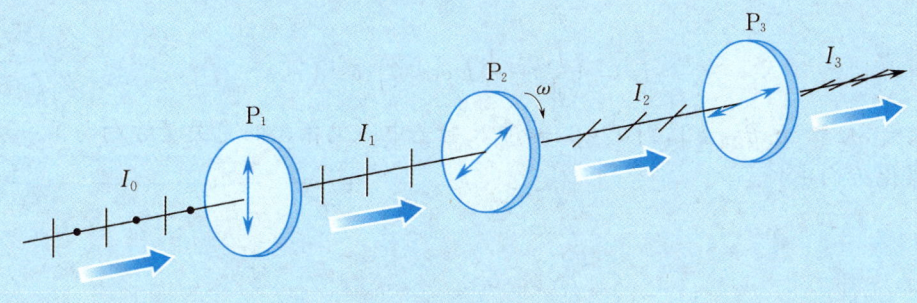

图 11.9

解 依题意,设转动 P_2 的某时刻,P_1 和 P_2 的偏振化方向之间的夹角为 $\alpha = \omega t$(假设 $t=0$ 时,P_1 和 P_2 的偏振化方向相互平行),则透过各偏振片的光矢量方向及振幅如图 11.10 所示. 由于各偏振片只允许与其偏振化方向相同的光振动透过,透过各偏振片的光振幅的关系为

$$E_{m3} = E_{m2}\cos\left(\frac{\pi}{2}-\alpha\right) = E_{m1}\cos\alpha\cos\left(\frac{\pi}{2}-\alpha\right)$$

$$= E_{m1}\cos\alpha\sin\alpha = \frac{1}{2}E_{m1}\sin 2\alpha.$$

于是透过 P_3 的光强 I_3 为

$$I_3 = E_{m3}^2 = \frac{1}{4}I_1\sin^2 2\alpha.$$

入射光为自然光,经偏振片 P_1 后成为光振动方向与 P_1 的偏振化方向一致的线偏振光,由式(11.2.1),有 $I_1 = \dfrac{I_0}{2}$,所以

$$I_3 = \frac{1}{8}I_0\sin^2 2\alpha.$$

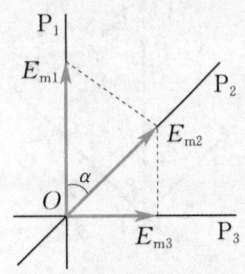

图 11.10

可见,当 P_1 和 P_2 的偏振化方向之间的夹角为 $\alpha = 45°$ 时,透过 P_3 的光强 I_3 有最大值 $I_3 = \dfrac{1}{8}I_0$. P_2 以角速度 ω 转动一周,会出现四次最亮($\alpha = \omega t = 45°,135°,225°,315°$),四次最暗($\alpha = \omega t = 0°,90°,180°,270°$).

例 11.2.2 有两块偏振片叠在一起,其偏振化方向之间的夹角为 $45°$. 一束光强为 I_0 的光垂直入射到偏振片上,该入射光由光强相同的自然光和线偏振光混合而成. 此入射光中线偏振光的光矢量沿什么方向才能使连续透过两块偏振片后的光强最大?

解 设两块偏振片分别以 P_1 和 P_2 表示,以 θ 表示入射光中线偏振光的光矢量方向与 P_1 的偏振化方向之间的夹角,则自然光透过 P_1 后的光强为 $\dfrac{1}{2}\left(\dfrac{I_0}{2}\right)$,线偏振光透过 P_1 后的光强为 $\dfrac{1}{2}I_0\cos^2\theta$,透过 P_1 后混合光的光强 I_1 为

$$I_1 = \frac{1}{2}\left(\frac{1}{2}I_0\right) + \frac{1}{2}I_0\cos^2\theta.$$

由马吕斯定律,连续透过 P_1 和 P_2 后的透射光强 I_2 为

$$I_2 = I_1\cos^2 45°,$$

即

$$I_2 = \left(\frac{I_0}{4} + \frac{1}{2}I_0\cos^2\theta\right)\cos^2 45°.$$

要使 I_2 最大,应取 $\cos\theta = \pm 1$,则 $\theta = 0, \pi$,即入射光中线偏振光的光矢量方向与第一块偏振片 P_1 的偏振化方向平行.

11.3 反射和折射时光的偏振 布儒斯特定律

自然光射到两种不同的各向同性透明介质的分界面上时,要发生反射和折射,不仅光的传播方向要改变,而且偏振状态也要发生变化.一般情况下,反射光和折射光不再是自然光,而是部分偏振光.

11.3.1 由反射获得偏振光

获得偏振光最简单的方法是马吕斯在 1808 年发现的反射起偏法.如图 11.11 所示,一束自然光以入射角 i 从空气中射到玻璃板上时,反射光是垂直于入射面的光振动多于平行于入射面的光振动的部分偏振光,而折射光是平行于入射面的光振动多于垂直于入射面的光振动的部分偏振光,两者振幅最大的方向是相互垂直的.

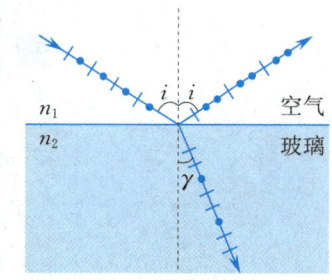

图 11.11 自然光经反射和折射后产生部分偏振光

理论和实验都证明,反射光的偏振化程度和入射角 i 有关.当入射角等于某一特定值 i_0 时,**反射光是光振动垂直于入射面的线偏振光**(见图 11.12).这个特定的入射角 i_0 称为**起偏振角**或**布儒斯特角**.

实验还发现,当入射光以起偏振角入射时,反射光和折射光的传播方向相互垂直,即

$$i_0 + \gamma = \frac{\pi}{2}. \tag{11.3.1}$$

根据折射定律 $n_1 \sin i_0 = n_2 \sin \gamma$,结合式(11.3.1),有 $n_1 \sin i_0 = n_2 \cos i_0$,即

$$\tan i_0 = \frac{n_2}{n_1} = n_{21}, \tag{11.3.2}$$

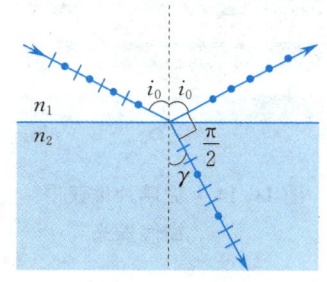

图 11.12 起偏振角

式中 n_{21} 是介质 2 对介质 1 的相对折射率.式(11.3.2)称为**布儒斯特定律**,这是为了纪念在 1815 年从实验上确定这一定律的布儒斯特(Brewster)而命名的,他发现当入射角的正切等于介质的相对折射率时,反射光将为线偏振光.根据后来的麦克斯韦电磁场方程可以从理论上严格证明这一定律.

要特别注意的是,不论入射光的偏振状态如何,只要以起偏振角 i_0 入射,得到的反射光只可能是光振动垂直于入射面的线偏振光.如果入射光是光振动平行于入射面的线偏振光,则不产生反射,只有折射光,如图 11.13(a) 所示.若入射光是光振动垂直于入

射面的线偏振光,入射角可任意,则得到的反射光和折射光将都是线偏振光,只是当以起偏振角 i_0 入射时,反射光和折射光的传播方向是垂直的,如图 11.13(b) 所示.

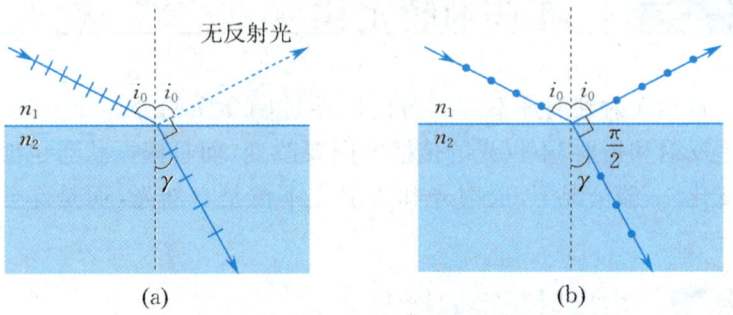

图 11.13　线偏振光以起偏振角入射的两种特殊情况

11.3.2　由折射获得偏振光

按照布儒斯特定律,当自然光以起偏振角入射到两个介质分界面时,反射光是线偏振光.但是,反射光仅是入射光中垂直分量(光振动垂直于入射面)很小的一部分(在空气-玻璃界面,仅占 15%),在折射光中包含了入射光中大部分垂直分量和全部的平行分量(光振动平行于入射面).换言之,反射光偏振化程度高,但光强较弱;折射光偏振化程度低,但光强较强.

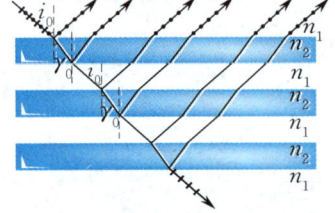

图 11.14　玻璃片堆获得线偏振光

为了增强反射光的光强和折射光的偏振化程度,可以把若干个玻璃片叠起来,形成玻璃片堆.当自然光以起偏振角入射玻璃片堆时,光在各层分界面上反射和折射,入射光中的垂直分量被逐次反射,使反射光的光强增大,同时折射光中的垂直分量也因多次反射而减小,从而使得折射光的偏振化程度提高.当玻璃片足够多时,最后透射出的折射光几乎成为光振动平行于入射面的线偏振光,而且透射的线偏振光的振动面与反射的线偏振光的振动面相互垂直,如图 11.14 所示.

11.4　双折射　寻常光和非寻常光

除了光在两种各向同性介质分界面上反射和折射时产生偏振现象外,自然光通过各向异性的晶体后,也可以观察到光的偏振现象.

11.4.1　晶体的双折射现象　寻常光和非寻常光

一束光射向两种各向同性介质的分界面上所产生的折射光只

有一束,它遵守折射定律.因此,光在两种各向同性介质的分界面上产生折射时,通常观察到的是一个像.例如,把一块厚玻璃放在报纸上,能看到每一个字有一个像,这些像好像上移了一些,这是由于光被玻璃折射的结果.如果换透明的方解石(CaCO$_3$)晶片放在报纸上,就能看到每一个字都有相互错开的两个像,而且两个像上移的高度也不同,说明一束光在方解石晶体内分成了两束折射光.这种一束光入射各向异性介质后折射光分成两束的现象称为双折射现象.

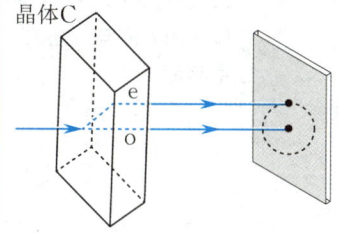

如图 11.15 所示,当光垂直于晶体表面入射而产生双折射现象时,如果将晶体绕着光的入射方向慢慢转动,其中按原方向传播的那一束折射光方向不变,而另一束折射光则随着晶体的转动绕前一束折射光旋转.按光的折射定律 $n_1\sin i = n_2\sin\gamma$,当光垂直入射($i=0$)时,折射光应沿着原方向传播,可见沿着原方向传播的光束遵守折射定律,而另一束却不遵守.实验表明,改变入射角 i 时,在晶体内产生的两束折射光中的一束总是遵守折射定律,这束折射光称为寻常光,简称 o 光;另一束折射光不遵守折射定律,即当入射角 i 改变时,比值 $\dfrac{\sin i}{\sin\gamma}$ 不是一个常数,且在一般情况下,这束折射光还不在入射面内,这束折射光称为非寻常光,简称 e 光.

图 11.15 双折射现象

必须说明的是,只有在晶体内才有 o 光和 e 光之分,射出晶体后就没有 o 光和 e 光的区分了.

11.4.2 双折射晶体 光轴和主平面

能产生双折射现象的晶体称为双折射晶体.具有代表性的双折射晶体有方解石(首先在冰岛发现,又称为冰洲石)和石英(水晶)两种.下面以方解石为例来说明一些与双折射现象有关的问题.

实验发现,方解石一类晶体内部存在着某些特殊方向.当光沿此方向传播时,不发生双折射,这一特殊方向称为晶体的光轴.应该注意,晶体的光轴和光学系统的光轴是不同的,前者是晶体中的某一固定方向,并非某一条具体的直线,所有平行于此方向的直线均可代表晶体的光轴;后者则是通过光学系统的球面中心的直线.

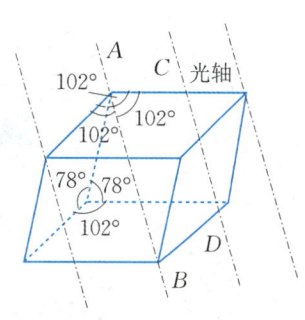

有些晶体只有一个光轴,称为单轴晶体,如方解石、石英、红宝石等;另一些晶体有两个光轴,称为双轴晶体,如云母、硫黄、黄玉、蓝宝石等;也有没有光轴的晶体,如 NaCl 晶体,这些晶体不产生双折射现象.下面只讨论单轴晶体的情况.

天然方解石晶体是六面棱体,两棱之间的夹角为 78° 或 102°,如图 11.16 所示.从其三个钝角相会合的顶点引出一条直线,并使

图 11.16 方解石晶体的光轴

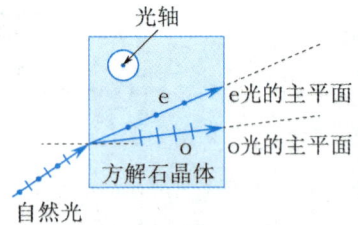

图 11.17　光轴垂直于入射面，晶体中的 o 光与 e 光的主平面

其与各邻边成等角，这一直线方向就是方解石晶体的光轴（见图中直线 AB 和 CD）．

为了便于讨论 o 光和 e 光的振动方向，需要引入晶体的主截面和光线的主平面的概念．当光线在晶体的某一表面入射时，此表面的法线与晶体的光轴所构成的平面称为晶体的主截面，而把晶体中某条光线与晶体的光轴所构成的平面称为这条光线对应的主平面．由 o 光和光轴构成的平面称为 o 光的主平面，由 e 光和光轴构成的平面称为 e 光的主平面．一般来说，o 光和 e 光的主平面不一定重合，如图 11.17 所示．纸面是入射面，图中圆圈中的点代表垂直于纸面的晶体光轴，而 o 光和 e 光的主平面则是通过各自光线垂直于纸面的平面，它们之间有一个很小的夹角．只有当入射面与晶体的主截面重合，即光轴位于入射面内时，o 光和 e 光的主平面才重合，并且 o 光和 e 光都在晶体的主截面内，如图 11.18 所示．

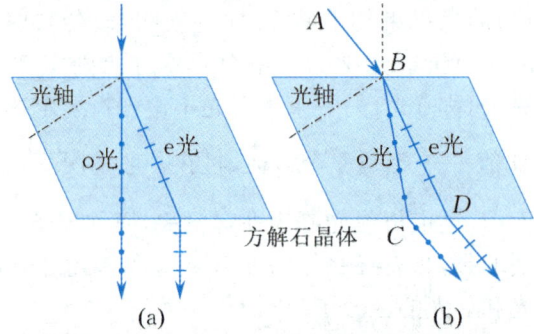

图 11.18　光轴在入射面内，晶体中的 o 光与 e 光

用检偏器检验 o 光和 e 光的偏振性质，结论是这两束光均为线偏振光，并且 o 光的光矢量总是垂直于 o 光的主平面，e 光的光矢量在 e 光的主平面内．由于两个主平面之间夹角很小，可认为 o 光和 e 光的振动面近乎垂直，如图 11.17 所示．当光轴在入射面内，且入射面就是晶体的主截面时，o 光的主平面与 e 光的主平面重合，这时 o 光的光矢量和 e 光的光矢量严格垂直，如图 11.18(a)，(b) 所示．由此可知，o 光的光矢量总与光轴垂直，而 e 光的光矢量与光轴可以有不同的夹角．

11.4.3　光在单轴晶体中的传播　晶体的双折射作图法

晶体各向异性的表现之一是其电容率 ε 与方向有关．由于光在介质中的传播速度取决于电容率 $\left(u=\dfrac{1}{\sqrt{\varepsilon\mu}}\right)$，因此光在晶体内的传播速度与光的传播方向有关．理论表明，光在晶体内的传播速度的大小与光矢量对晶体的光轴的相对取向有密切关系，而双折射现象正是这一性质的反映．为解释这一结论，设想在晶体内有一个点光源，它的光波在晶体内向四周传播。由于 o 光光矢量总是垂直于 o 光主平面，无论 o 光沿哪个方向传播，光矢量总与光轴垂直，这决定了 o 光沿任意方向传播时，速率均相同，可用 u_o 表示 o 光的速率。既然 o 光沿各方向传播的速率相同，故 o 光的波面是球面（见图 11.19(a)）。e 光光矢量总在其主平面内，即 e 光光矢量与光轴共面，但 e 光光矢量与光轴可以有各种夹角。如果 e 光光矢量与光轴垂直，则 e 光与 o 光无异，此时 e 光的速率也应等于 u_o；若 e 光光矢量平行于光轴，则其速率不等于 u_o，用 u_e 表示（即 u_e 表示 e 光在晶体中沿垂直于光轴的传播速率）。当 e 光光矢量与光轴成其他角度时，其速率应处在 u_o 与 u_e 之间，显然，e 光光矢量与光轴的夹角是随着 e 光的传播方向变化的，因此以不同方向传播的 e 光就有不同的速率，e 光的波面为旋转椭球面（见图 11.19(b)）。因 e 光与 o 光沿着光轴传播时有相同的速率 u_o，故 o 光球面与 e 光椭球面应在光轴处相切，在垂直于光轴的方向上，o 光和 e 光的速率相差最大（见图 11.19(c)）。

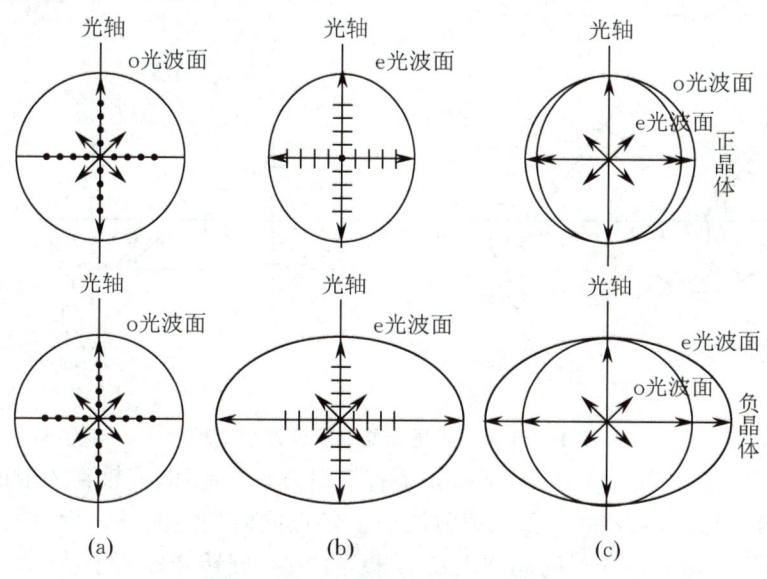

图 11.19 光在单轴晶体中的波面

根据折射率的定义，对于 o 光，晶体的折射率为 $n_o = \dfrac{c}{u_o}$，与方向无关，是由晶体材料决定的常数；对于 e 光，由于它不遵守折射定律，在晶体内各个方向上的折射率$\left(\text{或比值} \dfrac{\sin i}{\sin \gamma}\right)$不相等，因此无法用一个折射率来反映它的折射规律，通常把真空中的光速 c 与 e 光沿垂直于光轴方向的传播速率 u_e 之比 $n_e = \dfrac{c}{u_e}$ 定义为 e 光的<u>主折射率</u>。实验发现，单轴晶体有两类：一类满足 $u_o > u_e, n_o < n_e$，称为正

晶体,如石英、冰等;另一类满足 $u_o < u_e, n_o > n_e$,称为负晶体,如方解石、电气石、白云石等.

根据上述分析,再利用惠更斯原理作图可以确定单轴晶体中 o 光和 e 光的传播方向,从而定性说明晶体双折射现象的具体规律.

根据惠更斯原理,当自然光入射到晶体表面上时,其波面上的每一点都可当作发射子波的点光源,在晶体内发射球面的 o 光子波和旋转椭球面的 e 光子波.作所有各点所发子波的包络面,即得晶体中 o 光波面和 e 光波面,从入射点引向相应子波波面与光波面的切点的连线方向就是晶体中 o 光、e 光的传播方向.图 11.20 所示为常见的几种情形,其中晶体为方解石(负晶体).

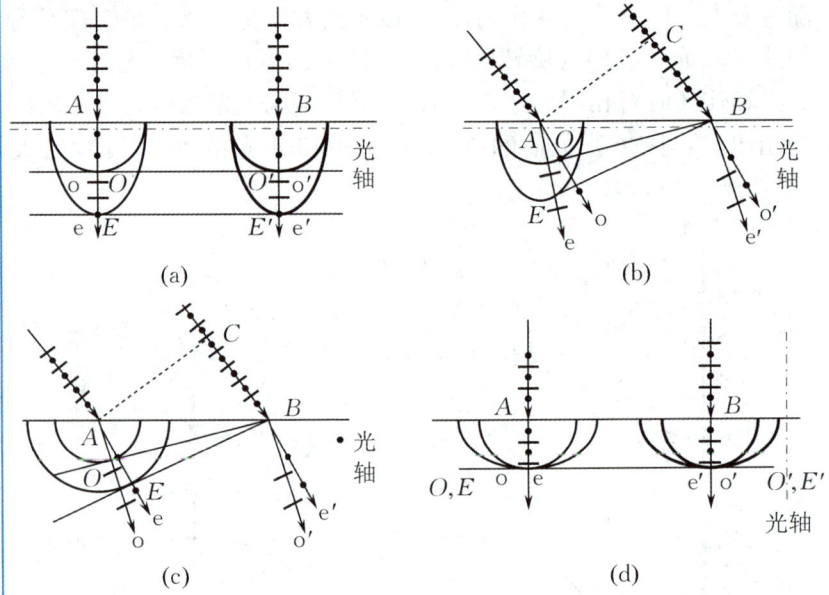

图 11.20 用惠更斯原理解释双折射现象

在图 11.20(a) 中,平行光垂直入射方解石晶体,光轴在入射面内并与晶体表面平行.入射波波面上各点同时到达晶体表面,波面 AB 上每一点同时向晶体内发出球面子波和旋转椭球面子波(为了清楚起见,图中只画出 A,B 两点所发的子波),两子波波面在光轴上相切,各点所发的子波波面的包络面为平面.从入射点 A,B 引向切点 O,O' 的连线 AO 与 BO' 的方向就是 o 光的传播方向;从入射点 A,B 引向切点 E 和 E' 的连线 AE 与 BE' 的方向就是 e 光的传播方向.在这种情况下,入射角 $i = 0$, o 光和 e 光都沿入射方向传播,但两者速率不同,所以 o 光和 e 光的波面不重合,在到达同一位置时,两者之间存在一定的相位差.双折射的实质是 o 光和 e 光的传播速度不同,折射率不同.因此,对于这种情况,尽管 o 光、e 光传播方向一致,但还是存在双折射.

在图 11.20(b) 中,光轴在入射面内并与晶体表面平行,平行光斜入射晶体表面. 平行光斜入射时,入射波波面 AC 不能同时到达晶体表面. 当波面上 C 点到达晶体表面 B 点时,波面 AC 上除 C 点以外其他各点发出的子波,都已在晶体中各自传播了相应的一段距离,其中 A 点发出的波面如图 11.20(b) 所示. 各点发出子波的包络面都是与晶体表面斜交的平面,从入射点 B 向由 A 点发出的子波波面引切线,再由入射点 A 向相应切点引直线 AO 与 AE,即得 o 光和 e 光的传播方向,o 光和 e 光因折射不同而分开,从而发生了双折射现象. 若光轴不在入射面内,虽然 o 光线仍在纸面内,但 e 光线已不在纸面内(这时,o 光和 e 光主平面不重合).

在图 11.20(c) 中,光轴垂直于入射面,并平行于晶体表面,平行光斜入射晶体表面. 因为 e 光的旋转椭球面的转轴就是光轴,所以旋转椭球面与入射面的交线也是圆. 在负晶体情况下,这个圆的半径为椭圆的长半轴,并大于 o 光的球半径. 两种子波的包络面也是与晶体表面斜交的平面. 从入射点 A 向相应切点 O,E 引直线,即得 o 光和 e 光的传播方向. 在这一特殊情况下,e 光也在入射面内,而且沿各个方向的速率均等于 u_e. 如果入射角为 i,o 光和 e 光的折射角分别为 γ_o, γ_e,则有 $\dfrac{\sin i}{\sin \gamma_o} = n_o$,$\dfrac{\sin i}{\sin \gamma_e} = n_e$,即在这种情况下,e 光的折射角可以用主折射率按折射定律来计算.

在图 11.20(d) 中,光轴在入射面内,并垂直于晶体表面. 当平行光垂直入射时,因 o 光和 e 光沿光轴的传播速度的大小相同,故球面和旋转椭球面的子波波面在光轴上相切,即两波面重合,此时不产生双折射.

11.4.4 双折射现象的应用 偏振棱镜

双折射现象的重要应用之一是制作偏振器件,可用双折射晶体制成棱镜以获得线偏振光,这里仅简要介绍尼科耳(Nicol)棱镜和格兰(Glan)棱镜.

虽然利用晶体的双折射可以从自然光获得 o 光和 e 光两种线偏振光,但两束光的分开程度取决于晶体厚度,而纯净晶体的厚度一般较小,两束光靠得很近,使用不方便. 为此,人们利用有双折射性质的晶体制成各种棱镜以获得单一的线偏振光. 历史上著名的尼科耳棱镜是苏格兰物理学家尼科耳于 1828 年制作的. 如图 11.21 所示,$ABCD$ 是尼科耳棱镜的主截面,用加拿大树胶将两块根据特殊要求加工而成的方解石晶体黏合起来,就构成了尼科耳棱镜. 自然光由左端面射入后分为 o 光和 e 光,由于所选用的黏合树胶的折射率介于方解石的 $n_o = 1.658$ 和 $n_e = 1.486$ 之间,o 光射到树胶层,因其入射角超过临界角而发生全反射(后被涂黑的侧面 BC 吸收),而 e 光则穿过整个棱镜从右端面射出.

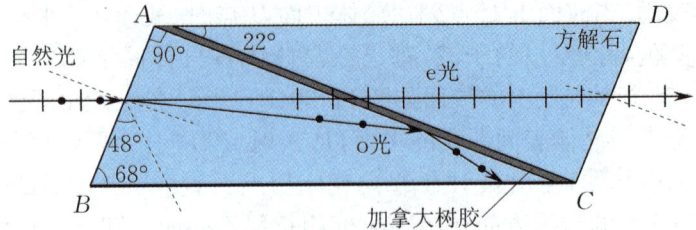

图 11.21　尼科耳棱镜

尼科耳棱镜的出射光与入射光实际上不在同一直线上,当尼科耳棱镜绕入射光方向转动时,出射光线也跟着转动,形成一个圆筒状光束,使用和调节都不太方便.格兰棱镜是尼科耳棱镜的改进型.将一块方解石加工成长方体,再切成两个楔块(见图 11.22),然后黏合起来,这样得到的出射光与入射光在同一直线上.

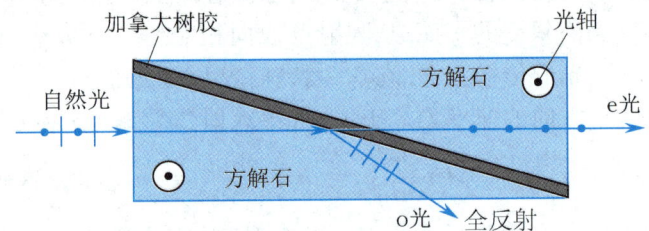

图 11.22　格兰棱镜

光在晶体中的双折射现象,除了用于获得线偏振光之外,还有其他应用.例如,可以将线偏振光变为圆偏振光或椭圆偏振光,还可以应用于应力分析、电光调制、激光倍频、参量振荡等技术中.

11.4.5　人工双折射　旋光现象

光通过各向同性的透明介质时,通常不发生双折射,但在外力(机械力、电场、磁场等)的作用下,可使透明介质的各向同性变为各向异性,从而出现双折射现象.这类双折射现象称为人工双折射.

1. 光弹效应

布儒斯特在 1816 年发现,在内应力或外来的机械应力作用下,各向同性的透明介质(如玻璃和塑料等)产生变形后,通常会获得各向异性的性质,从而使光产生双折射,这种现象称为光弹效应或应力双折射.

利用这种性质,在工程上可以制成各种机械零件的透明塑料模型,然后模拟零件的受力情况,观察分析偏振光干涉的色彩和条纹分布,从而判断零件内部的应力分布.这就是光测弹性方法.

2. 电光效应

有些各向同性的透明介质在强电场作用下，因其介质分子做定向排列而呈现各向异性，获得类似于晶体的各向异性性质，从而使光产生双折射，这种现象称为 电光效应. 这一现象是克尔(Kerr)在1875年首次发现的，也称为 克尔效应.

在图11.23所示的实验装置中，P_1，P_2 为正交偏振片. 克尔盒中盛有液体(如硝基苯)并装有长为 l、间隔为 d 的两平行电极板. 实验表明，两平行电极板加电压后，极板间的液体获得单轴晶体的性质，其光轴沿电场方向，液体中 o 光和 e 光的折射率之差与电场强度 E 的平方及光的波长 λ 成正比，即

$$n_o - n_e = KE^2\lambda, \tag{11.4.1}$$

式中 K 称为克尔常量，其值取决于液体的种类. 例如，硝基苯的克尔常量为 $K = 2.4 \times 10^{-12}$ m/V^2.

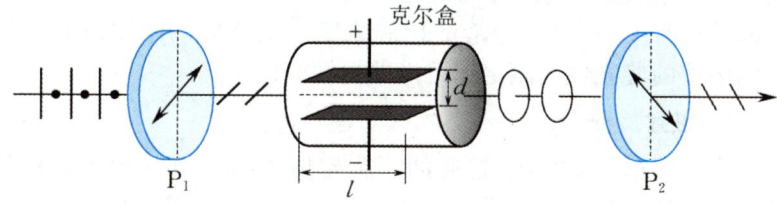

图 11.23　克尔效应

线偏振光通过液体时产生双折射，o 光和 e 光通过液体后的光程差为

$$\delta = (n_o - n_e)l = KlE^2\lambda. \tag{11.4.2}$$

如果两极板所加电压为 U，则式中 E 可用 $\dfrac{U}{d}$ 代替，有

$$\delta = (n_o - n_e)l = Kl\dfrac{U^2}{d^2}\lambda. \tag{11.4.3}$$

当电压 U 变化时，光程差 δ 随之变化，从而使透过 P_2 的光强也随之变化，因此可以用外加电压对偏振光的透射光强进行调制. 在图11.23中，由于 P_1 与 P_2 的偏振化方向垂直，克尔盒上不加电压时，无光信号从 P_2 输出；加上电压时，就有光信号输出. 由于克尔效应的特点是产生和消失所需时间极短，约为 10^{-9} s，因此可以做成几乎没有惯性的光断续器，作为反应极为灵敏的电光开关，用于高速摄影、激光测距、激光通信等设备中.

另外，有些晶体，特别是压电晶体，在外加电压后也能获得各向异性性质，其 o 光和 e 光的折射率的差值与电场强度 E 成正比，称为 线性电光效应. 这是泡克耳斯(Pockels)在1893年发现的，又称为 泡克耳斯效应.

3. 磁致效应

有些非晶体在强磁场作用下,物质的分子磁矩形成一定程度的定向排列,从而也具有类似于晶体的各向异性的特性. 当光通过受强磁场作用的非晶体时,也会产生双折射现象,称为磁致效应.

4. 旋光现象

当线偏振光通过某些物质(如石英、氯酸钠等晶体或糖溶液、松节油等液体)时,光矢量的振动面将以传播方向为轴发生转动,这一现象称为旋光现象. 由实验可得出以下结果:

(1) 不同旋光物质能使线偏振光的振动面向不同方向旋转,迎着光源观测,可分为右旋(顺时针转动)和左旋(逆时针转动)两种.

(2) 振动面转过的角度 φ 与光通过旋光物质的厚度 d 成正比:

$$\varphi = \begin{cases} \alpha d & \text{(旋光晶体)}, \\ \alpha' \rho d & \text{(旋光溶液)}, \end{cases}$$

式中比例系数 α 称为晶体的旋光率,它与晶体材料和入射的线偏振光的波长有关. α' 称为溶液的比旋光率,ρ 为溶液的浓度. 因此,利用糖溶液的旋光性可测定糖溶液的含糖浓度.

5. 磁致旋光

当光通过透明介质(普通的非旋光物质)时,如果沿光的传播方向加上磁场(纵向磁场)亦能使光的振动面产生转动,这一现象称为磁致旋光,又称法拉第旋转效应. 振动面转过的角度为

$$\varphi = VdB,$$

式中 d 为透明介质的厚度,B 为所加磁场的磁感应强度,V 称为韦尔代(Verdet)常数.

法拉第旋转效应在发现后的 100 余年内并未获得有价值的应用,直到 20 世纪 60 年代,激光与光电子技术的发展才使法拉第旋转效应有了用武之地. 现在已利用法拉第旋转效应制成磁光调制器、磁光隔离器、磁光开关等.

11.5 椭圆偏振光和圆偏振光 偏振光的干涉

11.5.1 波片

将一块单轴晶体切割出厚度为 d 的薄片,然后抛光成光滑表面,即成为一波晶片,简称波片或相位延迟器. 波片的光轴与其表面平行,它的作用是使在波片内传播的 o 光和 e 光通过波片后,产生一确定的光程差和相位差.

如图 11.24 所示,P 为偏振片,C 为单轴晶体制成的波片,光轴平行于波片表面并沿 y 轴方向. 当一束单色自然光通过 P 成为线偏振光后,再进入波片分成 o 光(光矢量垂直于光轴)和 e 光(光矢量平行于光轴). 两者虽然沿同一路径传播,但 o 光和 e 光的传播速度不同(属于图 11.20(a) 所示的情形),通过厚度为 d 的波片后,两者的光程差为

$$\delta = (n_o - n_e)d, \tag{11.5.1}$$

对应的相位差为

$$\Delta\varphi = \frac{2\pi}{\lambda}(n_o - n_e)d. \tag{11.5.2}$$

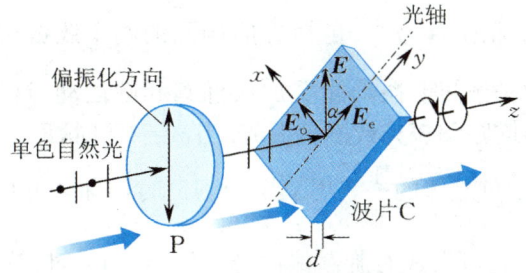

图 11.24 波片与椭圆偏振光的产生

对于某种波片,当入射光的波长一定时,选取适当的波片厚度 d,就可以使 o 光和 e 光通过波片后产生任意数值的相位延迟. 若相位差为

$$\Delta\varphi = \frac{2\pi}{\lambda}|n_o - n_e|d = \frac{\pi}{2},$$

即光程差为

$$|n_o - n_e|d = \frac{\lambda}{4},$$

这时波片的厚度为

$$d = \frac{\lambda}{4|n_o - n_e|}, \tag{11.5.3}$$

此波片称为该波长的 $\frac{1}{4}$ 波片. 若相位差和光程差分别为

$$\Delta\varphi = \frac{2\pi}{\lambda}|n_o - n_e|d = \pi, \quad |n_o - n_e|d = \frac{\lambda}{2},$$

这时波片的厚度为

$$d = \frac{\lambda}{2|n_o - n_e|}, \tag{11.5.4}$$

此波片称为该波长的 $\frac{1}{2}$ 波片或半波片.

11.5.2 椭圆偏振光和圆偏振光

如图 11.24 所示,设 C 为 $\frac{1}{4}$ 波片,单色的平行自然光通过偏振

片 P 后，成为单色的平行线偏振光，这束光垂直入射到 $\frac{1}{4}$ 波片上，且让入射到波片上的线偏振光的光矢量方向（P 的偏振化方向）与 $\frac{1}{4}$ 波片的光轴成 α 角，则线偏振光在 $\frac{1}{4}$ 波片内分成两个振动频率相同、振动方向相互垂直，而传播方向相同的 o 光和 e 光. 如果线偏振光的振幅为 E，则 o 光和 e 光的振幅分别为

$$E_o = E\sin\alpha, \quad E_e = E\cos\alpha.$$

于是在 o 光和 e 光通过 $\frac{1}{4}$ 波片后，就得到了振动频率相同、振动方向相互垂直、相位差为 $\frac{\pi}{2}$、传播方向相同的两个线偏振光. 类似于相互垂直的机械简谐振动能叠加成椭圆和圆运动，这两束线偏振光将合成为椭圆偏振光或圆偏振光. 当 $\alpha = 45°$ 时，$E_o = E_e$，就是圆偏振光. 对于负晶体的 $\frac{1}{4}$ 波片，当 $\alpha = 45°$ 时，y 轴上 e 光相位超前 x 轴上 o 光 $\frac{\pi}{2}$，就可合成右旋圆偏振光；当 $\alpha = -45°$ 时，就可合成左旋圆偏振光.

如果 C 为 $\frac{1}{2}$ 波片，则它产生的相位延迟为 π，当波长为 λ 的线偏振光垂直于 $\frac{1}{2}$ 波片入射时，透射光仍是线偏振光，但其振动方向或振动面已转过 2α 的角度. $\frac{1}{2}$ 波片常用于改变或调整线偏振光的振动方向.

由此可见，线偏振光通过波片后，其偏振态取决于相位差和原线偏振光分解的振幅比.

在 11.2 节中曾讲到，用检偏器检验圆偏振光（或椭圆偏振光）时，因其光强的变化规律与自然光（或部分偏振光）相同，因而无法将它们区分. 由本节讨论可知，自然光和圆偏振光（或部分偏振光和椭圆偏振光）之间的根本区别是相位的关系不同. 圆偏振光和椭圆偏振光是由两个有确定的相位差的相互垂直的光振动合成的. 合成光矢量有规律的旋转. 而自然光和部分偏振光与上述情况不同，不同振动面上的光振动是彼此独立的，两个相互垂直的光振动之间没有恒定的相位差.

根据这一区别，可以在检偏器前加一 $\frac{1}{4}$ 波片来区分. 如果是圆偏振光入射 $\frac{1}{4}$ 波片，通过 $\frac{1}{4}$ 波片后就成为线偏振光，转动检偏器时就可观察到透射光强有周期性变化，并出现最大光强和消光；如果

是自然光入射 $\frac{1}{4}$ 波片,通过 $\frac{1}{4}$ 波片后仍是自然光,转动检偏器时光强仍然没有变化.

检验椭圆偏振光时,要求 $\frac{1}{4}$ 波片的光轴平行于椭圆偏振光的长轴或短轴,这样椭圆偏振光通过 $\frac{1}{4}$ 波片后成为线偏振光,而部分偏振光通过 $\frac{1}{4}$ 波片仍为部分偏振光,可以用检偏器将它们区分.

以上讨论也说明了在图 11.24 的装置中偏振片 P 的作用. 如果没有偏振片 P,单色自然光直接入射波片,尽管也能产生双折射,但是获得的 o 光和 e 光之间没有恒定的相位差,就不会获得椭圆偏振光和圆偏振光.

11.5.3 偏振光的干涉

在适当条件下,偏振光和自然光一样也可以产生干涉现象. 与自然光的干涉相同,两束偏振光的干涉也必须满足频率相同、振动方向相同以及有恒定的相位差这几个基本条件.

在实验室中观察偏振光的干涉的基本装置如图 11.25 所示. 它和图 11.24 所示装置不同之处在于波片 C 后面再加上一块偏振片 P_2,通常总是使 P_1 和 P_2 的偏振化方向正交.

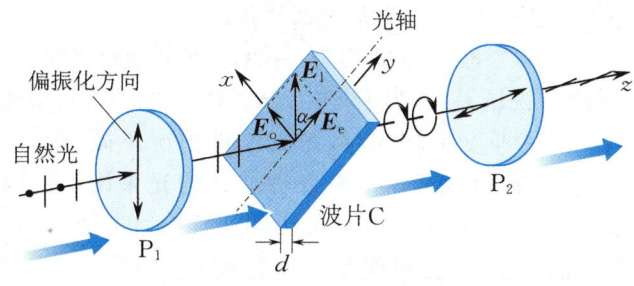

图 11.25　偏振光的干涉

单色自然光垂直入射偏振片 P_1,通过 P_1 后成为线偏振光,然后通过波片 C 后由于双折射,成为有固定相位差但光振动相互垂直的两束光. 这两束光射入 P_2 时,只有沿 P_2 偏振化方向的光振动才能通过,于是就得到了两束相干的偏振光.

图 11.26 所示为通过 P_1,C 和 P_2 的光的光矢量图. 若用 E_1 表示入射到波片上的通过 P_1 的线偏振光的振幅,则在波片内可分解成振幅分别为 E_e 和 E_o 的 e 光和 o 光. 它们在通过 P_2 后形成的两束相干光的振幅分别为 E_{2e} 和 E_{2o},如果忽略吸收和其他损耗,由图 11.26 可得

$$E_{2e} = E_e \sin\alpha = E_1 \cos\alpha \sin\alpha,$$
$$E_{2o} = E_o \cos\alpha = E_1 \sin\alpha \cos\alpha.$$

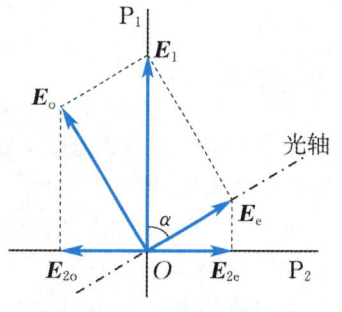

图 11.26　偏振光干涉的光矢量图

可见,当 P_1 与 P_2 正交时,$E_{2e} = E_{2o}$.

由于振幅分别为 E_{2e} 和 E_{2o} 的两束线偏振光具有相同的频率、相同的振动方向,并有固定的相位差

$$\Delta\varphi = \frac{2\pi}{\lambda}(n_o - n_e)d + \pi, \qquad (11.5.5)$$

故它们是相干光. 显然,这两束相干光是对光束进行分振动面的结果. 因为通过 P_1 的是线偏振光,所以进入波片 C 后形成的两束光的初相位为零. 式(11.5.5)中第一项是波片双折射引起的相位差,第二项 π 是考虑到通过 P_2 的两束光光矢量取向相反而引起的附加相位差. 这一附加相位差与 P_1 和 P_2 的偏振化方向的相对取向有关,当 P_1 和 P_2 的偏振化方向平行时,无附加相位差 π.

显然,当相位差为

$$\Delta\varphi = 2k\pi \quad (k = 1, 2, \cdots)$$

或

$$(n_o - n_e)d = (2k-1)\frac{\lambda}{2} \quad (k = 1, 2, \cdots)$$

时,干涉相长,即通过 P_2 的光强有最大值;当相位差为

$$\Delta\varphi = (2k+1)\pi \quad (k = 1, 2, \cdots)$$

或

$$(n_o - n_e)d = k\lambda \quad (k = 1, 2, \cdots)$$

时,干涉相消,即通过 P_2 的光强有最小值.

由此可见,如果波片厚度均匀,用单色自然光入射,当干涉相长时,P_2 后面的视场最亮;当干涉相消时,P_2 后面的视场最暗,且无干涉条纹. 当波片厚度不均匀时,各处干涉情况不同,则视场中将出现干涉条纹. 当白光入射时,对各种波长的光来说,干涉相长和干涉相消条件因波长的不同而各不相同. 当波片的厚度一定时,视场将出现一定的色彩,这种现象称为色偏振. 如果波片厚度不均匀,则视场中将出现彩色条纹.

思考题

1. (1) 某一束光可能是线偏振光、部分偏振光或自然光,如何用实验进行区分?

(2) 某一束光可能是线偏振光、圆偏振光或自然光,如何用实验进行区分?

2. 通常偏振片的偏振化方向是没有标明的,有什么简易的方法来确定它?

3. 有哪些方法可以获得线偏振光?

4. 有两种介质,折射率分别为 n_1 和 n_2. 当自然光从折射率为 n_1 的介质入射到折射率为 n_2 的介质时,测得起偏振角为 i_{01};当自然光从折射率为 n_2 的介质入射到折射率为 n_1 的介质时,测得起偏振角为 i_{02}. 若 $i_{01} > i_{02}$,问哪一种介质的折射率大?

5. 如图 11.27 所示,在杨氏双缝干涉实验的双缝后面各放置一块偏振片 P_1,P_2.

(1) 若两偏振片 P_1，P_2 的偏振化方向相互平行，单色自然光产生的干涉条纹有何变化？

(2) 若两偏振片 P_1，P_2 的偏振化方向相互垂直，干涉条纹又有何变化？

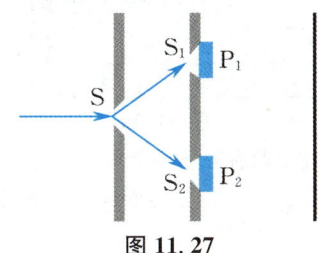

图 11.27

6. 一束光入射到两种透明介质的分界面上时，发现只有透射光而无反射光，试说明这束光是怎样入射的，其偏振状态如何？

7. 双折射晶体的光轴是否只是一条直线？或只是空间的一个方向？

8. 当单轴晶体的光轴与晶体表面成一定角度时，若一束与光轴平行的光入射到该晶体表面，这束光射入晶体后是否会发生双折射？

9. 什么是寻常光和非寻常光？它们的光振动方向与各自的主平面是什么关系？

10. 一块 $\frac{1}{4}$ 波片和两块偏振片混在一起，如何用实验方法将它们区分？

习题 11

1. 当两块偏振片的偏振化方向之间的夹角分别为 60° 和 45° 时，求自然光在这两种情况下通过两偏振片后的光强之比。

2. 光强为 I_0 的一束光，垂直入射到两块叠在一起的偏振片上，这两块偏振片的偏振化方向之间的夹角为 60°。若这束入射光是光强相等的线偏振光和自然光混合而成的，且线偏振光的光矢量方向与两块偏振片的偏振化方向之间的夹角均为 30°，求透过每块偏振片后的光强。

3. 两块偏振片叠在一起，欲使一束垂直入射的线偏振光经过这两块偏振片之后振动方向转过 90°，且使透射光强尽可能大，那么入射光的振动方向和两块偏振片的偏振化方向之间的夹角应如何选择？这种情况下的最大透射光强与入射光强的比值是多少？

4. 如图 11.28 所示，一束光强为 I_0 的自然光垂直入射在三块叠在一起的偏振片 P_1，P_2，P_3 上。已知 P_1 与 P_3 的偏振化方向正交，问 P_2 与 P_3 的偏振化方向之间夹角为多大时，通过第三块偏振片的透射光强为 $I_0/8$？

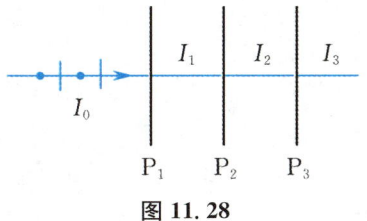

图 11.28

5. 自然光入射到两块相互重叠的偏振片上。如果透射光强为

(1) 透射光的最大光强的 $\frac{1}{3}$，这两块偏振片的偏振化方向间的夹角是多少？

(2) 入射光强的 $\frac{1}{3}$，这两块偏振片的偏振化方向间的夹角又是多少？

6. 在水（$n_1 = 1.33$）和玻璃（$n_2 = 1.56$）的交界面上，自然光从水中射向玻璃，求起偏振角 i_0。若自然光从玻璃中射向水，再求此时的起偏振角 i_0'。这两个起偏振角有什么关系？

7. 一束自然光以某一角度入射到平板玻璃上。若反射光恰为线偏振光，且折射光的折射角为 $\gamma = 30°$。

(1) 求自然光的入射角；

(2) 求玻璃的折射率；

(3) 玻璃下表面的反射光和折射光的偏振状态如何？画图说明。

8. 如图 11.29 所示，透明介质 Ⅰ，Ⅱ，Ⅲ 形成的三个分界面相互平行。一束自然光以入射角 i 从 Ⅰ 中入射。若 Ⅰ，Ⅱ 分界面和 Ⅲ，Ⅰ 分界面上的反射光都是线偏振光，透明介质的折射率 n_2 和 n_3 应满足什么关系？

· 79 ·

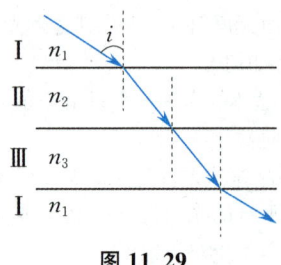

图 11.29

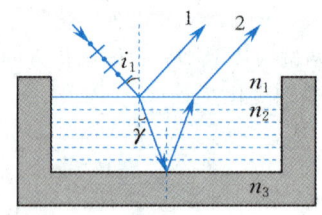

光在水面的入射角 i_1，并指明光束 2 的光振动方向.

图 11.30

9. 如图 11.30 所示，在一水平放置的平底玻璃盘($n_3 = 1.50$)内盛满水($n_2 = 1.33$)，一束自然光从空气($n_1 = 1.00$)射向水面，从水面和水底反射的光束分别用 1 和 2 表示. 欲使光束 2 为线偏振光，求自然

10. 光在某两种介质的分界面上的临界角（指全反射）是 45°，那么它在分界面同一侧的起偏振角是多少？

第 11 章阅读材料

第 4 篇

热　　学

物质运动具有各种形态.在第1篇中采用牛顿力学等确定论的研究方法讨论了最简单、最基本的初级运动形态——机械运动.热现象是自然界中极为普遍的物理现象,热学是物理学的一个重要分支学科,它研究热现象的宏观特征及微观本质.按研究角度和研究方法的不同,热学可分成热力学和统计物理学两个组成部分.**热力学**研究的是物质热运动的宏观理论,不涉及物质的微观结构,它从基本实验定律出发,通过严密的逻辑推理和数学演绎,找出物质各种宏观性质的关系,得出宏观过程进行的方向及过程的性质等方面的结论,具有高度的普适性与可靠性.**统计物理学**研究的是物质热运动的微观理论,它从物质由大量微观粒子组成这一基本事实出发,用统计的方法来推导宏观量与微观量的统计平均值之间的关系,解释并揭示系统宏观热现象及其有关规律的微观本质.可见,热力学与统计物理学的研究对象是一致的,在对热运动的研究上,统计物理学和热力学起到了相辅相成的作用.热力学的研究成果,可以用来检验统计物理学的正确性;统计物理学所揭示的微观机制,可以使热力学理论获得更深刻的意义.

第 12 章 气体动理论

热学宏观理论中回避不了有关热的解释,历史上曾经将热解释为"热质",后于 18 世纪在大量实验的基础上将热解释为构成物质的大量分子的无规则热运动,从而也引出了宏观规律与微观运动的关联问题. 科学家试图从分子和原子的微观层次上来说明物理规律,建立研究物质热性质的统计物理学方法.

本章为统计物理学的基础内容,将从物质的微观结构出发,运用统计的方法研究物质最简单的聚集态——气体的热学性质,阐述气体的压强、温度、内能等一些宏观量的微观本质.

12.1 热力学系统与状态

热力学系统与状态方程

12.1.1 热力学系统

热力学中研究的对象是由大量粒子(如原子、分子及其他微观粒子)组成的宏观物质体系,通常称为**热力学系统**,简称**系统**. 热力学系统通常是从周围物质中划分出来作为一个整体来进行研究的某部分物质. 这里所说的物质可以是气体、液体或固体. 在热力学系统外部,与系统的状态变化直接相关的一切物质称为系统的**外界**.

根据热力学系统与外界之间的能量和物质交换情况,一般可以将热力学系统分成几种类型. 若系统与外界没有能量和物质的交换,这样的系统称为**孤立系统**;与外界没有物质交换,但有能量交换的系统,称为**封闭系统**;既有物质又有能量交换的系统,称为**开放系统**.

12.1.2 平衡态

热力学系统在一定的条件下具有一定的热力学性质,处于一定的宏观状态,称为系统的**热力学状态**,简称**状态**. 热力学研究的就是热力学系统的宏观状态及其变化的规律. 平衡态是热力学状态中的一种简单而又十分重要的特殊情形. 所谓<u>平衡态</u>,是指在不受外界影响(不做功、不传热)的条件下,热力学系统中所有可观测的热现象的宏观性质都不随时间变化的状态. 把一定量的气体装在一给定体积的容器中,在不受外界影响的条件下,经过足够长的时间后,容器内各部分气体的压强趋向相等,温度趋同,气体的宏观热力学性质将不随时间而变化,容器中的气体达到平衡态. 应该指出,容器中的气体总是不可避免地会与外界发生不同程度的能量和物质交换,因此平衡态只是一个理想的模型. 实际中,如果气体状态的变化很微小(可以略去不计),就可以把气体的状态视为近似平衡态. 还应指出,气体的平衡态只是一种动态平衡,因为分子的无规则热运动是永不停息的,通过气体分子的运动和相互碰撞,在宏观上表现为气体各部分的密度、温度、压强均匀且不随时间变化的平衡态.

12.1.3 状态参量

在力学中研究质点的机械运动时,用位矢和速度(或动量)来描述质点的运动状态. 而在讨论由大量分子构成的气体的状态时,位矢和速度(或动量)只能用来描述单个分子运动的微观状态,不能描述整个气体的宏观状态. 对于热力学系统来说,当其处于平衡态时,可用某些确定的物理量来描述系统的宏观性质,这些描述系统宏观性质和状态的物理量就称为<u>状态参量</u>. 热力学系统可通过几何参量(如体积V)、力学参量(如压强p)、化学参量(如质量m或摩尔质量M)、电磁参量(如电场强度E或电位移D)和热力学温度来进行描述. 对一定量的气体,其宏观状态仅用气体的体积V、压强p和热力学温度T(简称温度)来描述时,这样的气体系统称为简单可压缩系统. p,V,T称为气体的状态参量,描述整个气体特征,它们均为<u>宏观量</u>,而像分子的质量、速度、能量等则为<u>微观量</u>.

确定一个平衡态,只需一组独立的状态参量就足够了,其他的状态参量则是该组独立状态参量的函数. 以独立状态参量为坐标,可以构成一个状态参量空间. 一个平衡态,可以用状态参量空间中的一个点来描述. 对于简单可压缩系统,一个平衡态对应于p-V空间(p-V图)中的一个点,如图12.1中的点$A(p_1,V_1,T_1)$或点$B(p_2,V_2,T_2)$. 对于气体状态的描述,除了常用的p-V空间外,有时也用T-V空间(T-V图)和p-T空间(p-T图). 非平衡态由于没有确定的状态参量,因此不能在图上表示.

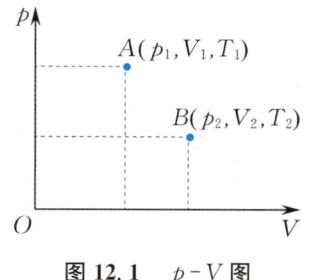

图 12.1 p-V图

1. 体积

气体的体积V通常是指组成系统的分子的活动范围. 由于分

子的无规则热运动,容器中的气体总是充满整个容器,因此气体的体积,也就是盛有气体容器的容积. 在国际单位制中,体积的单位是立方米(m^3). 常用的体积单位还有升(L). 升与立方米的换算关系为

$$1\ L = 0.001\ m^3.$$

2. 压强

气体的压强定义为单位面积受力的大小. 在气体内部取截面积 ΔS,其一面受正压力 F,则压强为 $\frac{F}{\Delta S}$. 在容器内表面表现为气体对容器壁单位面积上产生的压力,是大量气体分子频繁碰撞容器壁所产生的平均冲力的宏观表现,显然与分子无规则热运动的频繁程度和剧烈程度有关. 在国际单位制中,压强的单位是帕[斯卡](Pa),$1\ Pa = 1\ N/m^2$. 生活中还会用到厘米汞柱(cmHg)、标准大气压(atm)等压强单位,它们与帕[斯卡]的换算关系为

$$1\ atm = 76\ cmHg = 1.013 \times 10^5\ Pa.$$

3. 温度

体积 V 和压强 p 都不是热学所特有的状态参量,不能直接表征系统的"冷热"程度. 因此,在热学中还必须引进一个新的物理量——温度来描述状态的热学性质. 气体的温度,宏观上表现为气体的冷热程度,微观上表现为分子无规则热运动的剧烈程度.

在日常生活中,往往认为热的物体温度高,冷的物体温度低. 这种凭主观感觉对温度的定性了解,在严格的热学理论和实践中显然是不够的,因此必须对温度建立严格的科学的定义. 假设有两个热力学系统 A 和 B,均处在各自的平衡态. 现在使系统 A 和 B 相互接触,并使它们之间能发生热传递. 这种接触称为**热接触**. 一般说来,热接触后系统 A 和 B 的状态都将发生变化,但经过足够长的时间后,系统 A 和 B 将达到一个共同的平衡态. 由于这种共同的平衡态是在有传热的条件下实现的,因此称为**热平衡**. 如果有 A,B,C 三个热力学系统,系统 A 和 B 分别与系统 C 处于热平衡,那么系统 A 和 B 也必然处于热平衡. 这个实验结果通常称为**热力学第零定律**. 该定律为温度概念的建立提供了可靠的实验基础. 根据热力学第零定律,处于同一热平衡状态的所有热力学系统都具有某种共同的宏观性质,描述这种宏观性质的物理量称为温度. 也就是说,一切互为热平衡的系统都具有相同的温度,具有相同温度的系统之间在热接触时不发生热量传递.

热力学第零定律给出了温度的定义,也给出了测量温度的依据. 温度的数值表示法称为**温标**,即关于温度的零点及分度方法所做的规定. 常用的温标有热力学温标、摄氏温标和华氏温标等. **热力学温**

标是按热力学第二定律建立的与物质性质无关的温度标尺. 热力学温标选择了卡诺(Carnot)循环中系统吸收和放出的热量来确定温度,这种温度不依赖于被测物质的性质. 热力学温标为最基本的温标,单位为开[尔文](K). 热力学温标选取水的三相点(固、液、气共存)为参考点,规定水的三相点为 273.16 K, 1 K 就是水的三相点温度的 $\frac{1}{273.16}$. 摄氏温标也称百分温标,是瑞典天文学家摄尔修斯(Celsius)于 1742 年建立的. 摄氏温标规定:在标准大气压下,水的冰点为 0 摄氏度(℃),沸点为 100 摄氏度,中间分为 100 等份,每等份代表 1 摄氏度. 华氏温标由德国物理学家华伦海特(Fahrenheit)于 1714 年建立,华氏温标规定:在标准大气压下,水的冰点为 32 华氏度(℉),水的沸点为 212 华氏度,中间分为 180 等份,每等份为 1 华氏度. 除英国和美国还在使用华氏温标外,其他国家较少使用. 在国际单位制中,热力学温度是 7 个基本量之一,用 T 表示.

摄氏温度 t 与热力学温度 T 的关系是

$$t = (T - 273.15)℃.$$

华氏温度 t_F 与摄氏温度 t 的关系是

$$t_F = \left(32 + \frac{9}{5}t\right)℉.$$

12.1.4 理想气体状态方程

实验证明,当一定量的气体处于平衡态时,描述平衡态的三个状态参量 p, V, T 之间存在一定的关系,当其中任意一个参量发生变化时,其他两个参量也随之改变,三个参量 p, V, T 之间的关系可写成

$$T = T(p,V) \quad \text{或} \quad f(p,V,T) = 0.$$

上述方程就是一定量的气体处于平衡态时气体的**物态方程**. 一般气体,在密度不太高、压强不太大(与大气压强相比)和温度不太低(与室温比较)的实验范围内,气体状态的变化过程遵守玻意耳(Boyle)定律、盖吕萨克(Gay-Lussac)定律和查理(Charles)定律. 把任何情况下都遵守上述三条实验定律和阿伏伽德罗(Avogadro)定律的气体称为**理想气体**. 实际上理想气体是不存在的,它只是真实气体的初步近似,许多气体(如氢气、氧气、氮气、空气等)在一般温度和较低压强下,都可视为理想气体. 一定量的理想气体处在平衡态时,描述状态的三个参量 p, V, T 之间的关系为

$$pV = \frac{m}{M}RT = \nu RT. \tag{12.1.1}$$

式(12.1.1)称为**理想气体状态方程**. 式(12.1.1)中 m 为气体的质量; M 为气体的摩尔质量; R 为普适气体常量,其取值与方程中各量

的单位有关,一般计算时,其值取

$$R = 8.31 \text{ J/(mol·K)}.$$

式(12.1.1)中的 ν 为气体的物质的量,可表示为

$$\nu = \frac{m}{M} = \frac{N}{N_A},$$

式中 N 为气体系统的总分子数;N_A 为阿伏伽德罗常量,一般计算时,其值取 $N_A = 6.02 \times 10^{23} \text{ mol}^{-1}$。式(12.1.1)还可以进一步写成

$$p = \frac{m}{M}\frac{RT}{V} = \frac{N}{V}\frac{RT}{N_A} = nkT, \quad (12.1.2)$$

式中 $n = \dfrac{N}{V}$ 称为气体的**分子数密度**,即单位体积内的分子数;$k = \dfrac{R}{N_A}$ 称为**玻尔兹曼(Boltzmann)常量**,一般计算时,其值取

$$k = 1.38 \times 10^{-23} \text{ J/K}.$$

12.2 理想气体的压强与温度

理想气体的压强与温度

气体对容器壁有压强,气体的无规则热运动剧烈程度与温度有关,这些都可以用分子运动理论定量地加以微观解释。分子运动理论是从物质的微观结构出发来阐明热现象规律的一种理论。具体的做法是根据大量实验事实,抽象出物质的微观结构模型,借助统计方法给出宏观结果。

12.2.1 分子运动理论的基本观点

1. 宏观物体是由大量微观粒子 —— 分子(原子)组成

人们已借助近代实验仪器和实验方法,观察到了某些晶体的原子结构图像,认识到物质都是由有一定距离的分子组成,气体很容易被压缩,所以分子间的距离比固体、液体分子间的距离都大。实验表明,在标准状态($T = 273.15$ K,$p = 1.01325 \times 10^5$ Pa)下,气体分子间的距离约为分子直径的 10 倍。不同物质的分子大小不同,但整体看来,分子线度都是很小的,因此宏观系统包含的分子数目是巨大的。例如,1 mol 任何物质包含 6.02×10^{23} 个微观粒子,1 mol 氢气只有 2 g,所包含的分子数同样有 6.02×10^{23} 个。

2. 分子之间有相互作用力

固体和液体的分子之所以会聚集到一起而不散开,是因为分子之间有相互吸引力。液体和固体很难被压缩,即使是气体,当压缩到

一定程度后,也很难再继续压缩.这些现象说明分子之间除了吸引力外还存在排斥力.图 12.2 是分子力 $f(f=f_斥+f_吸)$、排斥力 $f_斥$、吸引力 $f_吸$ 与分子间的距离 r 的关系曲线.从图中可以看出,当分子间的距离 $r<r_0$(对于最简单的分子,r_0 的数量级约为 10^{-10} m)时,分子力主要表现为排斥力,并且随 r 的减小急剧增加;当 $r=r_0$ 时,分子力为零;当 $r>r_0$ 时,分子力主要表现为吸引力;当 r 增大到大于 10^{-9} m(约 4 个分子直径)时,分子间的作用力就可以忽略不计了.可见,分子力的作用范围极小,分子力属于短程力.

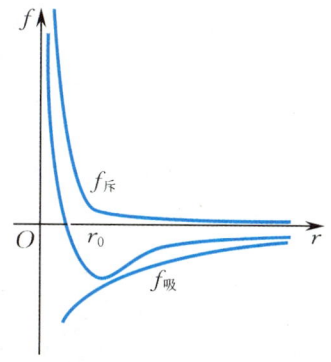

图 12.2　$f, f_斥, f_吸$ 与 r 的关系曲线

3. 分子都在做无规则热运动,剧烈程度与所在系统的温度有关

在室内打开一瓶香水,一段时间后就会在整个房间内闻到香味,这是由于分子无规则热运动而产生的扩散现象.布朗(Brown)运动是间接证明液体分子无规则热运动的典型例子,且实验证实液体的温度越高,布朗运动越剧烈,从而间接说明了温度越高,液体分子无规则热运动越剧烈.

由于系统包含的分子数目巨大,分子在热运动过程中相互碰撞极其频繁.对气体来说,在通常温度和压强下,一个分子在 1 s 的时间里大约要经历 10^9 次碰撞.频繁的碰撞导致分子的速度在不断变化,要想跟踪每一个分子,并列出它们的运动方程,是几乎不可能的.气体处于平衡态时,气体中的每个分子在某一时刻位于容器中哪一个位置、具有多大速度都有一定的偶然性,但大量分子的整体表现是有规律的.例如,系统处于平衡态时,容器中各处的温度、密度、压强这些宏观量都是均匀的、一定的、可观测的.微观上每个分子的速率有大有小,但速率的统计平均值是确定的.这表明在大量的偶然、无序的分子热运动中,包含一种规律性.这种规律性来自大量偶然事件的集合,故称为统计规律.统计规律在某种意义上就是将微观量和宏观量联系起来的规律,也就是运用统计方法求出大量分子的微观量的统计平均值,用以解释宏观系统的热学性质.宏观系统的热现象是物质中大量分子无规则热运动的集体表现.

12.2.2　统计规律的基本概念

1. 随机事件

在一定条件下一定要发生的事件称为**必然事件**.例如,同性电荷互斥,在标准大气压下水在 0 ℃ 时要结冰等,都是必然事件.在一定条件下必定不可能发生的事件称为**不可能事件**.例如,在标准大气压下水在 50 ℃ 时沸腾,仅在重力作用下抛出的石头不落回地面,老人变回婴儿等,都是不可能事件.除了必然事件和不可能事件之外，还有另一类事件，在一定条件下，这些事件可能发生也可能不发生，人们无法预先确定，称为 随机事件. 例如，一个冰雹落地，有可能恰好打在农作物上，也可能没有打在农作物上；从一大堆作业本中随意抽出一本，可能是你的，也可能不是你的；抛一枚硬币，落地后可能正面向上，也可能反面向上.

2. 概率

随机事件在一次试验中是否发生虽然无法事先确定，但在相同条件下，大量重复试验，却发现它具有一定的规律性. 或者说，一个随机事件的发生具有一定的可能性. 描述随机事件发生的可能性的大小称为 概率.

当大量重复地进行同一个试验时，随机事件 A 发生的次数 N_A 与试验的总次数 N 的比值为频率 $f_A = \dfrac{N_A}{N}$. 当 N 无限增大时，f_A 的极限值总会趋近于某一个常数 P_A，称 P_A 为随机事件 A 发生的概率，即

$$P_A = \lim_{N \to \infty} \frac{N_A}{N}. \tag{12.2.1}$$

概率 P_A 是随机事件 A 发生的可能性的量度. 当 N 为有限值时，f_A 与 P_A 之差，称为 涨落，即频率与概率的偏差.

例如，进行成千上万次抛硬币的试验，则随着试验次数 N 的增大，出现正面向上的次数逐渐趋近于试验次数 N 的一半，并在 $\dfrac{N}{2}$ 附近略有偏离. 由此可见，抛硬币正面向上的概率为 $\dfrac{1}{2}$. 又如，在一个黑箱内放有红、黄、绿三色的球各一个，随意从黑箱内拿出一个球，观察其颜色，然后把球放回黑箱内. 重复进行该试验很多次（如 10 万次），我们会发现拿出红、黄、绿球的概率各为 $\dfrac{1}{3}$.

设在一定条件下，每次试验可能出现的事件共有 m 个，这些事件相互独立，但每次试验必定出现其中一个事件. 用 $A_1, A_2, \cdots, A_m$ 表示这 m 个不相容的随机事件，则这 m 个随机事件的概率之和为 1，即

$$\sum_{i=1}^{m} P(A_i) = 1, \tag{12.2.2}$$

式中 $P(A_i)$ 是事件 A_i 发生的概率. 例如，在抛硬币试验中，正、反面向上的概率各为 $\dfrac{1}{2}$，其和为 1；又如，在上述从黑箱中拿球的试验中，拿出红、黄、绿球的概率各为 $\dfrac{1}{3}$，其和为 1. 这一结论称为 归一化条件.

3. 统计平均和统计规律

上面在介绍随机事件发生的概率时，实际上已引入了统计的概念．物质是由大量粒子组成的，单个粒子服从力学规律，大量粒子的整体遵从统计规律．从上面这些例子可以看出，对于随机事件，只有进行大量的试验和观测，才能确定其发生的概率．通过微观运动与宏观性质的联系以寻求宏观性质规律的方法叫作统计方法．在热学中，由于系统由大量分子组成，每个分子的热运动又是无规则的，故只能用统计的方法来揭示其规律性．例如，在平衡态下，各个分子的速率无法逐一考察，故用统计方法求其平均速率．实验和理论都表明，宏观量是对应微观量的统计平均值．

在统计中，平均值常采用算术平均的方法求得．设有一处于给定状态的系统，并假设描述该系统的某参量 x 具有分立值 x_1，x_2，$\cdots$，x_m．对 x 进行 N（N 很大）次测量，且在每次测量前使系统达到同一初态．如果测得 $x = x_1$ 有 N_1 次，测得 $x = x_2$ 有 N_2 次 $\cdots\cdots$ 测得 $x = x_m$ 有 N_m 次，则 x 的算术平均值为

$$\frac{x_1 N_1 + x_2 N_2 + \cdots + x_m N_m}{N} = \sum_{i=1}^{m} \frac{x_i N_i}{N}.$$

当观测次数 N 趋于无穷大时，x 的算术平均值的极限称为 x 的**统计平均值**，即

$$\bar{x} = \lim_{N \to \infty} \frac{x_1 N_1 + x_2 N_2 + \cdots + x_m N_m}{N} = \lim_{N \to \infty} \sum_{i=1}^{m} \frac{x_i N_i}{N} = \sum_{i=1}^{m} x_i P_i, \tag{12.2.3}$$

式中 P_i 为测量 x 得到值为 x_i 的概率．

关于统计规律，有两点值得注意．其一，统计规律是偶然性与必然性的统一，它统一在对随机事件的大量试验、观测和研究中；其二，统计规律所得的结论只能说明可能性的大小，而不能直接用它说明个别随机事件．也就是说，统计规律仅对大量随机事件才有意义．

伽尔顿板是说明统计规律的演示实验装置，如图 12.3 所示．在一块竖直木板的上部规则地钉上铁钉，木板的下部用竖直隔板隔成等宽的狭槽，从顶部中央的入口处可以投入小球，木板前覆盖玻璃使小球不致落到狭槽外部．实验中可以一次投入大量小球，或多次投入单个小球．实验结果表明，单个小球落入某个狭槽内是随机事件，大量小球落入狭槽内的分布遵从一定的统计规律．实验结果同时表明，统计规律伴随着涨落现象，如一次投入大量小球（或多次投入单个小球），落入某个狭槽内的小球数具有一个稳定的平均值，但是每次试验结果都有差异．落入狭槽内的小球数量少时涨落现象明显；反之，落入狭槽内的小球数量多时涨落现象不明显．

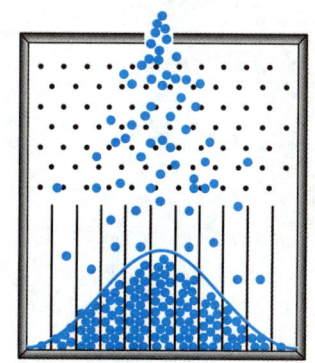

图 12.3　伽尔顿板

一切与热现象有关的宏观量的数值都是统计平均值.在任意给定时刻或在系统中任意给定局部范围内,观测值都与统计平均值有偏差.

12.2.3 理想气体的压强公式

1. 理想气体的微观模型和统计假设

理想气体对应于一定的微观模型,称为理想气体的分子模型.它基于对每个分子的力学性质的假设:

(1) 分子本身的线度比分子之间的平均距离小得多.对于一般气体,分子的占有体积为其固有体积的 1 000 倍左右,因此可以忽略分子本身的大小.

(2) 分子在不停地运动,分子之间以及分子与容器壁之间发生着频繁的碰撞,这些碰撞是完全弹性的.单个分子遵从经典的力学规律.

(3) 忽略分子力(除碰撞瞬间外)和重力.因为分子力是短程力,除碰撞瞬间外,分子间距很大,所以忽略分子力;又由于分子速率一般较大,分子的平均动能远大于其重力势能,因此可忽略其重力.这样就避免了复杂的计算.

根据上述假设,理想气体可以视为自由的、无规则运动的、无大小的弹性分子的集合.

处于平衡态的理想气体,其性质还符合以下两条统计假设:

(1) 忽略重力的影响,平衡态时每个分子处于容器空间中任意一点的可能性(或概率)是相等的.简单地说,分子的分布是均匀的.若以 N 表示容器体积 V 内的分子总数,则分子数密度 n 处处相同,即

$$n = \frac{dN}{dV} = \frac{N}{V}. \tag{12.2.4}$$

(2) 在平衡态时,每个分子沿各个方向运动的可能性(或概率)是一样的.或者说,分子速度按方向的分布是均匀的.因此,在直角坐标系中,速度沿 3 条坐标轴方向的分量的平均值为

$$\overline{v}_x = \overline{v}_y = \overline{v}_z = 0.$$

而速度的每个分量的平方的平均值应该相等,即

$$\overline{v_x^2} = \overline{v_y^2} = \overline{v_z^2}. \tag{12.2.5}$$

由于每个分子速率 v_i 和其速度分量有下述关系:

$$v_i^2 = v_{ix}^2 + v_{iy}^2 + v_{iz}^2,$$

取平均后,有

$$\overline{v^2} = \overline{v_x^2} + \overline{v_y^2} + \overline{v_z^2}.$$

将式(12.2.5)代入上式,可得

$$\overline{v_x^2} = \overline{v_y^2} = \overline{v_z^2} = \frac{1}{3}\overline{v^2}. \qquad (12.2.6)$$

上述统计假设只适用于大量分子的集合. 这些统计假设都具有一定的实验基础,所导出的结果符合理想气体性质.

2. 理想气体的压强公式

容器中气体对容器壁产生的压力,从微观上看,是大量气体分子对容器壁不断碰撞的结果,就像密集的雨点打在伞上产生的均匀、持续的压力一样. 具体地说,可以将容器壁视为一个连续的平面,容器壁所受的压强就等于大量分子在单位时间内施于容器壁单位面积上的平均冲量.

设在体积为 V 的容器中储有气体的分子数为 N,分子的质量为 m_0,总质量为 Nm_0,分子数密度为 n. 将分子按速度区间分组,每组具有相同的速度大小和方向. 第 i 组分子的速度为 $\boldsymbol{v}_i + \mathrm{d}\boldsymbol{v}_i$(大小在 v_i 附近,方向同 $\boldsymbol{v}_i$),其分子数密度为 n_i,且 $n = \sum_i n_i$. 第 i 组的某个分子的速度在 x 轴方向的分量为 v_{ix},如图 12.4 所示,其中 x 轴与容器壁垂直. 取一个小面积元 $\mathrm{d}A$,因容器壁光滑,分子与容器壁碰撞后在 y 轴方向的速度分量不变,在 x 轴方向的动量增量为

$$(-m_i v_{ix}) - (m_i v_{ix}) = -2m_i v_{ix}.$$

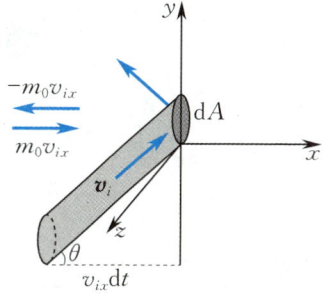

图 12.4　理想气体压强示意图

由牛顿第三定律可知,第 i 组中某个分子碰撞一次施于容器壁面积元 $\mathrm{d}A$ 的冲量为 $2m_i v_{ix}$,$\mathrm{d}t$ 时间内,第 i 组分子中能与 $\mathrm{d}A$ 碰撞的分子数是以 $v_i \mathrm{d}t$ 为斜高、$\mathrm{d}A$ 为底面积的体积中的所有分子,分子数为 $n_i v_i \mathrm{d}t \mathrm{d}A \cos\theta = n_i v_{ix} \mathrm{d}t \mathrm{d}A$,所以 $\mathrm{d}t$ 时间内第 i 组分子施于 $\mathrm{d}A$ 的冲量为

$$n_i v_i \mathrm{d}t \mathrm{d}A \cos\theta \times 2m_i v_{ix} = 2m_i n_i v_{ix}^2 \mathrm{d}t \mathrm{d}A.$$

考虑到能与 $\mathrm{d}A$ 碰撞的分子应该是 $v_{ix} > 0$ 的分子,由前面对处于平衡态的理想气体的两条统计假设可知,单位体积内速率为 v_i 的分子数中 $v_{ix} > 0$ 和 $v_{ix} < 0$ 的分子数一样多,则 $\mathrm{d}t$ 时间内,所有组的分子施于 $\mathrm{d}A$ 的总冲量为

$$\mathrm{d}I = \sum_{v_{ix}>0} 2m_i n_i v_{ix}^2 \mathrm{d}t \mathrm{d}A = \frac{1}{2}\sum_i 2m_i n_i v_{ix}^2 \mathrm{d}t \mathrm{d}A = \sum_i m_i n_i v_{ix}^2 \mathrm{d}t \mathrm{d}A.$$

根据压强的定义,有

$$p = \frac{\mathrm{d}F}{\mathrm{d}A} = \frac{\mathrm{d}I/\mathrm{d}t}{\mathrm{d}A} = \frac{\mathrm{d}I}{\mathrm{d}t \mathrm{d}A} = \sum_i m_i n_i v_{ix}^2.$$

对于同种气体,每个分子的质量一样,即 $m_i = m_0$,由平均值的定义,有

$$\overline{v_x^2} = \frac{\sum n_i v_{ix}^2}{\sum n_i} = \frac{\sum n_i v_{ix}^2}{n},$$

得 $p = m_0 n \overline{v_x^2}$，再利用式(12.2.6)，可得

$$p = \frac{1}{3}m_0 n \overline{v^2} = \frac{2}{3}n\left(\frac{1}{2}m_0 \overline{v^2}\right) = \frac{2}{3}n\overline{\varepsilon}_t, \quad (12.2.7)$$

式中 $\overline{\varepsilon}_t = \frac{1}{2}m_0 \overline{v^2}$ 称为气体分子的 **平均平动动能**.

式(12.2.7)称为 **理想气体的压强公式**. 它把宏观量 p 和统计平均值 $n, \overline{\varepsilon}_t$（或 $\overline{v^2}$）联系起来，体现了宏观量与微观量的关系. 压强只具有统计意义，离开了大量分子和统计平均，气体压强这一概念将失去物理意义. 实际上，在压强公式的推导中所取的 dA, dt 都是宏观小、微观大的量，因此在 dt 时间内撞击 dA 的分子数是非常大的，这才使得压强有一个稳定的数值.

12.2.4 温度的微观解释

由理想气体状态方程(12.1.2)和理想气体的压强公式(12.2.7)，可以得到 $p = nkT = \frac{2}{3}n\left(\frac{1}{2}m_0 \overline{v^2}\right) = \frac{2}{3}n\overline{\varepsilon}_t$，从而解得

$$\overline{\varepsilon}_t = \frac{1}{2}m_0 \overline{v^2} = \frac{3}{2}kT. \quad (12.2.8)$$

这就是理想气体分子的平均平动动能与温度的关系式，称为 **温度公式**. 式(12.2.8)表明，气体的温度与气体分子运动的平均平动动能成正比 $\left(T = \frac{2\overline{\varepsilon}_t}{3k}\right)$. 换句话说，温度公式揭示了气体温度的统计意义，即气体的温度是分子的平均平动动能的量度. 物体内部分子运动越剧烈，分子的平均平动动能越大，则物体的温度越高. 因此，可以说温度是物体内部分子无规则热运动剧烈程度的量度. 如果两种气体的温度相同，则意味着这两种气体分子的平均平动动能相等；如果一种气体的温度高于另一种气体，则意味着这种气体分子的平均平动动能比另一种气体分子的平均平动动能要大.

温度是大量气体分子热运动的集体表现，具有统计意义，对于个别分子或极少数分子，谈及温度是没有意义的.

由式(12.2.8)，$T = 0$ 时，$\overline{\varepsilon}_t = 0$，绝对零度标志了气体分子的无规则热运动完全停止. 而热力学第三定律指出这一状态不可能达到，即使分子停止了平动，但分子或原子内部仍保持某种形态的运动. 物质的内在运动是永不停止的. 实际上分子运动是永不停止的，绝对零度不可能达到，只能无限地趋近. 目前人们应用激光已将原子的温度冷却到 10^{-12} K 的数量级.

例 12.2.1 一容器内储有氧气，其压强为 $p = 1.00$ atm，温度为 $T = 300$ K，摩尔质量为 32 g/mol，求：

(1) 分子数密度;
(2) 氧气的密度;
(3) 氧分子的质量;
(4) 氧分子间的平均距离;
(5) 氧分子的平均平动动能.

解 (1) 根据 $p = nkT$,可得分子数密度为

$$n = \frac{p}{kT} = \frac{1 \times 1.013 \times 10^5}{1.38 \times 10^{-23} \times 300} \text{ m}^{-3} \approx 2.45 \times 10^{25} \text{ m}^{-3}.$$

(2) 由理想气体状态方程 $pV = \frac{m}{M}RT$,可得氧气的密度为

$$\rho = \frac{m}{V} = \frac{pM}{RT} = \frac{1.013 \times 10^5 \times 32 \times 10^{-3}}{8.31 \times 300} \text{ kg/m}^3 \approx 1.30 \text{ kg/m}^3.$$

(3) 每个氧分子的质量为

$$m_{O_2} = \frac{m}{N} = \frac{m/V}{N/V} = \frac{\rho}{n} = \frac{1.30}{2.45 \times 10^{25}} \text{ kg} \approx 5.31 \times 10^{-26} \text{ kg}.$$

(4) 设氧分子间的平均距离为 $\bar{l}$(见图 12.5),则 $\bar{l}^3$ 相当于一个氧分子的有效体积. 由 $n\bar{l}^3 = 1$,可得

$$\bar{l}^3 = \frac{1}{n},$$

于是

$$\bar{l} = \sqrt[3]{\frac{1}{n}} \approx 3.44 \times 10^{-9} \text{ m}.$$

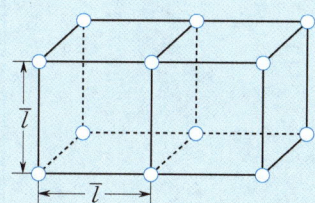

图 12.5

(5) 氧分子的平均平动动能为

$$\bar{\varepsilon}_t = \frac{3}{2}kT = \frac{3}{2} \times 1.38 \times 10^{-23} \times 300 \text{ J} = 6.21 \times 10^{-21} \text{ J}.$$

12.3 麦克斯韦速率分布律

气体处于平衡态时,所有分子以各种速度沿着各个方向运动着,由于非常频繁的碰撞,每一个分子的速度都在不断地改变,因此,若在某一特定时刻去观察某一特定分子,其速度的大小和方向完全是偶然的. 然而实验表明,气体在平衡态下,分布在各种不同速率范围内的分子数在总分子数中所占的百分比是确定的,体现出速率分布遵从一定的规律. 1859 年麦克斯韦首先从理论上导出了在平衡态下理想气体分子速率的分布规律,1920 年斯特恩(Stern)用实验进行了初步验证,后来许多人对此实验做了改进,我国物理学家葛正权也在这方面有过贡献,但是直到 1955 年才由

密勒(Miller)与库什(Kusch)对理想气体分子速率分布律做出了高度精确的实验验证.

12.3.1 测定气体分子速率分布的实验

图 12.6 是一种用来产生分子射线并观测射线中分子速率分布的实验装置示意图. 图中 A 是一个恒温箱,箱内为待测的水银蒸气,即分子源. 水银分子从 A 上的小孔射出,通过狭缝 S 后形成一束定向的分子射线. D 和 D' 是两个相距为 l 的共轴圆盘,圆盘上各开一个很窄的狭缝,两狭缝成一个很小的夹角 θ,约 2°. P 是接收屏.

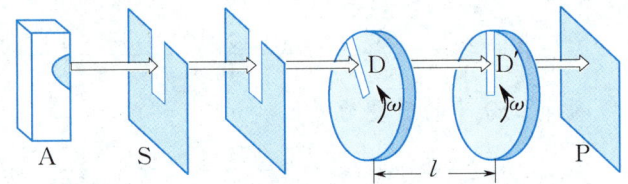

图 12.6　气体分子速率测定实验装置示意图

当 D,D' 以角速度 ω 转动时,圆盘每转一周,分子射线通过 D 一次. 但由于分子速率的大小不同,自 D 到 D' 所需时间也不同,不是所有通过 D 的分子都能通过 D' 而到达接收屏,只有分子速率满足

$$\frac{l}{v} = \frac{\theta}{\omega} \quad \text{或} \quad v = \frac{\omega}{\theta}l$$

的那些分子才能通过 D' 而到达接收屏. 这种装置也称为**速率选择器**. 由于圆盘上的两个狭缝都有一定的宽度,到达接收屏的分子实际上分布在一定的速率区间 $v \sim v + \Delta v$ 内. 实验时,如果保持 θ 和 l 不变,而让圆盘先后以各种不同的角速度 $\omega_1, \omega_2, \cdots$ 转动,就有处在不同速率区间内的分子到达接收屏. 用光学方法测量接收屏上所堆积的水银层的厚度,就可以确定相应的速率区间内的分子数与总分子数之比,也称为分子数百分比.

图 12.7 是直接根据实验结果所作的分子速率分布图线,其中矩形面积 ΔS 表示分布在速率区间 $v \sim v + \Delta v$ 内的**分子数百分比** $\frac{\Delta N}{N}$.

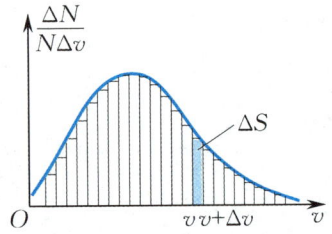

图 12.7　分子速率分布图线

实验结果表明,分布在不同速率区间内的分子数百分比是不相同的,但在实验条件不变的情况下,分布在给定速率区间内的分子数百分比则是完全确定的. 尽管个别分子速率大小是偶然的,但对大量分子来说,其速率的分布遵守一定的规律,这个规律称为分子速率分布律.

12.3.2 麦克斯韦速率分布律

早在气体分子速率实验测定获得成功之前,麦克斯韦在 1859

年就已经通过概率论导出了气体分子速率分布律.

设一定量的气体处在温度为 T 的平衡态下,气体分子总数为 N,其中速率在 $v \sim v + \Delta v$ 区间内的分子数为 ΔN. 从上述实验可知,$\dfrac{\Delta N}{N}$ 与速率及所取的速率区间间隔有关. 在不同的速率附近,它的数值不同;在同一速率附近,如果取的速率区间间隔 Δv 越大,则 $\dfrac{\Delta N}{N}$ 就越大. 当 Δv 趋于 0 时,$\dfrac{\Delta N}{N \Delta v}$ 的极限值就成为 v 的一个连续函数,用 $f(v)$ 表示,称为**速率分布函数**,有

$$f(v) = \lim_{\Delta v \to 0} \frac{\Delta N}{N \Delta v} = \frac{1}{N} \lim_{\Delta v \to 0} \frac{\Delta N}{\Delta v} = \frac{\mathrm{d}N}{N \mathrm{d}v}$$

或

$$\frac{\mathrm{d}N}{N} = f(v)\mathrm{d}v, \quad (12.3.1)$$

式中 $\dfrac{\mathrm{d}N}{N}$ 为 N 个气体分子中,速率在 $v \sim v + \mathrm{d}v$ 的分子数占总分子数的百分比. 速率分布函数表示在速率 v 附近单位速率间隔内的分子数在总分子数中所占的百分比,也是气体分子的速率处于 v 附近单位速率区间的概率,也称为**概率密度**. $f(v)$ 与 v 的关系曲线称为**速率分布曲线**,如图 12.8 所示. 图中小矩形的面积就表示速率在 $v \sim v + \mathrm{d}v$ 区间内的分子数占总分子数的百分比 $\bigg($ 纵坐标 $f(v) = \dfrac{\mathrm{d}N}{N\mathrm{d}v}$ 与 $\mathrm{d}v$ 的乘积等于 $\dfrac{\mathrm{d}N}{N}\bigg)$,而曲线下从 v_1 到 v_2 范围内的面积的数值就表示速率在 v_1 到 v_2 的较大速率区间内的分子数百分比,即

$$\frac{\Delta N_{v_1 \sim v_2}}{N} = \int_{v_1}^{v_2} f(v)\mathrm{d}v. \quad (12.3.2)$$

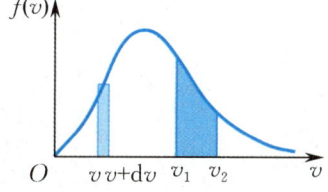

图 12.8 $f(v)$ 与 v 的关系曲线

曲线下的总面积表示速率从零到无穷大的整个范围内的分子占总分子数的百分比,显然是百分之百,即

$$\int_0^\infty f(v)\mathrm{d}v = 1. \quad (12.3.3)$$

式(12.3.3)称为速率分布函数的归一化条件.

由速率分布曲线可以看出,具有很大速率和很小速率的分子数较少,其百分比较低,而具有中等速率的分子数较多,故速率有一最大值.

麦克斯韦从理论上导出了理想气体分子速率分布函数的具体形式. 当气体处于温度为 T 的平衡态时,速率分布在任意速率区间 $v \sim v + \mathrm{d}v$ 内的分子数占总分子数的百分比为

$$\frac{\mathrm{d}N}{N} = 4\pi \left(\frac{m_0}{2\pi kT}\right)^{3/2} \mathrm{e}^{-m_0 v^2/2kT} v^2 \mathrm{d}v. \quad (12.3.4)$$

这一结论称为**麦克斯韦速率分布律**. 与式(12.3.1)比较,可得

$$f(v) = 4\pi \left(\frac{m_0}{2\pi kT}\right)^{3/2} e^{-m_0 v^2/2kT} v^2. \tag{12.3.5}$$

式(12.3.5)称为**麦克斯韦速率分布函数**.

12.3.3 三种速率

1. 最概然速率 v_p

麦克斯韦速率分布函数最大值对应的速率称为最概然速率,用 v_p 表示. 它的物理意义是,在一定温度 T 下,速率与 v_p 相近的气体分子数所占的百分比最大. 也就是以相同速率区间间隔来说,气体分子出现在速率 v_p 附近的速率区间中的概率最大. 当 $v = v_p$ 时,分布函数具有最大值,由极值条件,得

$$\frac{df(v)}{dv} = 4\pi \left(\frac{m_0}{2\pi kT}\right)^{3/2} e^{-m_0 v^2/2kT} \left(2v - v^2 \frac{m_0}{kT} v\right) = 0,$$

由此得

$$v_p = \sqrt{\frac{2kT}{m_0}} = \sqrt{\frac{2RT}{M}} \approx 1.41\sqrt{\frac{RT}{M}}. \tag{12.3.6}$$

2. 平均速率 $\bar{v}$

平均速率就是气体系统的全部分子在平衡态下做无规则热运动的速率的平均值. 若用 dN 表示气体分子速率在 $v \sim v + dv$ 区间的分子数,N 为气体的总分子数,有

$$\bar{v} = \frac{v_1 dN_1 + v_2 dN_2 + \cdots + v_i dN_i + \cdots}{N}$$

$$= v_1 \frac{dN_1}{N} + v_2 \frac{dN_2}{N} + \cdots + v_i \frac{dN_i}{N} + \cdots$$

$$= \sum_i v_i \frac{dN_i}{N}.$$

由于分子速率在零到无穷大之间连续分布,故求和运算可化为积分运算,即

$$\bar{v} = \frac{\int_0^\infty v dN}{N} = \int_0^\infty v \frac{dN}{N} = 4\pi \left(\frac{m_0}{2\pi kT}\right)^{3/2} \int_0^\infty e^{-m_0 v^2/2kT} v^3 dv,$$

解得

$$\bar{v} = \sqrt{\frac{8kT}{\pi m_0}} = \sqrt{\frac{8RT}{\pi M}} \approx 1.60\sqrt{\frac{RT}{M}}. \tag{12.3.7}$$

3. 方均根速率 $\sqrt{\overline{v^2}}$

大量分子速率平方的平均值的平方根称为方均根速率,用 $\sqrt{\overline{v^2}}$ 表示.

分子速率平方的平均值为

$$\overline{v^2} = \frac{\int_0^\infty v^2 \mathrm{d}N}{N} = 4\pi \left(\frac{m_0}{2\pi kT}\right)^{3/2} \int_0^\infty \mathrm{e}^{-m_0 v^2/2kT} v^4 \mathrm{d}v = \frac{3kT}{m_0},$$

则

$$\sqrt{\overline{v^2}} = \sqrt{\frac{3kT}{m_0}} = \sqrt{\frac{3RT}{M}} \approx 1.73\sqrt{\frac{RT}{M}}. \quad (12.3.8)$$

式(12.3.8)也可由分子平均平动动能与温度的关系式获得.

可以看出,三种速率都与 $\sqrt{T}$ 成正比,与 $\sqrt{m_0}$(或 $\sqrt{M}$)成反比. 三种速率之比为 $\sqrt{\overline{v^2}} : \overline{v} : v_\mathrm{p} = 1.73 : 1.60 : 1.41$,如图 12.9 所示. 例如,室温(27 ℃)下的空气分子的三种速率分别为

$$\sqrt{\overline{v^2}} \approx 507.4 \text{ m/s}, \quad \overline{v} \approx 469.2 \text{ m/s}, \quad v_\mathrm{p} \approx 413.5 \text{ m/s}.$$

在计算分子的平均平动动能时,要用到方均根速率;在讨论速率分布时,要用到最概然速率;在讨论分子的碰撞,计算平均自由程时,要用到平均速率. 由图 12.9 也可看出,速率分布曲线关于 v_p 不对称. 理论上可以证明, $v > v_\mathrm{p}$ 的分子数百分比为 57%,而 $v < v_\mathrm{p}$ 的分子数百分比为 43%.

三种速率都具有统计平均的意义,都是大量分子无规则热运动的统计表现. 对理想气体来说,它们只依赖于气体的温度. 当温度升高时,气体分子的无规则热运动加剧,其中速率较小的分子数减少,而速率较大的分子数则有所增加,速率分布曲线的最高点向速率大的方向移动. 如果保持相同温度,考虑两种不同的气体,分子质量大的气体 v_p 较小,对应的是较尖的曲线,而分子质量小的气体 v_p 较大,对应的是较平坦的曲线.

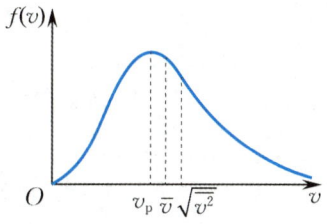

图 12.9　三种速率

例 12.3.1　在容积为 10^{-2} m³ 的容器中,装有 100 g 的理想气体. 若气体分子的方均根速率为 200 m/s,求气体的压强.

解　**方法一**　方均根速率为

$$\sqrt{\overline{v^2}} = \sqrt{\frac{3RT}{M}},$$

求得

$$\frac{T}{M} = \frac{\overline{v^2}}{3R}.$$

由理想气体状态方程 $pV = \frac{m}{M}RT$,有

$$p = \frac{m}{V} R \left(\frac{T}{M}\right),$$

代入数据,得

$$p = \frac{m}{V} R \left(\frac{\overline{v^2}}{3R}\right) = \frac{0.1}{10^{-2}} \times \frac{(200)^2}{3} \text{ Pa} \approx 1.33 \times 10^5 \text{ Pa}.$$

方法二　$p = \dfrac{nm_0}{3}(\sqrt{\overline{v^2}})^2 = \dfrac{\rho}{3}(\sqrt{\overline{v^2}})^2 = \dfrac{m}{3V}(\sqrt{\overline{v^2}})^2 \approx 1.33 \times 10^5 \text{ Pa}.$

例 12.3.2　试求速率在区间 $v_p \sim 1.01v_p$ 内的气体分子数占总分子数的百分比.

解　因最概然速率 $v_p = \sqrt{\dfrac{2kT}{m_0}}$, 而题设 $v = v_p$, $\Delta v = 0.01 v_p$, 故按麦克斯韦速率分布律, 可得

$$\dfrac{\Delta N}{N} = f(v)\Delta v = 4\pi \left(\dfrac{m_0}{2\pi kT}\right)^{3/2} \mathrm{e}^{-m_0 v_p^2 / 2kT} v_p^2 \Delta v$$

$$= 4\pi \left(\dfrac{m_0}{2\pi kT}\right)^{3/2} \mathrm{e}^{-m_0 \frac{2kT}{m_0}/2kT} \dfrac{2kT}{m_0} \times 0.01\sqrt{\dfrac{2kT}{m_0}} = \dfrac{4}{\sqrt{\pi}} \times \mathrm{e}^{-1} \times 0.01 \approx 0.83\%.$$

*12.4　玻尔兹曼分布律

12.4.1　玻尔兹曼分布律

麦克斯韦速率分布律讨论的是处于平衡态的理想气体在没有外力场作用时的分子速率的分布情况. 既区分速度的大小又区分速度的方向而得到的分布规律是**麦克斯韦速度分布律**, 表述如下: 当理想气体处于平衡态时, 气体分子速度的 x 方向分量在 $v_x \sim v_x + \mathrm{d}v_x$ 区间内、y 方向分量在 $v_y \sim v_y + \mathrm{d}v_y$ 区间内、z 方向分量在 $v_z \sim v_z + \mathrm{d}v_z$ 区间内的分子数百分比为

$$\dfrac{\mathrm{d}N}{N} = \left(\dfrac{m_0}{2\pi kT}\right)^{3/2} \mathrm{e}^{-m_0(v_x^2+v_y^2+v_z^2)/2kT} \mathrm{d}v_x \mathrm{d}v_y \mathrm{d}v_z.$$

不难看出, 因子 $\mathrm{e}^{-m_0(v_x^2+v_y^2+v_z^2)/2kT} = \mathrm{e}^{-\varepsilon_k/kT}$ 中, 只包括了气体分子的动能项, 故麦克斯韦速度分布律是讨论理想气体在没有外力场作用下, 气体处于平衡态时的分布, 此时分子在空间的分布是均匀的, 气体分子在空间各处的密度也是相同的. 如果考虑外力场(重力场、电场或磁场)的影响, 分布情形就会不同. 玻尔兹曼将麦克斯韦速度分布律推广到了气体分子在任意外力场中运动的情形. 在这种情形下, 分子的总能量为 $\varepsilon = \varepsilon_k + \varepsilon_p$, 其中 ε_p 是分子在外力场中的势能. 势能通常由位置而定, 分子在空间的分布是不均匀的, 这时考虑的分子不仅要把它们的速度限定在一定的速度区间内, 而且也要把它们的位置限定在一定的坐标区间内. 气体在外力场中处于平衡态时, 位置介于 $x \sim x+\mathrm{d}x, y \sim y+\mathrm{d}y, z \sim z+\mathrm{d}z$, 同时速度介于 $v_x \sim v_x + \mathrm{d}v_x, v_y \sim v_y + \mathrm{d}v_y, v_z \sim v_z + \mathrm{d}v_z$ 的分子数为

$$dN = n_0 \left(\frac{m_0}{2\pi kT}\right)^{3/2} e^{-(\varepsilon_p+\varepsilon_k)/kT} dv_x dv_y dv_z dx dy dz, \quad (12.4.1)$$

式中 n_0 表示在势能 ε_p 为零处单位体积内具有各种速度的分子总数. 这一结论称为**玻尔兹曼分布律**.

由式(12.4.1)可以看出,在相同的区间内,如果总能量 $\varepsilon_1 < \varepsilon_2$,则有 $dN_1 > dN_2$. 这说明,就统计分布看来,分子总是优先占据低能量状态.

12.4.2 重力场中分子按高度的分布规律

下面推导分子按势能 ε_p 的分布规律. 为此,需先求出位置介于 $x \sim x+dx, y \sim y+dy, z \sim z+dz$ 具有各种速度的分子数. 设该分子数为 dN',则由式(12.4.1),对其速度分量取积分,可得

$$dN' = n_0 \left(\frac{m_0}{2\pi kT}\right)^{3/2} e^{-\varepsilon_p/kT} dxdydz \int_{-\infty}^{\infty} e^{-\varepsilon_k/kT} dv_x dv_y dv_z.$$

注意到 $\varepsilon_k = \frac{1}{2}m_0(v_x^2+v_y^2+v_z^2)$,故上式中的积分计算可得

$$\int_{-\infty}^{\infty} e^{-m_0 v_x^2/2kT} dv_x \int_{-\infty}^{\infty} e^{-m_0 v_y^2/2kT} dv_y \int_{-\infty}^{\infty} e^{-m_0 v_z^2/2kT} dv_z = \left(\frac{2\pi kT}{m_0}\right)^{3/2},$$

所以

$$dN' = n_0 e^{-\varepsilon_p/kT} dxdydz,$$

即可得分子数密度为

$$n = \frac{dN'}{dxdydz} = n_0 e^{-\varepsilon_p/kT}. \quad (12.4.2)$$

这就是分子按势能的分布规律.

在重力场中,ε_p 就是分子的重力势能,若取 z 轴正方向竖直向上,并取 $z=0$(地面上)处 $\varepsilon_p = 0$,则在高度 z 处,分子的重力势能为 $\varepsilon_p = m_0 gz$. 设 n_0 为 $z=0$ 处单位体积的分子数,于是分子在高度 z 处时,分子数密度为

$$n = n_0 e^{-m_0 gz/kT}. \quad (12.4.3)$$

此式即为重力场中分子按高度的分布规律. 从式(12.4.3)可以看出,在重力场中分子数密度 n 随高度 z 的增大按指数规律减小;分子的质量 m_0 越大,n 减小得越迅速;气体的温度 T 越高,n 减小得越缓慢,如图 12.10 所示. 这是因为重力的作用使气体分子靠近地面,而分子无规则热运动力图使分子均匀分布于它所在的空间. 当这两种倾向达到平衡时,就出现了空气分子沿竖直方向呈上疏下密的分布.

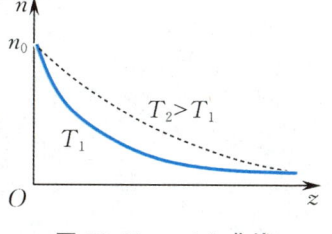

图 12.10 $n(z)$ 曲线

12.4.3 等温气压公式

地球表面覆盖着一层大气,大气密度随高度而变化. 现假定大

气是理想气体,并忽略大气层上下温度的不同以及重力加速度的差异.把式(12.4.3)代入理想气体状态方程 $p = nkT$,得

$$p = n_0 kT e^{-m_0 gz/kT} = p_0 e^{-m_0 gz/kT}, \quad (12.4.4)$$

式中 $p_0 = n_0 kT$ 表示 $z = 0$ 处的压强.式(12.4.4)称为<u>等温气压公式</u>,它表示大气压强随高度按指数规律减小.对此式取对数,可得

$$z = \frac{kT}{m_0 g} \ln \frac{p_0}{p} = \frac{RT}{Mg} \ln \frac{p_0}{p}. \quad (12.4.5)$$

实际中,可用式(12.4.5)根据所测定的某高处的大气压强来计算所处的高度,但所得结果只是近似值,因为实际上大气的温度是随高度变化的.

例 12.4.1 某高处的大气压强为地面的 75%,求该处高度.已知空气的温度为 273 K,摩尔质量为 0.028 9 kg/mol.

解 设地面的大气压强为 p_0,离地面高度为 z 处的大气压强为 p.由式(12.4.5),可得

$$z = -\frac{RT}{Mg} \ln \frac{p}{p_0} = -\frac{8.31 \times 273}{0.028\ 9 \times 9.8} \ln 0.75 \text{ m} \approx 2\ 304 \text{ m}.$$

12.5 能量均分定理 理想气体的内能

能量均分定理与理想气体的内能

前面在研究大量气体分子的无规则热运动时,只考虑了分子的平动.单原子分子可被视为质点,平动是其唯一的运动形式,平动动能是它的全部能量.但实际上,气体分子还有双原子和多原子分子,它们不仅有平动,还有转动和分子内部原子的振动,气体分子无规则热运动的能量应包括所有这些运动形式的能量.

12.5.1 自由度

确定一个物体空间位置所需要的独立坐标数,称为该物体的运动自由度,简称<u>自由度</u>.例如,将飞机看成一个质点时确定它的位置所需要的独立坐标数是三个,自由度为3,分别是飞机的经度、纬度和高度;若将大海中航行的船看成质点,确定它的位置所需要的独立坐标数是两个,自由度为2,分别是船的经度和纬度.船被约束在海面上,自由度比飞机的自由度少.由此可以看出,物体的自由度是与物体受到的约束和限制有关的,物体受到的限制(或约束)越多,自由度就越小.考虑到物体的形状和大小,它的自由度等于描述物体上每个质点的坐标个数减去所受到的约束方程的

个数.

　　气体分子的情况比较复杂. 按气体分子的结构可分为单原子分子、双原子分子和多原子分子. 单原子分子可视为自由质点, 有三个自由度. 在双原子分子中, 如果原子间的位置保持不变(称为刚性双原子分子), 那么该分子就可视为由保持一定距离的两个质点构成, 这时有五个自由度, 其中三个平动自由度, 两个转动自由度. 在多原子分子中, 整个分子视为自由刚体, 即这些原子间的相互位置不变, 其自由度为 6, 其中三个属于平动自由度, 三个属于转动自由度. 事实上, 双原子分子或多原子分子一般不是完全刚性的, 原子间的距离在原子间的相互作用下要发生变化, 此外分子内部还有振动, 因此, 除平动自由度和转动自由度外, 还有振动自由度. 但在常温下, 振动自由度可以不予考虑.

　　一般地, 如果分子由 n 个原子组成, 则这个分子最多有 $3n$ 个自由度, 其中三个平动自由度, 三个转动自由度, 其余 $3n-6$ 个为振动自由度.

12.5.2　能量均分定理

　　在 12.2 节中已经证明了理想气体分子的平均平动动能为

$$\bar{\varepsilon}_\mathrm{t} = \frac{1}{2} m_0 \overline{v^2} = \frac{3}{2} kT = 3\left(\frac{1}{2} kT\right).$$

因分子有三个平动自由度, 所以分子的平均平动动能可表示为三个自由度上的平均平动动能之和, 即

$$\frac{1}{2} m_0 \overline{v^2} = \frac{1}{2} m_0 \overline{v_x^2} + \frac{1}{2} m_0 \overline{v_y^2} + \frac{1}{2} m_0 \overline{v_z^2}.$$

根据统计假设, 在平衡态下, 大量气体分子沿各个方向运动的机会均等, 有

$$\overline{v_x^2} = \overline{v_y^2} = \overline{v_z^2} = \frac{1}{3} \overline{v^2},$$

即

$$\frac{1}{2} m_0 \overline{v_x^2} = \frac{1}{2} m_0 \overline{v_y^2} = \frac{1}{2} m_0 \overline{v_z^2} = \frac{1}{3}\left(\frac{1}{2} m_0 \overline{v^2}\right) = \frac{1}{2} kT.$$

也就是说, 气体分子每一个自由度的平均平动动能相等, 其数值为 $\frac{1}{2}kT$, 平均平动动能 $\frac{3}{2}kT$ 均匀地分配到各个平动自由度上. 双原子分子和多原子分子不仅有平动, 而且还有转动和分子内原子的振动. 统计力学指出, 以上结论可以推广到分子的转动和振动. 不论哪一种运动, 相应于分子每一种运动形式的每一个自由度都具有 $\frac{1}{2}kT$ 的平均动能. 这个结论就称为**能量均分定理**, 具体表述如

下:在温度为 T 的平衡态下,气体分子任何一种运动形式的每一个自由度都具有相同的平均能量 $\frac{1}{2}kT$.

根据该定理,对自由度为 i 的分子,其平均能量为 $\frac{i}{2}kT$,若以 t,r 和 s 分别表示分子的平动、转动、振动自由度,则分子的平均动能为

$$\bar{\varepsilon}_k = \frac{1}{2}(t+r+s)kT,$$

分子的平均能量为

$$\bar{\varepsilon} = \frac{1}{2}(t+r+2s)kT,$$

式中 s 的系数 2 是由于振动能量包括动能和势能,且平均势能也为 $\frac{1}{2}kT$.对单原子分子 $t=3, r=s=0, \bar{\varepsilon}=\bar{\varepsilon}_t=\frac{3}{2}kT$;对非刚性双原子分子 $t=3, r=2, s=1, \bar{\varepsilon}=\frac{7}{2}kT$;对刚性双原子分子 $t=3, r=2, s=0, \bar{\varepsilon}=\frac{5}{2}kT$.实际气体分子的运动情况还视温度而定.例如氢分子,在低温时,只有平动;在室温时,可能有平动和转动;只有在高温时,才可能有平动、转动和振动.而氯分子,在室温时就可能有平动、转动和振动.

应当指出,能量均分定理是对大量分子的无规则热运动动能进行统计平均的结果.对个别分子来说,它在任意时刻的各种运动形式的动能以及总动能可能与根据能量均分定理所确定的平均动能有很大差别,而且每一种运动形式的动能也不一定按自由度均分.但对大量分子整体来说,动能之所以会按自由度均分,是因为分子间的碰撞,通过碰撞,可以进行能量的传递,从而实现能量的均匀分配.

12.5.3 理想气体的内能

一般气体的内能除分子的动能和势能外,还应包括分子间的相互作用能.对于理想气体,由于不计分子间的相互作用,理想气体的内能只是分子各种运动形式的动能和分子内原子的振动势能之和. 1 mol 理想气体的分子数为 N_A,其内能为

$$E = N_A\left(\frac{i}{2}kT\right) = \frac{i}{2}RT. \tag{12.5.1}$$

质量为 m 的理想气体的内能为

$$E = \frac{m}{M}\frac{i}{2}RT = \nu\frac{i}{2}RT. \tag{12.5.2}$$

从式(12.5.2)可以看出,理想气体的内能不仅与温度有关,而且还与分子的自由度有关. 对给定的理想气体,其内能仅是温度的单值函数,即 $E = E(T)$. 这是理想气体的一个重要性质.

例 12.5.1 水蒸气分解成同温度的氢气和氧气. 若不计振动自由度,此过程中内能增加了百分之几?

解 水蒸气成分为 H_2O,即多原子分子,其内能为

$$E = \nu \frac{i}{2} RT = \nu \frac{6}{2} RT = 3\nu RT.$$

水蒸气分解成氢气和氧气,即

$$H_2O \Longrightarrow H_2 + \frac{1}{2} O_2,$$

上式表明 ν mol 水蒸气分解为 ν mol 氢气和 $\frac{\nu}{2}$ mol 氧气,而氢气、氧气同为双原子分子气体.

氢气的内能为

$$E_{H_2} = \nu \frac{5}{2} RT,$$

氧气的内能为

$$E_{O_2} = \left(\frac{\nu}{2}\right) \frac{5}{2} RT,$$

内能从 $3\nu RT$ 变化到 $\frac{15}{4}\nu RT$,即 $\Delta E = \frac{3}{4}\nu RT$,则

$$\frac{\Delta E}{E} = \frac{1}{4} = 25\%,$$

内能增加了 25%.

12.6 气体分子平均碰撞频率和平均自由程

在常温下,气体分子的平均速率约为数百米每秒,气体中的一切过程似乎应在瞬间完成. 但实际情况并非如此,气体的扩散过程进行得很慢. 例如,打开香水瓶,距离几米远的人要几分钟才能闻到香水味. 为了解释这一现象,克劳修斯(Clausius)首先提出了分子相互碰撞的概念. 分子虽然运动很快,但一秒钟内要发生上亿次碰撞,每碰撞一次,运动方向发生改变,所以分子是沿着一条极为曲折的路径运动的,导致它由一处运动到另一处要花较长的时间.

气体分子在杂乱无章的运动中不断地相互碰撞,速度不断改

平均自由程

变,每个分子每秒钟与其他分子碰撞的次数是个随机变量,但对大量分子的碰撞次数进行统计平均,就会得到一定的统计规律性. 把一个分子在 1 s 内与其他分子碰撞的平均次数,称为**平均碰撞频率**,用 $\overline{Z}$ 表示. 在任意连续两次相互碰撞之间,一个分子自由走过的路程,称为自由程. 对个别分子来说,自由程时长时短,并没有一定的量值,定义连续两次碰撞间一个分子自由路程的平均值为分子的**平均自由程**,用 $\overline{\lambda}$ 表示.

显然,分子的平均碰撞频率 $\overline{Z}$、平均自由程 $\overline{\lambda}$ 和平均速率 $\overline{v}$ 三者之间的关系为

$$\overline{\lambda} = \frac{\overline{v}}{\overline{Z}}. \tag{12.6.1}$$

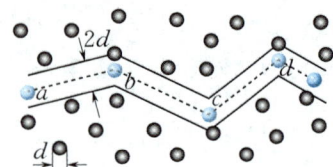

图 12.11 分子碰撞示意图

为了使计算简单,假定每个分子都是直径为 d 的刚性小球. 此处 d 称为分子的**有效直径**. 分子间的相互作用过程可视为刚性小球的弹性碰撞,且碰撞在同一种分子中进行. 跟踪分子 A,假定其他分子静止不动,该分子以平均相对速率 $\overline{u}$ 运动,如图 12.11 所示,计算它在 Δt 时间内与其他分子碰撞的次数.

在分子 A 的运动过程中,显然只有中心与分子 A 中心之间相距小于或等于分子有效直径的那些分子才能与分子 A 碰撞. 可设想以分子 A 为中心的运动轨迹为轴线,以分子有效直径为半径作一个曲折的圆柱体. 这样,凡是中心在此圆柱体内的分子都会与分子 A 碰撞,而中心在圆柱体外的分子将不能与分子 A 碰撞. 圆柱体的截面积 $\sigma = \pi d^2$,称为分子的**碰撞截面**.

在 Δt 时间内,分子 A 所走过的路程为 $\overline{u}\Delta t$,相应的圆柱体的体积为 $\pi d^2 \overline{u}\Delta t$. 若以 n 表示分子数密度,则此圆柱体内的分子数为 $n\pi d^2 \overline{u}\Delta t$,这就是分子 A 在 Δt 时间内与其他分子的碰撞次数. 因此,分子的平均碰撞频率为

$$\overline{Z} = n\pi d^2 \overline{u} \frac{\Delta t}{\Delta t} = n\pi d^2 \overline{u}. \tag{12.6.2}$$

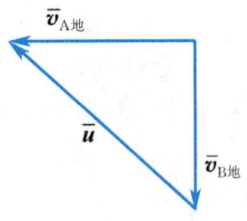

图 12.12 $\overline{u}$ 的计算图

平均相对速率 $\overline{u}$ 应用起来不太方便,需要把它和平均速率联系起来. 考虑两分子 A 和 B 的碰撞,其平均速率(相对于地)均为 $\overline{v}$,但平均速度方向不同. 由于分子运动的无规则性,两分子速度方向之间的夹角从 0°~180°各个方向的概率都相等,平均来说,两分子碰撞时速度间的夹角为 90°,如图 12.12 所示. 根据速度变换,平均相对速度 $\overline{u}$ 应是 $\overline{v}_{A地}$ 与 $\overline{v}_{B地}$ 的矢量差. 由于 $\overline{v}_{A地} = \overline{v}_{B地} = \overline{v}$,因此有 $\overline{u} = \sqrt{2}\overline{v}$. 将此结果代入式(12.6.2),可得

$$\overline{Z} = \sqrt{2}\pi d^2 \overline{v} n, \tag{12.6.3}$$

将式(12.6.3)代入式(12.6.1),可得分子的平均自由程为

$$\bar{\lambda} = \frac{1}{\sqrt{2}\pi d^2 n}. \qquad (12.6.4)$$

式(12.6.4)说明,平均自由程与分子有效直径 d 的平方以及分子数密度 n 成反比,而与平均速率无关. 将理想气体状态方程 $p = nkT$ 代入式(12.6.4),还可得

$$\bar{\lambda} = \frac{kT}{\sqrt{2}\pi d^2 p}. \qquad (12.6.5)$$

由此可知,当温度一定时, $\bar{\lambda}$ 与压强成反比.

对于空气分子,取分子的有效直径为 $d = 3.5 \times 10^{-10}$ m,则在标准状态下,空气分子的平均自由程为 $\bar{\lambda} = 6.9 \times 10^{-8}$ m,约为 d 的 200 倍. 已知空气的摩尔质量为 28.9×10^{-3} kg/mol,可求出空气分子在标准状态下的平均速率为 $\bar{v} = 448$ m/s. 由此可求得平均碰撞频率为 $\bar{Z} = 6.5 \times 10^9$ s^{-1}. 也就是说,每个分子平均每秒要与其他分子碰撞 65 亿次!

例 12.6.1 一定量的某理想气体,在体积不变的情况下使其热力学温度升高为原来的 2 倍,再在压强不变的情况下使其体积膨胀为原来的 2 倍,则分子的平均自由程变为原来的多少倍?

解 在一定量理想气体体积不变的情况下, n 不变,故 $\bar{\lambda}$ 不变. 在压强不变的情况下,体积变为原来的 2 倍,因而 n 变为原来的 $\frac{1}{2}$,由式(12.6.4)可知,平均自由程 $\bar{\lambda}$ 变为原来的 2 倍.

例 12.6.2 氮分子的有效直径约为 10^{-10} m,氮气的摩尔质量为 28×10^{-3} kg/mol,求氮分子在标准状态下的平均自由程和平均碰撞频率.

解 在标准状态下,温度为 $T = 273.15$ K,压强为 $p = 1.01325 \times 10^5$ Pa,分子数密度为

$$n = \frac{p}{kT} = \frac{1.01325 \times 10^5}{1.38 \times 10^{-23} \times 273.15} \text{ m}^{-3} \approx 2.69 \times 10^{25} \text{ m}^{-3}.$$

由式(12.6.4),求得氮分子的平均自由程为

$$\bar{\lambda} = \frac{1}{\sqrt{2}\pi d^2 n} \approx \frac{1}{\sqrt{2} \times 3.14 \times (10^{-10})^2 \times 2.69 \times 10^{25}} \text{ m} \approx 8.37 \times 10^{-7} \text{ m}.$$

在标准状态下,氮分子的平均速率为

$$\bar{v} = \sqrt{\frac{8RT}{\pi M}} = \sqrt{\frac{8 \times 8.31 \times 273.15}{3.14 \times 28 \times 10^{-3}}} \text{ m/s} \approx 454.47 \text{ m/s},$$

则平均碰撞频率为

$$\bar{Z} = \frac{\bar{v}}{\bar{\lambda}} = \frac{454.47}{8.37 \times 10^{-7}} \text{ s}^{-1} \approx 5.43 \times 10^8 \text{ s}^{-1}.$$

思考题

1. 用温度计测量物体温度的依据是什么?

2. 试从气体动理论的观点解释:为什么当气体的温度升高时,只要适当地增大容器的容积就可以使气体的压强保持不变?

3. 一定量的理想气体从状态 I(p_1, V, T_1)等容变化到状态 II($2p_1, V, 2T_1$),定性画出这两种状态下的气体分子的速率分布曲线.

4. 如图 12.13 所示,两个大小不同的容器,用均匀的细管相连,细管中有一水银滴作为活塞,大容器装有氧气,小容器装有氢气. 当温度相同时,水银滴静止于细管中央,则此时这两种气体中哪个的密度大?

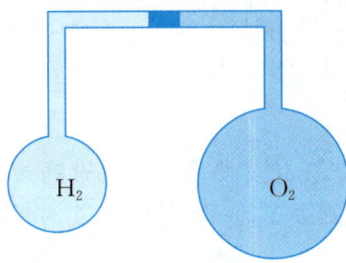

图 12.13

5. 一定量的理想气体储于某一容器中,温度为 T,气体分子的质量为 m_0. 根据理想气体的分子模型和统计假设,分子沿 x 方向的速度的平均值 $\bar{v}_x$ 和 $\overline{v_x^2}$ 分别为多少?

6. 已知 $f(v)$ 为分子速率分布函数,N 为总分子数,v_p 为分子的最概然速率. 试述下列各式表示的物理意义:

(1) $\int_0^\infty v f(v) \mathrm{d}v$;

(2) $\int_{v_p}^\infty f(v) \mathrm{d}v$;

(3) $\int_{v_p}^\infty N f(v) \mathrm{d}v$.

7. 图 12.14 所示为处于同一温度 T 时氦气、氖气和氩气三种气体分子的速率分布曲线. 曲线 a,b,c 各表示哪种气体分子的速率分布曲线?

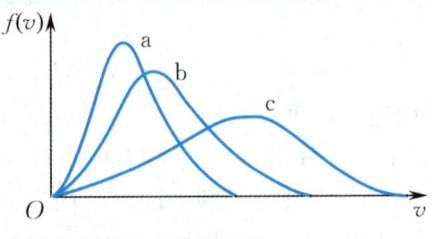

图 12.14

8. 在压强恒定不变的情况下,求气体分子的平均碰撞频率 $\bar{Z}$ 与温度 T 的关系.

9. 一定量的理想气体,在体积不变的条件下,当温度降低时,分子的平均碰撞频率 $\bar{Z}$ 和平均自由程 $\bar{\lambda}$ 如何变化?

10. 玻尔兹曼分布律表明,若气体处于某一温度的平衡态,

(1) 分布在某一区间(坐标区间和速度区间)的分子数与该区间分子的能量成正比;

(2) 在大小相等的各区间(坐标区间和速度区间)中,分子能量较大的区间分子数较少;分子能量较小的区间分子数较多;

(3) 在大小相等的各区间(坐标区间和速度区间)中,分子处于低能量状态的概率大一些;

(4) 分布在某一坐标区间内、具有各种速度的分子数只与坐标区间的间隔成正比,与分子的能量无关.

以上哪些说法是正确的?

习题 12

1. 若室内的温度从 15 ℃ 升高到 27 ℃,而室内的压强不变,则此时室内的分子数减少百分之几?

2. 目前已获得 1.013×10^{-10} Pa 的高真空,在此压强下,温度为 27 ℃ 的 1 cm³ 体积内有多少个气体分子?

3. 一封闭的圆筒,内部被导热的不漏气的可移动活塞隔为两部分. 最初,活塞位于圆筒中央,圆筒两侧的长度为 $l_1 = l_2$. 当两侧各充以 T_1, p_1 与 T_2, p_2

的同种气体后,问平衡时活塞将在什么位置上$\left(\text{即}\dfrac{l'_1}{l'_2}\text{是多少}\right)$?已知 $p_1 = 1.013 \times 10^5$ Pa,$T_1 = 680$ K,$p_2 = 2.026 \times 10^5$ Pa,$T_2 = 280$ K.

4. 刚性双原子分子理想气体的体积为 2×10^{-3} m^3,内能为 6.75×10^2 J.

(1) 试求气体的压强;

(2) 设分子总数为 5.4×10^{22} 个,求分子的平均平动动能及气体的温度.

5. 储有 1 mol 氧气(视为刚性双原子分子理想气体)、容积为 1 m^3 的容器以 10 m/s 的速度运动. 假设该容器突然停止,其中氧气的 80% 的机械运动动能转化为气体分子的热运动动能. 问气体的温度及压强各升高多少?

6. 某些恒星的温度能达到 10^8 K 的数量级,此时原子已不存在,只有质子存在,求:

(1) 质子的方均根速率;

(2) 质子的平均平动动能.

7. 设容器的容积为 V,内储有质量为 m_1 和 m_2 的两种不同的单原子理想气体,此混合气体处于平衡态时内能相等,均为 E,求这两种气体分子的平均速率 $\bar{v}_1$ 和 $\bar{v}_2$ 之比.

8. 在标准状态下,若氧气(视为刚性双原子分子理想气体)和氦气的体积比为 $\dfrac{V_1}{V_2} = \dfrac{1}{2}$,求其内能之比 $\dfrac{E_1}{E_2}$.

9. 氮气在标准状态下的平均碰撞频率为 5.42×10^8 s^{-1},平均自由程为 6×10^{-6} cm. 若氮气的温度不变,压强降为 0.1 atm,分子的平均碰撞频率与平均自由程分别变为多少?

第 12 章阅读材料

第 13 章　热力学基础

热力学是从能量的观点出发,在实验的基础上,研究热力学系统状态变化过程中内能、功和热量变化规律的学科.本章将介绍内能、功和热量等基本概念,热力学第一定律及其应用,循环过程,热力学第二定律及其统计意义.

13.1　热力学第一定律

13.1.1　热力学过程

系统与外界相互作用,系统的状态会发生变化,就称系统经历了一个**热力学过程**,简称过程.实际过程中的任意时刻,系统的状态不是平衡态.如果要利用系统处在平衡态时的性质来研究过程的规律,可以使系统在变化过程中的每一时刻的状态都无限接近于平衡态.例如,可以十分缓慢地移动气缸中的活塞,气缸中气体的变化过程的每一时刻就接近于平衡态.这样的过程称为**准静态过程**或**平衡过程**.平衡过程是一种系统自发地恢复平衡态的能力大于外界的影响能力的变化过程.系统从一个平衡态被破坏到系统自发修复而建立起一个新的平衡态,其所需的时间称为**弛豫时间**,这一过程称为**弛豫过程**.实际的热力学系统在变化过程中,每一个状态都处于非平衡态,但只要系统的状态因外界影响而发生改变的时间比弛豫时间长得多,就可近似地将系统的变化过程视为准静态过程.准静态过程是一种理想过程,许多实际过程可以抽象为准静态过程.例如,内燃机中压缩气体状态变化的时间比弛豫时间长得多,这个过程可作为准静态过程处理.

只要热力学系统变化的过程中有一个中间状态是非平衡态,则整个过程称为**非静态过程**或**非平衡过程**.例如,活塞快速压缩气缸内气体的过程就是非平衡过程.此时系统的弛豫时间与活塞运动时间为同一数量级.

在 p-V 图上,准静态过程可用光滑连续曲线表示,如图 13.1

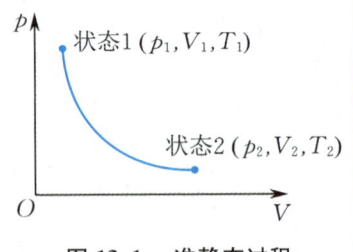

图 13.1　准静态过程

所示.

13.1.2 内能、功和热量

1. 内能

内能是系统内分子无规则热运动的动能与分子间相互作用势能的总和. 在一般的热力学过程中,组成分子的原子内部的能量不发生变化,因此,热力学系统中讨论的内能为所有分子无规则热运动的动能和分子间相互作用势能的总和.

在一定状态下,对于一定量气体,只要状态参量 p,V,T 确定了,它的内能就确定了,内能是系统状态的单值函数. 内能的变化仅取决于系统初、末两个状态,而与变化的过程无关. 内能是一个状态量.

对于理想气体,分子间的作用力和分子间的势能可忽略不计,内能仅是温度的单值函数. 上一章中,我们已推导出 ν mol 的理想气体的内能为 $E=\frac{i}{2}\nu RT$.

2. 功

在热力学中主要讨论气体经准静态过程做功的情况. 考察封闭在气缸内气体的准静态膨胀过程,如图 13.2 所示,气体压强为 p,活塞面积为 S,活塞与气缸之间无摩擦力. 若气体经准静态过程而发生微小膨胀,使活塞移动一微小距离 $\mathrm{d}l$,则气体做的功为

$$\mathrm{d}A = F\mathrm{d}l = pS\mathrm{d}l = p\mathrm{d}V, \tag{13.1.1}$$

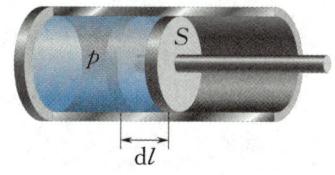

图 13.2 气体做功

式中 $F=pS$ 是气体作用于活塞上的总压力,$\mathrm{d}V=S\mathrm{d}l$ 是气体体积的变化. 气体膨胀时,$\mathrm{d}V>0$,气体对外界做功,$\mathrm{d}A>0$;气体被压缩时,$\mathrm{d}V<0$,外界对气体做功,$\mathrm{d}A<0$.

气体经过一个有限的准静态过程,体积从 V_1 变为 V_2,气体做的功为

$$A = \int_{V_1}^{V_2} p\mathrm{d}V. \tag{13.1.2}$$

图 13.3 所示为 p-V 图上气体由状态 1 到状态 2 的变化过程. 由积分的几何意义可知,式(13.1.2)求出的功的大小等于过程曲线下的面积.

由图 13.3 可知,气体做的功不仅与初、末两个状态有关,还与状态变化过程有关,因而功 A 是一个<u>过程量</u>.

做功过程中(如活塞运动),通过分子间的碰撞(如相互摩擦的物体接触面两侧的分子的碰撞),使有规则运动(宏观位移)转变为分子无规则热运动,分子无规则热运动能量的总和在宏观上表现为系统的内能. 因此,做功的过程是通过分子间的碰撞引起的宏观

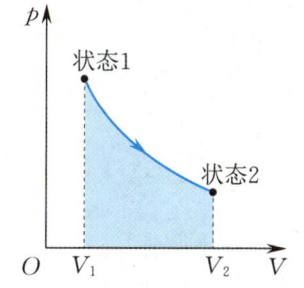

图 13.3 p-V 图上功的计算

机械能和内能的转化与传递过程.

3. 热量

两个温度不相同的系统进行热接触时,一个系统的温度会升高,另一个系统的温度会降低.从微观角度看,分子无规则热运动的平均动能与温度相关.系统的温度高,分子的平均动能大;系统的温度低,分子的平均动能小.当分子碰撞时,动能大的分子会将能量传递给动能小的分子.对于温度不同的系统,温度高(分子平均动能大)的系统会通过分子无规则热运动把能量传给温度低(分子平均动能小)的系统,在宏观上就是系统内能的改变,而被传递的能量就是热量,以 Q 表示.由温度差引起的热量传递过程称为**传热**.在国际单位制中,热量的单位是焦[耳](J).

13.1.3 热力学第一定律

热力学第一定律

传热和做功都能使热力学系统的内能发生变化,即改变系统的状态.系统从某一平衡态变化到另一平衡态,既可以通过外界对系统做功的方式实现,也可以通过向系统传热的方式实现,还可以通过做功与传热两者皆有的方式来实现.系统与外界在相互作用的过程中,遵守能量守恒定律.这一定律体现在热现象中,就是热力学第一定律.**热力学第一定律**指出:**系统从外界吸收的热量,一部分使系统的内能增加,一部分用于系统对外界做功.**

有限过程的热力学第一定律的数学表达式为

$$Q = \Delta E + A. \tag{13.1.3}$$

对于一微小过程,热力学第一定律的数学表达式为

$$dQ = dE + dA. \tag{13.1.4}$$

这里规定:系统从外界吸热,Q 为正;系统向外界放热,Q 为负;$\Delta E = E_2 - E_1$ 是内能的增量,即末态内能 E_2 减去初态内能 E_1.

热力学第一定律适用于任意系统的任意过程,无论这一过程是否为准静态过程,只要系统的初、末两个状态是平衡态即可.

在准静态过程中,热力学第一定律可以写为

$$Q = \Delta E + \int_{V_1}^{V_2} p dV, \tag{13.1.5}$$

$$dQ = dE + p dV. \tag{13.1.6}$$

历史上有人试图制造**第一类永动机**——一种能够使系统状态经过变化后又回到原状态($E_2 = E_1$),且不停地对外做功,而无须外界提供能量的机器.热力学第一定律明确指出,功必须由能量转变而来,不能无中生有地产生.显然,第一类永动机违反热力学第一定律,是不可能实现的.

例 13.1.1 如图 13.4 所示，热力学系统由状态 A 沿 ACB 到状态 B，吸热 560 J，对外界做功 356 J.

(1) 若系统由状态 A 沿 ADB 到状态 B，对外界做功 220 J，系统吸热多少？

(2) 当系统由状态 B 沿曲线 BA 返回状态 A 时，外界对系统做功 282 J，系统吸热多少？

解 系统由状态 A 沿 ACB 到状态 B 的过程中，内能的增量为
$$\Delta E_{AB} = Q_{ACB} - A_{ACB} = (560 - 356)\text{ J} = 204 \text{ J}.$$
根据热力学第一定律，可得

(1) $Q_{ADB} = \Delta E_{AB} + A_{ADB} = (204 + 220) \text{ J} = 424 \text{ J}.$

(2) $Q_{BA} = \Delta E_{BA} + A_{BA} = [-204 + (-282)] \text{ J} = -486 \text{ J}.$

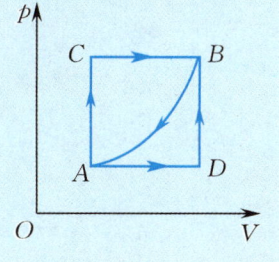

图 13.4

13.2 理想气体的等值过程、绝热过程、*多方过程

理想气体的等值过程是指在系统的变化过程中某个状态参量保持不变. 理想气体的等容、等压和等温过程都属于等值过程. 本节主要讨论准静态等值过程. 理想气体的等值、绝热等过程是讨论热力学第一定律的应用及学习其他热力学过程的基础.

三种等值过程

13.2.1 理想气体的等容过程

热力学过程中，若气体的体积保持不变，即 $V =$ 恒量，$dV = 0$，此过程称为**等容过程**. 准静态等容过程在 p-V 图上为一条与 p 轴平行的直线，如图 13.5 所示. 等容过程的过程方程为
$$\frac{p}{T} = \text{恒量} \quad (\text{一定量气体}).$$

在等容过程中，体积不变，气体对外界不做功，$A = 0$. 由热力学第一定律有
$$Q = \Delta E.$$
上式表明，在等容过程中，气体吸收的热量全部用于增加气体的内能.

对于质量为 m、摩尔质量为 M 的理想气体，若其分子自由度为 i，则有
$$\Delta E = \frac{m}{M}\frac{i}{2}R\Delta T, \tag{13.2.1}$$
因此
$$Q = \frac{m}{M}\frac{i}{2}R\Delta T. \tag{13.2.2}$$

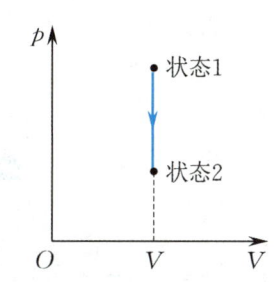

图 13.5 等容过程 p-V 图

在等容过程中,单位摩尔的物质温度升高(或降低)1 K 时吸收(或放出)的热量称为**摩尔定容热容**,用 $C_{V,m}$ 表示.

设有质量为 m、摩尔质量为 M 的理想气体,在等容过程中吸收热量 dQ,相应的温度升高 dT,其摩尔定容热容为

$$C_{V,m} = \frac{dQ/dT}{m/M}, \tag{13.2.3}$$

式(13.2.3)可以改写为

$$dQ = \frac{m}{M} C_{V,m} dT. \tag{13.2.4}$$

因此,内能的增量为

$$\Delta E = \frac{m}{M} C_{V,m}(T_2 - T_1). \tag{13.2.5}$$

由于内能是状态量,只要理想气体初态温度为 T_1,末态温度为 T_2,无论气体经历什么过程,其内能的增量都可由式(13.2.5)计算.

将式(13.2.1)与(13.2.5)比较,理想气体摩尔定容热容

$$C_{V,m} = \frac{i}{2} R, \tag{13.2.6}$$

它只与分子自由度有关,而与气体的温度无关.由式(13.2.6)可知,单原子分子($i=3$)理想气体的 $C_{V,m} = \frac{3}{2}R$,刚性双原子分子($i=5$)理想气体的 $C_{V,m} = \frac{5}{2}R$,非刚性双原子分子($i=7$)理想气体的 $C_{V,m} = \frac{7}{2}R$.

对于微小过程,有

$$dE = \frac{m}{M} C_{V,m} dT. \tag{13.2.7}$$

13.2.2 理想气体的等压过程

热力学过程中,若气体的压强保持不变,即 $p=$ 恒量,$dp=0$,这种过程称为**等压过程**. 准静态等压过程在 $p\text{-}V$ 图上为一条与 V 轴平行的直线,如图 13.6 所示. 等压过程的过程方程为

$$\frac{V}{T} = 恒量 \quad (一定量气体).$$

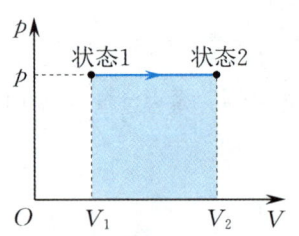

图 13.6 等压过程 $p\text{-}V$ 图

对于一个有限的准静态等压过程,气体做的功为

$$A = \int_{V_1}^{V_2} p dV = p(V_2 - V_1).$$

设有质量为 m、摩尔质量为 M 的理想气体,状态 1 和状态 2 可分别用状态方程描述为

$$pV_1 = \frac{m}{M} RT_1, \quad pV_2 = \frac{m}{M} RT_2,$$

则
$$A = p(V_2 - V_1) = \frac{m}{M}R(T_2 - T_1). \qquad (13.2.8)$$
内能的增量为
$$\Delta E = \frac{m}{M}C_{V,\mathrm{m}}(T_2 - T_1),$$
吸收的热量为
$$Q = A + \Delta E = \frac{m}{M}(C_{V,\mathrm{m}} + R)(T_2 - T_1). \qquad (13.2.9)$$
对于一微小的等压过程,有
$$dA = pdV = \frac{m}{M}RdT, \qquad (13.2.10)$$
$$dQ = dE + dA = \frac{m}{M}C_{V,\mathrm{m}}dT + pdV$$
或
$$dQ = \frac{m}{M}(C_{V,\mathrm{m}} + R)dT. \qquad (13.2.11)$$

在等压过程中,单位摩尔的物质温度升高(或降低)1 K 时吸收(或放出)的热量称为**摩尔定压热容**,用 $C_{p,\mathrm{m}}$ 表示.

设有质量为 m、摩尔质量为 M 的理想气体,在等压过程中吸热 dQ,相应的温度升高 dT,其摩尔定压热容为
$$C_{p,\mathrm{m}} = \frac{dQ/dT}{m/M}, \qquad (13.2.12)$$
式(13.2.12) 可以改写为
$$dQ = \frac{m}{M}C_{p,\mathrm{m}}dT. \qquad (13.2.13)$$
将式(13.2.13) 与(13.2.11) 比较,可得
$$C_{p,\mathrm{m}} = C_{V,\mathrm{m}} + R. \qquad (13.2.14)$$
式(13.2.14) 称为**迈耶(Mayer)公式**.

对于理想气体,若分子自由度为 i,则有
$$C_{p,\mathrm{m}} = \frac{i+2}{2}R. \qquad (13.2.15)$$
摩尔定压热容 $C_{p,\mathrm{m}}$ 与摩尔定容热容 $C_{V,\mathrm{m}}$ 之比称为**比热容比**,用 γ 表示,即
$$\gamma = \frac{C_{p,\mathrm{m}}}{C_{V,\mathrm{m}}}.$$
由上式可知,单原子分子理想气体的 $\gamma = 1.67$,刚性双原子分子理想气体的 $\gamma = 1.40$,非刚性双原子分子理想气体的 $\gamma = 1.29$.

13.2.3 理想气体的等温过程

热力学过程中,若气体的温度保持不变,即 $T =$ 恒量,$dT = 0$,

此过程称为**等温过程**. 准静态等温过程在 p-V 图上是一条双曲线, 称为等温线, 如图 13.7 所示. 等温过程的过程方程是

$$pV = 恒量 \quad (一定量气体).$$

等温过程中, $dT = 0$, 内能不变. 由热力学第一定律, 有

$$Q = A = \int_{V_1}^{V_2} p dV \tag{13.2.16}$$

或

$$dQ = dA = p dV.$$

将理想气体状态方程

$$pV = \frac{m}{M} RT$$

代入式(13.2.16), 可得

$$Q = A = \int_{V_1}^{V_2} \frac{m}{M} \frac{RT}{V} dV = \frac{m}{M} RT \ln \frac{V_2}{V_1} = \frac{m}{M} RT \ln \frac{p_1}{p_2}. \tag{13.2.17}$$

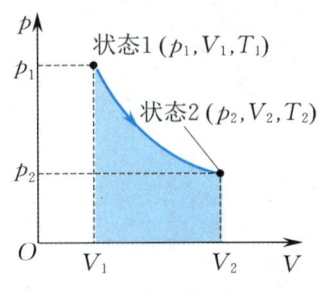

图 13.7 等温过程 p-V 图

例 13.2.1 已知氧气的质量为 $m = 3.20$ kg, 摩尔质量为 $M = 3.20 \times 10^{-2}$ kg/mol, 氧气由状态 a 经 b 到 c, 如图 13.8 所示, $T_b = 420$ K, $V_b = V_a$, $p_b = \frac{8}{5} p_a$, $p_c = p_b$, $V_c = \frac{1}{2} V_b$. 求整个过程系统吸收的热量、对外界做的功及内能的变化.

解 状态 a 到 b 是等容过程, $A_{ab} = 0$. 由等容过程方程 $\frac{p}{T} = $ 恒量, 有

$$\frac{p_a}{p_b} = \frac{T_a}{T_b}, \quad T_a = T_b \frac{p_a}{p_b} = 262.5 \text{ K}.$$

状态 b 到 c 是等压过程, 由等压过程方程 $\frac{V}{T} = $ 恒量, 有

$$\frac{V_b}{V_c} = \frac{T_b}{T_c}, \quad T_c = T_b \frac{V_c}{V_b} = 210 \text{ K},$$

$$A_{bc} = p_c (V_c - V_b) = \frac{m}{M} R (T_c - T_b) \approx -1.75 \times 10^5 \text{ J}.$$

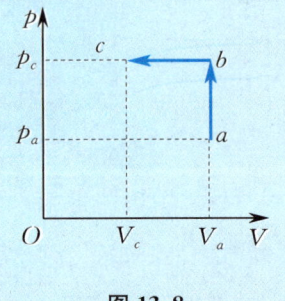

图 13.8

在整个过程中,

$$A_{abc} = A_{ab} + A_{bc} \approx -1.75 \times 10^5 \text{ J} < 0,$$

系统对外界做负功, 即外界对系统做功;

$$\Delta E = E_c - E_a = \frac{m}{M} C_{V,m} (T_c - T_a) = \frac{5m}{2M} R (T_c - T_a) \approx -1.09 \times 10^5 \text{ J} < 0,$$

即系统的内能是减少的;

$$Q = \Delta E + A_{abc} \approx -2.84 \times 10^5 \text{ J} < 0,$$

即系统是放热的.

13.2.4 绝热过程

若系统和外界不交换热量,即 $dQ = 0$,该过程称为<u>绝热过程</u>. 绝热材料包围的系统所进行的过程可视为绝热过程. 例如,内燃机中燃料的爆燃,其过程进行得很快,来不及与外界交换热量,也可近似为绝热过程. 在绝热过程中,$dQ = 0$,根据热力学第一定律,系统对外界做的功为

$$A = -\Delta E = -\frac{m}{M}C_{V,m}(T_2 - T_1).$$

在绝热过程中,当系统膨胀对外界做功时,消耗了系统的内能,使系统温度降低.

理想气体准静态绝热过程方程为

$$pV^\gamma = 恒量,$$
$$p^{\gamma-1}T^{-\gamma} = 恒量,$$
$$V^{\gamma-1}T = 恒量.$$

绝热过程方程推导如下:

系统处在某一状态时,状态方程为 $pV = \frac{m}{M}RT$. 当系统发生一个微小准静态过程时,压强变化了 dp,体积变化了 dV,温度变化了 dT,变化后达到的新平衡态的状态方程为

$$(p + dp)(V + dV) = \frac{m}{M}R(T + dT),$$

即

$$pV + pdV + Vdp + dpdV = \frac{m}{M}RT + \frac{m}{M}RdT.$$

忽略高阶小量 $dpdV$,得

$$pdV + Vdp = \frac{m}{M}RdT. \qquad (13.2.18)$$

实际上,对 $pV = \frac{m}{M}RT$ 求微分,也可得到式(13.2.18).

当过程为准静态过程时,$dA = pdV$. 对于准静态绝热过程,有 $dQ = 0$,由热力学第一定律,有 $dA = -dE$,即

$$pdV = -\frac{m}{M}C_{V,m}dT,$$

解得

$$\frac{m}{M}dT = \frac{-pdV}{C_{V,m}}.$$

代入式(13.2.18),得

$$pdV + Vdp = \frac{-RpdV}{C_{V,m}},$$

将迈耶公式 $C_{p,m} = C_{V,m} + R$ 代入,整理得

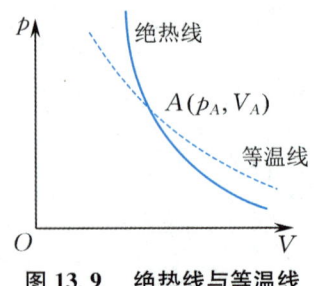

图 13.9 绝热线与等温线斜率的比较

$$\frac{\mathrm{d}p}{p} = -\frac{C_{p,\mathrm{m}}}{C_{V,\mathrm{m}}}\frac{\mathrm{d}V}{V} = -\gamma\frac{\mathrm{d}V}{V},$$

两边积分,得

$$\ln p = -\gamma \ln V + C$$

或

$$\ln pV^\gamma = C,$$

式中常数 C 为积分恒量. 上式可化为

$$pV^\gamma = 恒量. \tag{13.2.19}$$

式(13.2.19)为理想气体准静态绝热过程方程. 联立 $pV = \frac{m}{M}RT$ 和式(13.2.19),可分别得到准静态绝热过程方程的另外两个形式.

根据 $pV^\gamma = 恒量$,在 p-V 图中可以画出 p 与 V 的变化曲线,称为绝热线,如图 13.9 中实线所示.

例 13.2.2 比较 p-V 图上绝热线和等温线的斜率.

解 在 p-V 图上绝热线和等温线有交点 A(见图 13.9). 对等温线,$pV = 恒量$,两边微分,整理得等温线在 A 点处的斜率为

$$\left(\frac{\mathrm{d}p}{\mathrm{d}V}\right)_T = -\frac{p_A}{V_A}.$$

对绝热线,$pV^\gamma = 恒量$,两边微分,整理得绝热线在 A 点处的斜率为

$$\left(\frac{\mathrm{d}p}{\mathrm{d}V}\right)_Q = -\frac{\gamma p_A}{V_A}.$$

由于 $\gamma > 1$,故在两线的交点 A 处,有

$$\left|\left(\frac{\mathrm{d}p}{\mathrm{d}V}\right)_Q\right| > \left|\left(\frac{\mathrm{d}p}{\mathrm{d}V}\right)_T\right|,$$

即在交点 A 处绝热线要比等温线陡一些.

例 13.2.3 如图 13.10 所示,1 mol 单原子理想气体,由状态 $a(p_1, V_1)$ 等压膨胀至体积增大一倍(状态 b),再等容加压至压强增大一倍(状态 c),最后经绝热膨胀使其温度降至初始温度(状态 d). 求:

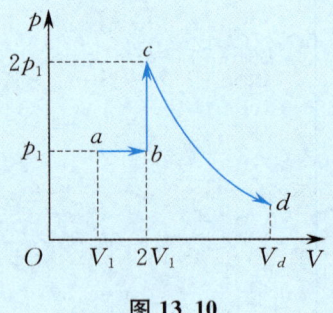

图 13.10

(1) 状态 d 的体积 V_d;
(2) 整个过程气体对外界做的功;
(3) 整个过程气体吸收的热量.

解 (1) 根据题意,有

$$pV = \frac{m}{M}RT, \quad T_a = T_d = \frac{p_1 V_1}{R},$$

$$T_c = \frac{p_c V_c}{R} = \frac{4 p_1 V_1}{R} = 4 T_a.$$

由绝热过程方程 $V_c^{\gamma-1} T_c = V_d^{\gamma-1} T_d$,得

$$V_d = \left(\frac{T_c}{T_d}\right)^{\frac{1}{\gamma-1}} V_c = 4^{\frac{1}{1.67-1}} \cdot 2V_1 \approx 15.8 V_1.$$

(2) 各分过程气体对外界做的功为
$$A_{ab} = p_1(2V_1 - V_1) = p_1V_1, \quad A_{bc} = 0,$$
$$A_{cd} = -\Delta E_{cd} = C_{V,m}(T_c - T_d) = \frac{3}{2}R(4T_a - T_a) = \frac{9}{2}p_1V_1,$$
整个过程气体对外界做的功为
$$A = A_{ab} + A_{bc} + A_{cd} = \frac{11}{2}p_1V_1.$$

(3) 整个过程气体吸收的热量有两种计算方法.

方法一 对整个过程应用热力学第一定律
$$Q_{abcd} = A_{abcd} + \Delta E_{ad},$$
因为 $T_a = T_d$, 所以
$$\Delta E_{ad} = 0, \quad Q_{abcd} = A_{abcd} = \frac{11}{2}p_1V_1.$$

方法二 分别求各分过程气体吸收的热量, 求和得整个过程气体吸收的热量:
$$Q_{ab} = C_{p,m}(T_b - T_a) = \frac{5}{2}R(T_b - T_a) = \frac{5}{2}(p_bV_b - p_aV_a) = \frac{5}{2}p_1V_1,$$
$$Q_{bc} = C_{V,m}(T_c - T_b) = \frac{3}{2}R(T_c - T_b) = \frac{3}{2}(p_cV_c - p_bV_b) = 3p_1V_1,$$
$$Q_{cd} = 0,$$
故
$$Q = Q_{ab} + Q_{bc} + Q_{cd} = \frac{11}{2}p_1V_1.$$

13.2.5 绝热自由膨胀过程

如图 13.11 所示, 中间有隔板的绝热容器右边是真空, 左边充有理想气体. 现抽去隔板, 气体会无阻碍地进入右半部, 最后整个容器达到新的平衡, 这一过程称为绝热自由膨胀过程.

绝热自由膨胀过程中气体始终处于非平衡态, 是非准静态过程, 但仍符合热力学第一定律. 因为绝热, $Q = 0$, 气体向真空膨胀时, $A = 0$, 所以 $\Delta E = 0$. 理想气体最后达到平衡态时, 末态温度和初态温度相等, $T_1 = T_2$. 但不能认为绝热自由膨胀过程是等温过程, 因为过程中每一时刻气体都处于非平衡态. 又因绝热自由膨胀过程是非准静态过程, 故绝热过程方程也不适用.

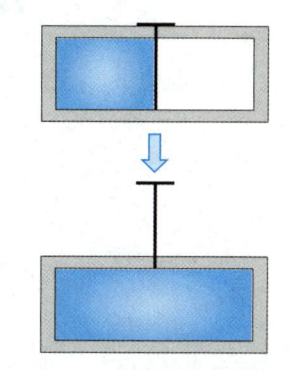

图 13.11 绝热自由膨胀过程

*13.2.6 多方过程

等温过程中, $pV = $ 恒量, 绝热过程中, $pV^\gamma = $ 恒量, 但实际中气体经历的过程常常既非等温, 也非绝热, 而是介于两者之间的过程, 常用**多方过程**来描述, 即
$$pV^n = 恒量, \tag{13.2.20}$$

式中常数 n 为**多方指数**. 将式(13.2.20)代入理想气体状态方程，可得

$$p^{n-1}T^{-n} = 恒量, \quad TV^{n-1} = 恒量. \quad (13.2.21)$$

满足式(13.2.20)或(13.2.21)的过程称为多方过程. $n=1$ 的多方过程是等温过程，$n=\gamma$ 的多方过程是绝热过程，$n=0$ 的多方过程是等压过程，$n=\infty$ 的多方过程是等容过程. 取 $1<n<\gamma$，可内插介于等温、绝热过程之间的各种过程.

13.3 循环过程　卡诺循环

13.3.1 循环过程

热力学系统由一个状态出发，经过任意的一系列过程，最后又回到原来的状态，这样的过程称为**循环过程**，简称**循环**.

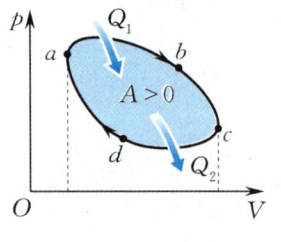

图 13.12　正循环

如果一个循环过程是准静态过程，则此循环过程在 p-V 图中可用一闭合曲线表示，如图 13.12 所示. 在 p-V 图中，循环过程是顺时针进行的称为**正循环**，正循环系统对外界做正功；反之，称为逆循环，逆循环系统对外界做负功. 循环工作的物质系统称为工作物质(简称工质). 由于工质的内能是温度的单值函数，工质经过一个循环回到初态时，内能没有变化. 因此，循环过程的特点为 $\Delta E = 0$.

13.3.2 热机及热机效率

工质做正循环的机器叫作热机(如蒸汽机和内燃机)，它是把能量持续地转化为功的机器.

图 13.12 所示为正循环，在 abc 段，系统吸热 Q_1，在压缩过程 cda 段，系统放热 Q_2，整个循环过程中，根据热力学第一定律及 $\Delta E = 0$，系统对外界做的净功为

$$A = Q_1 + Q_2.$$

系统放出热量，Q_2 为负值，Q_2 可写成 $-|Q_2|$. 上式可写为

$$A = Q_1 - |Q_2|.$$

热机效能的重要标志之一是它的效率，即吸收的热量有多少转化为有用功. **热机效率**或**循环效率**定义为

$$\eta = \frac{A}{Q_1} = \frac{Q_1 - |Q_2|}{Q_1} = 1 - \frac{|Q_2|}{Q_1}. \quad (13.3.1)$$

不同的热机其循环过程不同，因而效率不同.

13.3.3 致冷机及致冷系数

工质做逆循环的机器叫作致冷机,它是消耗外界的功使热量由低温处流入高温处,从而获得低温的机器. 系统做逆循环,如图 13.13 所示,在 adc 段,系统从低温热源吸热 Q_2,在压缩过程 cba 段,系统向高温热源放热 Q_1,整个循环过程中,根据热力学第一定律和 $\Delta E = 0$,外界对系统做的净功为

$$A = Q_1 + Q_2.$$

外界对系统做功,A 为负值,A 可写成 $-|A|$. 上式可写为

$$|A| = |Q_1| - Q_2.$$

致冷机的效能可用**致冷系数** w 表示,其定义为

$$w = \frac{Q_2}{|A|} = \frac{Q_2}{|Q_1| - Q_2}, \qquad (13.3.2)$$

即外界对系统做功 A 的结果是将热量由低温热源输送到高温热源. 吸热 Q_2 越多,做功 A 越少,致冷性能越好.

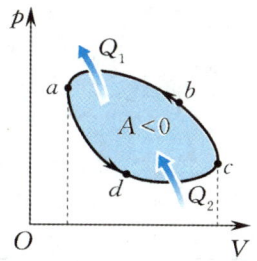

图 13.13　逆循环

13.3.4 卡诺循环

19 世纪,热机的效率不到 5%,提高热机的效率是人们普遍关心的问题. 1824 年,卡诺提出了一种理想热机(称为**卡诺热机**),并从理论上证明任何热机的效率不可能大于这种理想热机的效率. 卡诺热机的工质只与恒定的高温热源和恒定的低温热源交换能量,没有散热、漏气等因素存在.

卡诺热机所进行的循环过程称为**卡诺循环**,由两个准静态等温过程和两个准静态绝热过程所构成,如图 13.14 所示.

(1) 过程 ab:工质(视为理想气体)从高温热源吸热 Q_{ab},以 T_1 等温膨胀,于是

$$\Delta E_{ab} = 0,$$
$$Q_{ab} = A_1 = \frac{m}{M}RT_1 \ln \frac{V_2}{V_1}.$$

(2) 过程 bc:绝热膨胀,温度降为 T_2,于是

$$Q_{bc} = 0.$$

(3) 过程 cd:等温压缩,工质向低温热源放热 Q_{cd},于是

$$\Delta E_{cd} = 0,$$
$$Q_{cd} = A_3 = \frac{m}{M}RT_2 \ln \frac{V_4}{V_3}.$$

(4) 过程 da:绝热压缩,外界压缩工质做功全部转换为工质的内能,于是

$$Q_{da} = 0.$$

在一次卡诺循环中,

$$Q_1 = Q_{ab}, \quad Q_2 = Q_{cd}.$$

卡诺循环与热力学第二定律

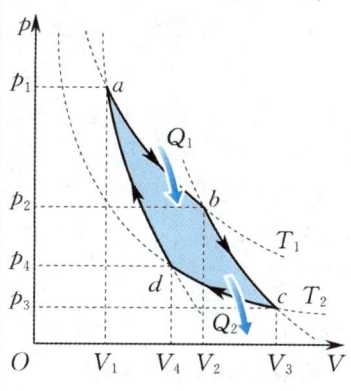

图 13.14　卡诺循环

由式(13.3.1)，卡诺循环的热机效率 η_C 为

$$\eta_C = \frac{A}{Q_1} = 1 - \frac{|Q_2|}{Q_1} = 1 - \frac{\frac{m}{M}T_2\ln\frac{V_3}{V_4}}{\frac{m}{M}T_1\ln\frac{V_2}{V_1}} = 1 - \frac{T_2\ln\frac{V_3}{V_4}}{T_1\ln\frac{V_2}{V_1}}.$$

过程 bc 和 da 是绝热过程，有

$$T_1 V_2^{\gamma-1} = T_2 V_3^{\gamma-1}, \quad T_2 V_4^{\gamma-1} = T_1 V_1^{\gamma-1},$$

即

$$\left(\frac{V_2}{V_3}\right)^{\gamma-1} = \frac{T_2}{T_1} = \left(\frac{V_1}{V_4}\right)^{\gamma-1}, \quad \frac{V_2}{V_1} = \frac{V_3}{V_4}.$$

因此

$$\eta_C = 1 - \frac{T_2}{T_1}. \qquad (13.3.3)$$

式(13.3.3)仅对卡诺循环成立。

卡诺循环中能量交换与转化的关系如图 13.15 所示。

卡诺循环是一种理想循环，它指出了提高热机效率的途径。提高热机效率的有效方法是降低低温热源的温度，提高高温热源的温度。在工程实际中，由于降低低温热源的温度受到环境的限制，故通常采用适当提高高温热源的温度的方法来提高热机效率。

由于低温热源的温度不可能为绝对零度，高温热源温度不可能为无穷大，故热机效率不可能达到 100%。实际中的热能转换系统存在漏气、摩擦、散热等不可逆能量耗散，也影响了热机效率。

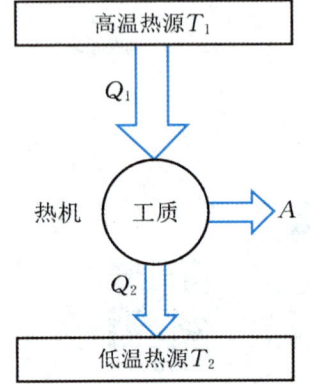

图 13.15 卡诺热机工作示意图

例 13.3.1 设高温热源的温度为 25 ℃，低温热源的温度为 5 ℃。若热机在最大理论效率下工作时对外界做的功为 1 MJ，它将排出多少废热？

解 最大理论效率是卡诺循环的热机效率 η_C，即

$$\eta_C = 1 - \frac{T_2}{T_1} = 1 - \frac{5+273.15}{25+273.15} \approx 6.7\%.$$

又因为 $\eta_C = 1 - \frac{|Q_2|}{Q_1} = 1 - \frac{|Q_2|}{A+|Q_2|}$，所以

$$|Q_2| = \frac{A(1-\eta_C)}{\eta_C} = \frac{10^6 \times (1-0.067)}{0.067} \text{ J} \approx 1.4 \times 10^7 \text{ J},$$

即排出废热 14 MJ。

例 13.3.2 刚性双原子分子理想气体做如图 13.16 所示循环，其中状态 $c \to a$ 为等温过程，$a \to b$ 为等压过程，$b \to c$ 为等容过程。已知 $p_a = 4.15 \times 10^5$ Pa，$V_a = 2 \times 10^{-2}$ m³，$V_b = 3 \times 10^{-2}$ m³，求：

(1) 各分过程中的热量、内能增量及对外界做的功；
(2) 循环效率。

解 (1) 状态 $a \to b$ 为等压过程，于是

$$A_{ab} = p_a(V_b - V_a) = 4.15 \times 10^3 \text{ J},$$

$$Q_{ab} = \frac{m}{M}C_{p,m}(T_b - T_a) = \frac{m}{M}\frac{7}{2}R(T_b - T_a).$$

由理想气体状态方程可知

$$\frac{m}{M}RT_b = p_aV_b, \quad \frac{m}{M}RT_a = p_aV_a,$$

故有

$$Q_{ab} = \frac{7}{2}p_a(V_b - V_a) = \frac{7}{2}A_{ab} \approx 1.45 \times 10^4 \text{ J} > 0 \quad (\text{吸热}).$$

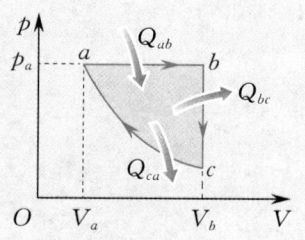

图 13.16

由热力学第一定律,有

$$\Delta E_{ab} = Q_{ab} - A_{ab} \approx 1.04 \times 10^4 \text{ J}.$$

状态 $b \to c$ 为等容过程,于是

$$A_{bc} = 0,$$

$$Q_{bc} = \Delta E_{bc} = \frac{m}{M}C_{V,m}(T_c - T_b) = \frac{m}{M}\frac{5}{2}R(T_a - T_b)$$

$$= \frac{5}{2}p_a(V_a - V_b) \approx -1.04 \times 10^4 \text{ J} \quad (\text{放热}).$$

状态 $c \to a$ 为等温过程,于是

$$\Delta E_{ca} = 0,$$

$$Q_{ca} = A_{ca} = \frac{m}{M}RT_a \ln\frac{V_a}{V_b} = p_aV_a \ln\frac{V_a}{V_b} \approx -3.37 \times 10^3 \text{ J} \quad (\text{放热}).$$

(2) 在整个循环中,系统从外界吸热为

$$Q_1 = Q_{ab} \approx 1.45 \times 10^4 \text{ J},$$

系统向外界放热为

$$Q_2 = Q_{bc} + Q_{ca} \approx -1.38 \times 10^4 \text{ J},$$

故循环效率为

$$\eta = 1 - \frac{|Q_2|}{Q_1} \approx 4.8\%.$$

13.4 热力学第二定律

热力学第一定律指出,在一切热力学过程中,能量一定守恒.但对于过程进行的方向没给出任何限制.热力学第二定律是关于自然界过程自发进行方向的规律,是自然界的一条基本规律.

13.4.1 可逆过程与不可逆过程

自然界自发进行的过程是有方向性的.两个有温差的物体接触,热量只能自动从高温物体传递给低温物体,反向则不能自发进行;两种气体可以自发地混合成为一体,两种气体的混合物却不能自发地分离成两种气体.

上述例子说明,一个系统可以从某一初态自发地进行到另一状态,而逆过程则要外界付出代价,不能自发地进行.系统的逆过程对外界产生了不能消除的影响.

系统由某一初态出发经历一个过程到达末态,如果存在另一过程,它能使系统和外界完全复原,即系统回到原来的状态,同时消除了系统对外界引起的一切影响,则原来的过程称为**可逆过程**;反之,如果用任何方法都不能使系统和外界完全复原,则原来的过程称为**不可逆过程**.

一般来说,只有理想的无耗散准静态过程是可逆的,而无耗散的准静态过程是一个理想的过程,是不存在的.

由可逆过程组成的循环过程称为**可逆循环**,其中只要有一段是不可逆的,就是**不可逆循环**.

人们在实践的基础上总结出**热力学第二定律**:自然界的一切自发过程都是有方向性的,是不可逆的.

历史上有人曾试图设计一种热机,它只从单一热源吸收热量,并将热量全部用来做功,不会向低温热源放热.例如,它能从空气或海洋中吸收热量,并将这些热量全部转变为功,不向低温热源放热,因而 $Q_2 = 0$, $Q_1 = A$, $\eta = 100\%$.由于空气和海洋可被吸收的热量极多,这种热机事实上起到了永动机的作用,称为**第二类永动机**.它并不违反热力学第一定律,即不违反能量守恒定律,但实践证明,第二类永动机是不可能实现的,且得到以下结论:**不可能从单一热源吸收热量,使之完全变为有用功而不产生其他影响**.这就是热力学第二定律的**开尔文(Kelvin)表述**.例如,在热机的正循环中,它从高温热源吸收热量 Q_1,一部分用来对外界做功 A,另一部分向低温热源放出热量 Q_2.

开尔文表述并不是笼统地否定自然界中能发生从单一热源吸热做功的现象.它所否定的只是那些在不产生其他影响(不引起其他变化)的情况下,所发生的从单一热源吸热做功的过程.实际上,理想气体等温膨胀就是一种从单一热源吸热并全部转变为功的过程.不过这一过程却产生了其他的影响,即理想气体发生了膨胀.可见,并不是热量不能完全转变为功,而是在不产生其他影响的情况下将热量全部转变为功是不可能的.

热力学第二定律有许多不同的等价表述形式,其中典型的表述除开尔文表述外,还有**克劳修斯表述**:**不可能把热量从低温物体传递到高温物体而不引起其他变化**.换句话说,**热量不能自发地从低温物体传递到高温物体**.例如,在致冷机的逆循环中,外界对系统做功才能使系统从低温热源吸收热量传递给高温热源.

克劳修斯表述并不是笼统地否定自然界中能发生将热量从低温物体传递给高温物体的现象. 它所否定的只是在不引起其他变化的情况下发生将热量从低温物体传递给高温物体的过程. 事实上, 致冷机就是将热量从低温物体传递给高温物体. 不过这一过程却引起了其他的变化, 那就是外界做的功转变成了热量, 外界的状态发生了不可逆变化. 因此, 致冷机的过程不违反热力学第二定律.

上述两种表述都是和过程的不可逆性联系在一起的. 前者揭示了功热转换的不可逆性, 后者揭示了热传导过程的不可逆性. 需要再次指出的是, 这两种表述中的"不引起其他变化""不产生其他影响", 其实质都是不可逆过程定义中的系统和外界都恢复原状的同义语.

热力学第一定律指出了自然界能量转化的数量关系; 热力学第二定律指出了自然界能量转化过程进行的方向, 说明了满足能量守恒的过程并不一定都能实现. 这两条定律互不抵触, 也不相互包含, 是两条独立的定律.

开尔文表述和克劳修斯表述是完全等价的, 可以用反证法予以证明. 如果克劳修斯表述不成立, 则开尔文表述也不成立; 反之, 如果开尔文表述不成立, 则克劳修斯表述也不成立.

如图 13.17 所示, 假设有一部热机甲, 从高温热源吸热 Q_1 全部变为功 $A = Q_1$, 用这个功驱动一部致冷机乙, 使它从低温热源吸收热量 Q_2, 向高温热源放热 $Q_1 + Q_2$. 这两部机器联合的总效果是: 高温热源净得热量 Q_2, 低温热源放出热量 Q_2, 即热量 Q_2 自发地从低温热源传递给了高温热源. 这违反了热力学第二定律的克劳修斯表述. 因此, 如果开尔文表述不成立, 那么克劳修斯表述也不成立.

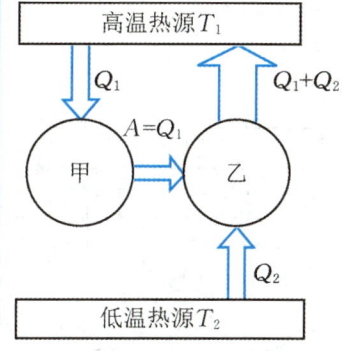

图 13.17　开尔文表述与克劳修斯表述的等价性

如图 13.18 所示, 假设热量 Q_2 可以通过某种方式由低温热源传递给高温热源而不产生其他影响, 使一个卡诺热机工作于高温热源 T_1 和低温热源 T_2 之间, 在一次循环中从高温热源吸热 Q_1, 向低温热源放热 Q_2, 对外做功 $A = Q_1 - |Q_2|$. 这种卡诺热机不违反热力学第一定律和热力学第二定律, 是可以实现的. 对于整个系统, 总的结果是: 低温热源没有任何变化, 只是从单一的高温热源处吸收热量 $Q_1 - |Q_2|$, 使之全部转化为对外界做功, 这违反了热力学第二定律的开尔文表述. 这就说明, 如果克劳修斯表述不成立, 那么开尔文表述也不成立.

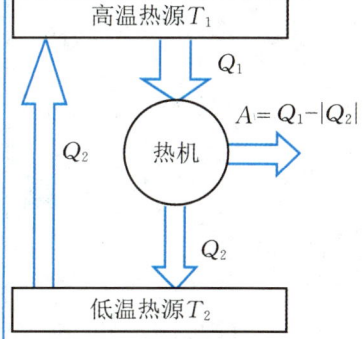

图 13.18　克劳修斯表述与开尔文表述的等价性

从两种表述的等价性的证明中可以看到, 自然界中各种不可逆过程都是相互关联的, 可以利用各种各样曲折复杂的方法把两个不同的不可逆过程联系起来, 从一个过程的不可逆性证明另一个过程的不可逆性. 不论热力学第二定律具体表述如何, 它的本质在于: 一切与热现象有关的实际宏观过程都是不可逆的.

13.4.2 卡诺定理

在研究提高热机效率的过程中,卡诺提出了具有理论和实际意义的卡诺定理,表述如下:

(1) 在相同的高温热源和相同的低温热源之间工作的一切可逆热机(做可逆循环的热机),其效率都相等,与工质无关;

(2) 在相同的高温热源和相同的低温热源之间工作的一切不可逆热机(做不可逆循环的热机),其效率都不大于可逆热机的效率.

可逆卡诺循环的效率 $\left(\eta_C = 1 - \dfrac{T_2}{T_1}\right)$ 是一切实际热机效率的上限,它指出了提高热机效率的方法. 为了提高热机效率,应尽量使实际过程接近可逆过程,减小摩擦、漏气、热损失等;应提高高温热源的温度,降低低温热源的温度,在实际工作中,主要是提高高温热源的温度.

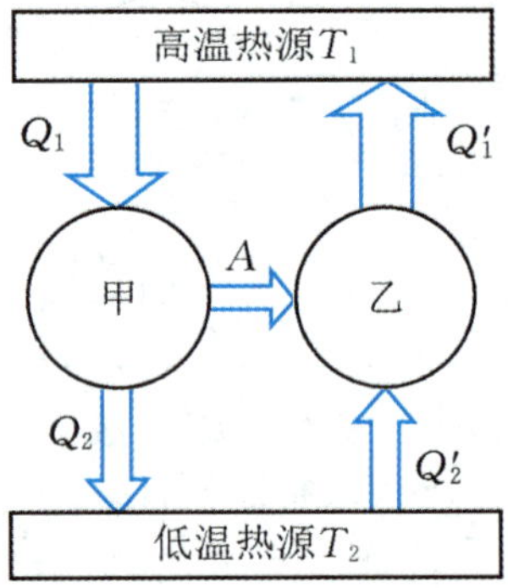

利用热力学第二定律可证明卡诺定理中的(1). 设在高温热源 T_1 和低温热源 T_2 之间有甲、乙两部可逆的卡诺热机,如图 13.19 所示. 卡诺热机甲在做正循环时,从高温热源吸热 Q_1,向低温热源放热 Q_2,对外界做功,驱动卡诺热机乙做逆循环. 设两热机工质不同,且 $\eta_甲 > \eta_乙$,则

$$\dfrac{Q_1 - |Q_2|}{Q_1} > \dfrac{|Q_1'| - Q_2'}{|Q_1'|}, \quad (13.4.1)$$

$$Q_1 - |Q_2| = |Q_1'| - Q_2'. \quad (13.4.2)$$

比较式(13.4.1)和(13.4.2),可得

$$Q_1 < |Q_1'|, \quad |Q_2| < Q_2'.$$

甲、乙两热机作为联合机使用,该联合机做一次循环时,工质恢复原状,外界除热量 $Q_2' - |Q_2|$ 自发地从低温热源传递给高温热源外,无其他影响. 这显然是违反热力学第二定律的,故 $\eta_甲$ 不能大于 $\eta_乙$. 同样,$\eta_甲$ 不能小于 $\eta_乙$. 因此,可以确认 $\eta_甲 = \eta_乙$.

*13.4.3 熵和熵增加原理

热力学第二定律说明自然界中一切与热现象有关的过程都是有方向的,是不可逆的,而判断不可逆过程进行的方向和限度的标准可用状态函数熵.

1. 克劳修斯等式

在工作于高温热源 T_1 和低温热源 T_2 间的可逆卡诺循环中,工质从高温热源吸热 Q_1,向低温热源放热 Q_2,则有

$$\dfrac{|Q_2|}{Q_1} = \dfrac{T_2}{T_1},$$

图 13.19 卡诺定理证明

即
$$\frac{Q_1}{T_1} - \frac{|Q_2|}{T_2} = 0.$$

由于吸热为正,放热为负,考虑到 Q_2 自身的符号,可将上式改写为

$$\frac{Q_1}{T_1} + \frac{Q_2}{T_2} = 0. \quad (13.4.3)$$

式(13.4.3)表明,在整个可逆卡诺循环中,热量和温度之比的和为零.

一个任意可逆循环可看成由许多个可逆卡诺循环之和组成,即克劳修斯分割,如图 13.20 所示,其中相邻的两个可逆卡诺循环中的两个相邻的绝热过程的功等值且异号,总效果是系统与外界无功的交换. 对于每一个微小的可逆卡诺循环,都具有式(13.4.3)的关系,故对于被分割成 n 个微小的可逆卡诺循环的任意可逆循环来说,有

$$\sum_i^n \frac{\Delta Q_i}{T_i} = 0. \quad (13.4.4)$$

令 $n \to \infty$,式(13.4.4)成为

$$\oint \frac{\mathrm{d}Q}{T} = 0. \quad (13.4.5)$$

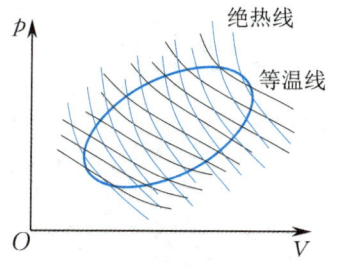

图 13.20 任意可逆循环的克劳修斯分割

式(13.4.5)称为**克劳修斯等式**,它表明,对任意可逆循环,$\frac{\mathrm{d}Q}{T}$ 的积分值为零.

2. 熵

在如图 13.21 所示的可逆循环中,有 A, B 两个状态,将可逆循环分为 $A1B$ 和 $B2A$ 两个可逆过程. 根据克劳修斯等式,有

$$\oint \frac{\mathrm{d}Q}{T} = \int_{A1B} \frac{\mathrm{d}Q}{T} + \int_{B2A} \frac{\mathrm{d}Q}{T} = 0.$$

两个过程是可逆的,即

$$\int_{B2A} \frac{\mathrm{d}Q}{T} = -\int_{A2B} \frac{\mathrm{d}Q}{T},$$

因此

$$\int_{A1B} \frac{\mathrm{d}Q}{T} = \int_{A2B} \frac{\mathrm{d}Q}{T}.$$

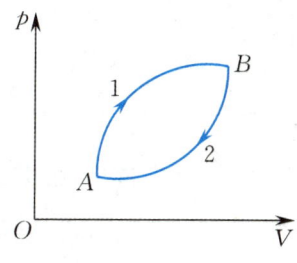

图 13.21 可逆循环

由此可知,系统从状态 A 到状态 B,$\frac{\mathrm{d}Q}{T}$ 的积分结果与过程无关,只取决于初末状态.

引入状态函数**熵** S,在可逆过程中,

$$S_B - S_A = \int_A^B \frac{\mathrm{d}Q}{T}. \quad (13.4.6)$$

式(13.4.6)称为**克劳修斯熵公式**. 从初态到末态的过程中,系统熵

的增量等于初末两个状态之间沿任意可逆过程 $\dfrac{\mathrm{d}Q}{T}$ 的积分. 对于无限小的可逆过程,有 $\mathrm{d}S = \dfrac{\mathrm{d}Q}{T}$. 若将热量 $\mathrm{d}Q = T\mathrm{d}S$ 代入热力学第一定律中,则有

$$TdS = dE + pdV. \tag{13.4.7}$$

式(13.4.7)是综合了热力学第一定律和热力学第二定律的微分方程,称为热力学基本关系或热力学定律的基本微分方程.

3. 熵增加原理

对于卡诺热机,其效率为

$$\eta = 1 - \dfrac{|Q_2|}{Q_1} \leqslant 1 - \dfrac{T_2}{T_1}.$$

上式中等号对应可逆循环. 因吸热为正,放热为负,上式可改写为

$$\dfrac{Q_1}{T_1} + \dfrac{Q_2}{T_2} \leqslant 0.$$

对于任意循环,可认为是由许多个微小的卡诺循环构成的,因此

$$\oint \dfrac{\mathrm{d}Q}{T} \leqslant 0, \tag{13.4.8}$$

式中等号对应可逆循环,不等号对应不可逆循环. 式(13.4.8)称为**克劳修斯不等式**.

如图13.22所示的循环,从状态 A 到状态 B 经历一可逆过程,由状态 B 至状态 A 经历一不可逆过程,显然,该循环过程是一个不可逆循环过程. 根据式(13.4.8),有

$$\int_A^B \dfrac{\mathrm{d}Q}{T} + \int_B^A \dfrac{\mathrm{d}Q}{T} \leqslant 0.$$

根据式(13.4.6),上式改写为

$$\int_B^A \dfrac{\mathrm{d}Q}{T} \leqslant S_A - S_B, \tag{13.4.9}$$

式中等号对应可逆过程,不等号对应不可逆过程. 对微小过程,有

$$\mathrm{d}S \geqslant \dfrac{\mathrm{d}Q}{T}. \tag{13.4.10}$$

对于绝热过程,有

$$\Delta S = S_2 - S_1 \geqslant 0, \tag{13.4.11}$$

此式是**熵增加原理**的数学表达式. 它指出:**当孤立的热力学系统从一平衡态到达另一平衡态时,它的熵永不减少**. 如果过程是可逆的,则熵不变;如果过程是不可逆的,则熵增加.

孤立系统与外界没有热量的交换,孤立系统内部自发进行的过程必是不可逆过程,将导致熵增加. 当孤立系统达到平衡态时,熵具有极大值.

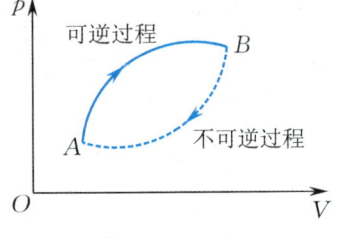

图 13.22 可逆和不可逆过程

> **例 13.4.1** 1 kg 的水初始温度为 20 ℃,与 100 ℃ 的热源接触,使水温达到 100 ℃. 已知水的比热容为 $c_{水} = 4.18 \times 10^3$ J/(kg·K),求水的熵增.
>
> **解** 水温升高的过程是不可逆过程. 为了便于计算,假设水吸热过程是无限缓慢的,可近似作为可逆过程. 水的熵增为
>
> $$\Delta S = \int_{T_1}^{T_2} \frac{\mathrm{d}Q}{T} = \int_{T_1}^{T_2} mc_{水} \frac{\mathrm{d}T}{T} = mc_{水} \int_{T_1}^{T_2} \frac{\mathrm{d}T}{T} = mc_{水} \ln \frac{T_2}{T_1}$$
> $$= 1 \times 4.18 \times 10^3 \times \ln \frac{273.15 + 100}{273.15 + 20} \text{ J/K} \approx 1.01 \times 10^3 \text{ J/K}.$$
>
> 结果表明,水的熵是增加的.

4. 温熵图

温熵图是以 T, S 两个状态参量为坐标轴建立的平面图像,图上任意一点表示系统的一个平衡态,任意一条曲线表示一个可逆过程,如图 13.23 所示. 过程曲线与 S 轴所围面积代表该过程中系统吸收的热量. 可逆循环过程在 T-S 图中用闭合曲线表示(见图 13.24). 对于可逆卡诺循环,在 T-S 图中是两邻边分别平行于 T 轴和 S 轴的矩形,如图 13.25 所示.

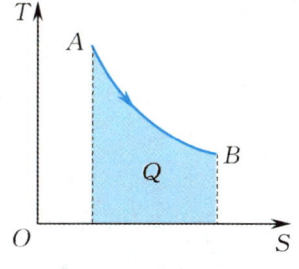

图 13.23 可逆过程的 T-S 图

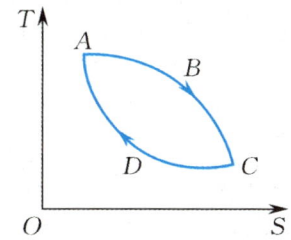

图 13.24 可逆循环的 T-S 图

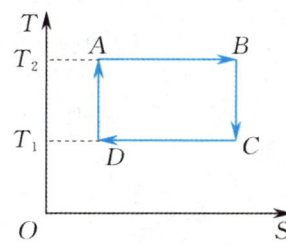

图 13.25 可逆卡诺循环的 T-S 图

13.4.4 热力学第二定律的统计意义

热力学第二定律指出,一切与热现象有关的实际宏观过程都是不可逆的. 热现象是大量分子无规则热运动的结果,服从统计规律.

1. 理想气体自由膨胀不可逆性的统计意义

以理想气体自由膨胀为例,如图 13.26 所示的容器,用隔板将容器分成 A,B 两室,A 室储有气体,B 室为真空. 抽开隔板后,分析气体分子的分布情况. 设容器中有 a,b 两个分子,它们在 A,B 两室的位置分布如表 13.1 所示.

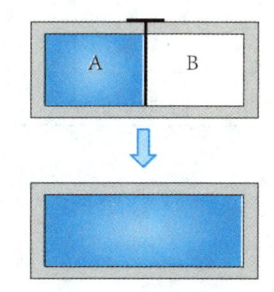

图 13.26 理想气体自由膨胀

表 13.1　两个分子的位置分布

微观状态		宏观状态	宏观状态对应的微观状态数 Ω	所有分子位于 A 室的概率	A,B 两室分子数均等时的概率
A 室	B 室				
a	b	A 室 1　B 室 1	2	$\dfrac{1}{4}=\dfrac{1}{2^2}$	$\dfrac{1}{2}$
b	a				
a,b	0	A 室 2　B 室 0	1		
0	a,b	A 室 0　B 室 2	1		

所有分子位于 A 室的概率为 $\dfrac{1}{4}=\dfrac{1}{2^2}$，即两个分子退回到 A 室的概率为 $\dfrac{1}{2^2}$.

若容器中有 a,b,c 三个分子，在 A,B 两室的位置分布如表 13.2 所示.

表 13.2　三个分子的位置分布

微观状态		宏观状态	宏观状态对应的微观状态数 Ω	所有分子位于 A 室的概率
A 室	B 室			
a	b,c	A 室 1　B 室 2	3	$\dfrac{1}{8}=\dfrac{1}{2^3}$
b	a,c			
c	a,b			
a,b	c	A 室 2　B 室 1	3	
b,c	a			
a,c	b			
a,b,c	0	A 室 3　B 室 0	1	
0	a,b,c	A 室 0　B 室 3	1	

所有分子位于 A 室的概率为 $\dfrac{1}{8}=\dfrac{1}{2^3}$，即三个分子退回到 A 室的概率为 $\dfrac{1}{2^3}$.

若有 a,b,c,d 四个分子，则在 A,B 两室的位置分布如表 13.3 所示.

表 13.3　四个分子的位置分布

微观状态		宏观状态	宏观状态对应的微观状态数 Ω	所有分子位于 A 室的概率	A,B 两室分子数均等时的概率
A 室	B 室				
a,b,c,d	0	A室4　B室0	1	$\frac{1}{16}=\frac{1}{2^4}$	$\frac{3}{8}$
a,b,c	d	A室3　B室1	4		
b,c,d	a				
c,d,a	b				
d,a,b	c				
a,b	c,d	A室2　B室2	6		
a,c	b,d				
a,d	b,c				
b,c	a,d				
b,d	a,c				
c,d	a,b				
a	b,c,d	A室1　B室3	4		
b	a,c,d				
c	a,b,d				
d	a,b,c				
0	a,b,c,d	A室0　B室4	1		

所有分子位于 A 室的概率为 $\frac{1}{16}$，即所有分子退回到 A 室的概率为 $\frac{1}{2^4}$.

依此类推，如果容器中共有 N 个分子，则所有分子位于 A 室的概率为 $\frac{1}{2^N}$. 由于气体中的分子数 N 非常大，所有分子退回到 A 室的概率为 $\frac{1}{2^N} \approx 0$，即气体自动返回初态(仅占据 A 室)的过程是不可能自发进行的. 因此，理想气体自由膨胀的过程是一个不可逆过程. 自由膨胀的不可逆性实质上是反映了系统内部发生的过程总是由概率小的宏观状态向概率大的宏观状态进行，由包含微观状态数目少的宏观状态向包含微观状态数目多的宏观状态进行. 在孤立系统中进行的一切不可逆过程(如热传导、热功转化等)实质上是由概率较小的状态向概率较大的状态进行，由包含微观状态数目少的宏观状态向包含微观状态数目多的宏观状态进行. 这就是热力学第二定律的统计意义.

2. 热力学概率和玻尔兹曼熵公式

在统计物理中,与任意给定的宏观状态相对应的微观状态数,称为该宏观状态的**热力学概率**,用 Ω 表示. 对于孤立系统,平衡态对应的 Ω 为极大值. 当孤立系统处于非平衡态时,它将以非常大的概率向平衡态过渡. 热力学概率 Ω 是分子运动无序性的一种量度,Ω 值大,对应着分子均匀分布.

由于气体分子数 N 很大,一般热力学概率非常大. 为了便于理论上的处理,1877 年玻尔兹曼给出了

$$S \propto \ln \Omega.$$

1900 年,普朗克引入比例系数 k,即玻尔兹曼常量,上式写为

$$S = k \ln \Omega. \tag{13.4.12}$$

式(13.4.12)称为**玻尔兹曼熵公式**. 熵 S 的微观意义是系统内分子热运动的无序性的一种量度. 熵增加原理实际上指出:**孤立系统发生的一切自然过程总是沿着无序性增大的方向进行**.

3. 热力学第二定律的适用范围

热力学第二定律是适用于宏观过程的规律,它具有统计上的深刻意义. 若处理的事件数目(或粒子数)很大,则统计结果和观测结果相一致;若涉及的事件数目(或粒子数)小,就会有显著偏差. 热力学第二定律只有对大量分子组成的宏观系统才有意义,不能用于少量分子的集合体.

思考题

1. 功、热量和内能都是系统状态的单值函数,这种说法对吗?

2. 怎样区别内能和热量?物体的温度越高,其热量就越多吗?物体的温度越高,其内能就越大吗?

3. 讨论等容降压、等压压缩、绝热膨胀过程中 $\Delta E, A, Q$ 的符号.

4. 如图 13.27 所示,一定量的理想气体分别经历 abc, def 过程,试分析两过程是吸热还是放热.

5. 一条等温线和一条绝热线有可能相交两次吗?

6. 一条等温线和两条绝热线能否构成一个循环?

7. 从功能转换角度来讲,第二类永动机是一种什么形式的机器?违背了热力学中的哪条定律?

8. 不可逆过程就是不能逆向进行的过程,对吗?

9. 某人想设计一台可逆卡诺热机,循环一次可以从 400 K 的高温热源吸热 1 800 J,向 300 K 的低温热源放热 800 J,同时对外界做功 1 000 J. 试分析这一设想是否合理. 为什么?

10. 可逆卡诺热机的效率为 η,它逆向运转时便成为一台致冷机,该致冷机的致冷系数为 $w = \dfrac{T_2}{T_1 - T_2}$,指出 η 与 w 的关系.

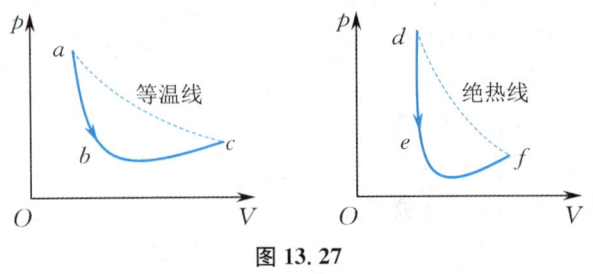

图 13.27

习题 13

1. 气体分子的质量可以根据该气体的定容比热容来计算. 已知氩气的定容比热容 $c_V = 0.314 \text{ kJ}/(\text{kg} \cdot \text{K})$，求氩原子的质量 m_0.

2. 1 mol 单原子理想气体从 300 K 加热到 350 K 的过程中，

(1) 气体体积保持不变；

(2) 气体压强保持不变，

在这两个过程中各吸收了多少热量？增加了多少内能？对外界做了多少功？

3. 压强为 1.0×10^5 Pa、体积为 $0.008\ 3 \text{ m}^3$ 的氮气从初始温度 300 K 加热到 400 K. 在加热过程中，

(1) 气体体积保持不变；

(2) 气体压强保持不变，

这两个过程中各需多少热量？哪一个过程所需的热量大？为什么？

4. 将 500 J 的热量传递给标准状态下 2 mol 的氢气.

(1) 若体积保持不变，氢气的温度变为多少？

(2) 若温度保持不变，氢气的压强及体积各变为多少？

(3) 若压强保持不变，氢气的温度及体积各变为多少？

5. 一定量的某种理想气体在等压过程中对外界做功 200 J，问：

(1) 若气体为单原子分子气体，该过程中需要吸热多少？

(2) 若气体为双原子分子气体，则需要吸热多少？

6. 1 mol 氢气在压强为 1.0×10^5 Pa、温度为 20 ℃ 时的体积为 V_0. 今使它经以下两种过程到达同一状态：

(1) 先保持体积不变，加热使其温度升高到 80 ℃，然后令它做等温膨胀，体积变为原体积的 2 倍；

(2) 先使它做等温膨胀至原体积的 2 倍，然后保持体积不变，加热使其温度升高到 80 ℃.

试分别计算以上两种过程中吸收的热量、气体对外界做的功和内能的增量.

7. 用绝热材料制成的一个容器，体积为 $2V_0$，被绝热板等分成 A，B 两部分，A 内储有 1 mol 单原子理想气体，B 内储有 2 mol 刚性双原子分子理想气体，A，B 两部分压强相等，均为 p_0. 求：

(1) 两种气体各自的内能 E_A 与 E_B；

(2) 抽去绝热板，两种气体混合后处于平衡态时的温度 T.

8. 如图 13.28 所示，bca 为理想气体绝热过程，$b1a$ 和 $b2a$ 是任意过程，试分析 $b1a$ 和 $b2a$ 两过程中气体做功与吸热的情况.

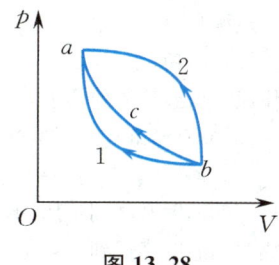

图 13.28

9. 气缸内有单原子分子理想气体，若绝热压缩使其体积减半，问气体分子的平均速率变为原来的几倍？若气体为双原子分子理想气体，又为几倍？

10. 高压容器中装有未知气体，可能是氮气或氩气. 在 298 K 时取出试样，使它的体积从 $5 \times 10^{-3} \text{ m}^3$ 绝热膨胀到 $6 \times 10^{-3} \text{ m}^3$，发现其温度降到了 277 K. 试判断容器中是什么气体.

11. 温度为 25 ℃、压强为 1 atm 的 1 mol 刚性双原子分子理想气体，经等温过程体积膨胀为原来的 3 倍.

(1) 计算该过程中气体对外界所做的功；

(2) 如果气体经绝热过程体积膨胀为原来的 3 倍，那么气体对外界做的功又是多少？

12. 一定量的理想气体，其压强按 $p = \dfrac{C}{V^2}$ 的规律变化，C 是常量. 求气体体积从 V_1 增加到 V_2 时系统对外界做的功. 该理想气体的温度是升高还是降低？

13. 如图 13.29 所示，绝热容器被绝热板等分为两部分，其中左边储有 1 mol 处于标准状态的氦气（视为理想气体），右边为真空. 现先把绝热板拉开，待气体处于平衡态后再缓慢向左推动活塞，把气体压缩到原来的体积. 问氦气的温度改变了多少？

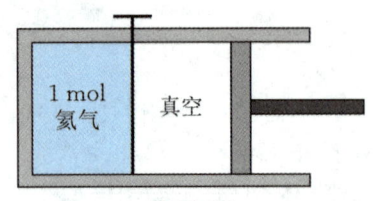

图 13.29

14. 1 mol 理想气体在 $T_1 = 400$ K 的高温热源与 $T_2 = 300$ K 的低温热源之间做可逆卡诺循环，在 400 K 的等温线上初态体积为 $V_1 = 0.001$ m³，末态体积为 $V_2 = 0.005$ m³，试求此气体在每一次循环中：

(1) 从高温热源吸收的热量；

(2) 气体所做的净功；

(3) 气体传递给低温热源的热量.

15. 一热机在 1 000 K 和 300 K 的两热源间工作. 如果

(1) 高温热源的温度升高到 1 100 K；

(2) 低温热源的温度降低到 200 K，

问理论上的热机效率各增加多少？为了提高热机效率，哪一种方案更好？

16. 一热机每秒从高温热源（$T_1 = 600$ K）吸收热量 $Q_1 = 3.34 \times 10^4$ J，做功后向低温热源（$T_2 = 300$ K）放出热量 $Q_2 = -2.09 \times 10^4$ J.

(1) 问它的热机效率是多少？它是不是可逆机？

(2) 尽可能地提高热机效率，若每秒从高温热源吸热 3.34×10^4 J 时，最多能做多少功？

17. 奥托(Otto)循环(小汽车、摩托车汽油机的循环模型) 如图 13.30 所示，ab 和 cd 为绝热过程，bc 和 da 为等容过程. 用 T_1, T_2, T_3, T_4 分别代表 a 状态、b 状态、c 状态、d 状态的温度. 若已知温度 T_1 和 T_2，求此循环的效率，判断此循环是否为卡诺循环.

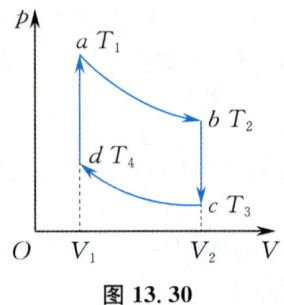

图 13.30

第 13 章阅读材料

第 5 篇

近代物理基础

1900 年 4 月 27 日,英国物理学家开尔文在英国皇家学会中指出,"物理学大厦"已基本完工,今后的工作只需修修补补,只是在"以太"理论及"黑体辐射"问题上,理论与实验还不一致,这是物理学晴朗的天空上出现的"两朵乌云".

1900 年 12 月,德国物理学家普朗克提出了革命性的"能量子"概念,并完满地解决了黑体辐射问题. 之后,经薛定谔(Schrödinger)、德布罗意(de Broglie)、玻恩(Born)、海森伯(Heisenberg)等人的共同努力,建立了研究微观粒子的新理论——量子力学.

爱因斯坦和英费尔德(Infeld)在《物理学的进化》一书中谈道:"相对论的兴起是由于实际需要,是由于旧理论中的矛盾非常严重和深刻,而看来旧理论已经没法避免这些矛盾了." 相对论并不是某个人或者某几个天才学者的自由创造. 从光的波动理论建立初期到 1905 年,物理学家对"以太"探寻了两个世纪之久. 正是在许多物理学家工作的基础之上,爱因斯坦才最终在 1905 年创立了狭义相对论,解除了"以太"的困惑. 1915 年,爱因斯坦又提出了广义相对论. 本书只介绍狭义相对论.

量子力学研究原子尺度范围内微观粒子的运动规律及物质的微观结构. 微观粒子的波粒二象性揭示了微观粒子与经典粒子的性质有着根本性的差别. 许多物理学理论和分支(如原子物理学、原子核物理学和凝聚态物理学)都是以量子力学为基础进行研究的. 量子力学统一解释了原子和分子的各种光谱、元素周期表、各种分子键以及各种物性.它推动了物理、化学甚至生物学的统一,但是它不能处理粒子的产生、湮灭等现象.

相对论与量子力学是20世纪物理学理论的两大革命,前者大大改变了我们的时空观,后者使人类开始认识到物质的微观结构.从20世纪20年代末开始,相对论和量子力学相结合又产生了相对论量子力学和量子场论.迄今为止,它们一直是探寻微观世界物理规律的强有力工具.

第 14 章 狭义相对论基础

形成于 17 世纪的理论力学对解决宏观物体的低速(远小于光速 c)运动卓有成效,并在其后的两个多世纪里对科学和技术的发展起了很大的作用,同时自身也得到了极大的发展,在物理学中占据了统治地位.然而进入 20 世纪后,物理学开始深入到微观高速领域,理论力学中的许多概念和结论不再适用.物理学的发展要求理论力学以及某些不言自明的基本概念做出根本性的改革.这些改革在 20 世纪初终于实现了,那就是相对论和量子力学的建立.

相对论是在研究传播电磁场的介质——"以太"的存在问题时产生的,但是相对论的成就远远超出电磁场理论的范围.1905 年,爱因斯坦在德国《物理学年鉴》发表《论动体的电动力学》一文,创立了狭义相对论.他摆脱传统观念的束缚,以严密、科学的分析揭示了时间和空间的相对性以及时空的统一性,建立了新的时空观,给出了在惯性系中高速运动物体的力学规律,揭示了质量和能量的内在联系,给出的质能关系不仅为原子核物理学的发展和应用提供了依据,而且为量子力学的建立和发展创造了必要的条件,从而开辟了物理学的新纪元.1915 年,爱因斯坦又把它扩大到非惯性系中,开始了有关万有引力本质的探索,发展成广义相对论,从而建立了完善的引力理论.他的关于光在引力作用下发生弯曲的预言,在 1919 年被英国天文学家证实时轰动了全世界.目前,相对论在天体物理、原子核物理和粒子物理等领域中得到了广泛的应用,成为现代物理学以及现代工程技术不可缺少的理论基础.

尽管相对论的一些概念和结论与人们的日常经验大相径庭,但它在物理学上是那样的合理、和谐.狭义相对论在狭义相对性原理的基础上统一了经典力学和麦克斯韦电动力学两个体系,指出它们都服从狭义相对性原理,都是对洛伦兹变换协变的,经典力学只不过是物体在低速运动下的近似规律.广义相对论又在广义协变的基础上,通过等效原理,建立了局域惯性系与普遍参考系之间的关系,得到了所有物理规律的广义协变形式,并建立了广义协变的引力理论,而万有引力定律只是它的一级近似.这就从根本上解决了以前物理学只限于惯性系的问题.相对论严格地考察了时间、空间、物质和运动这些物理学的基本概念,给出了科学而系统的时空观和物质观,从而使物理学在逻辑上成为完美的科学体系.在本章中,我们只对狭义相对论做简单介绍.

14.1 伽利略相对性原理

力学研究物体的机械运动.为了定量地描述物体的运动状态,

必须选取合适的参考系,许多力学概念,如速度、加速度、动量、角动量等,以及力学规律都是对一定的参考系才有意义.在处理实际问题时,可以根据不同的问题选取不同的参考系.而相对于所选的参考系分析物体的运动时,都要应用基本的力学定律.这就出现了力学应该回答的第一个基本问题:对于不同的参考系,力学定律的形式是否一样?即所有的参考系是否等价?又因为运动是物体的位置随时间的变化,所以无论是对运动的描述还是对运动定律的应用,都离不开长度和时间的测量.这就出现了力学应该回答的第二个基本问题:相对于不同的参考系,长度和时间的测量结果是否一样?即时空是否绝对?物理学对这两个基本问题的回答经历了从经典力学到相对论的发展.下面先说明经典力学是怎样回答这两个基本问题的,然后再看狭义相对论的基本观点.

14.1.1　伽利略相对性原理

　　对于上面的第一个基本问题,经典力学的回答是:对于一切惯性系,牛顿运动定律都是成立的.也就是说,对于不同的惯性系,力学定律的数学表达式一样,故一切惯性系都是等价的.因此,在任意惯性系中观察,同一力学现象将按同样的形式发生和演变.这个结论称为**伽利略相对性原理**,也称**伽利略不变性**.这个思想首先是由伽利略表述的.早在1632年,在宣扬哥白尼(Kopernik)的日心说时,他曾以一个封闭的船舱内所发生的现象做比喻,生动地描绘一条以任意速度前进的船,只要船的运动是匀速的,且不发生摆动,则无法确定船是运动的还是静止的.当你在船板上跳跃时,你所通过的距离和你在一条静止的船上跳跃时所通过的距离完全相同.当你扔东西给你的同伴时,不论他在船头你在船尾,还是他在船尾你在船头,你所用的力是一样的.从挂在天花板下的水杯里滴下的水滴,将竖直地落在地板上,没有任何一滴水偏向船尾,虽然当水滴尚在空中时,船在向前走.无独有偶,伽利略相对性原理的思想,在我国古籍中也有记述,成书于汉代(比伽利略要早一千多年)的《尚书纬·考灵曜》中有:"地恒动不止而人不知,譬如人在大舟中,闭牖而坐,舟行而不觉也."

　　可见,在匀速直线运动的大船内观察到的任何力学现象,都不能判断船本身的运动.只有打开舷窗向外看,当看到岸上灯塔的位置相对于船在不断地变化时,才能判定船相对于地面是在运动的,并由此确定航速.即使这样,也只能做出相对运动的结论,确定两个惯性系的相对运动速度,并不能肯定"究竟"是地面在运动,还是船在运动.由此可见,不存在特殊的、绝对静止的惯性系.这是伽利略相对性原理的又一结论.

14.1.2 牛顿的绝对时空观

关于空间和时间的问题，牛顿提出了绝对空间和绝对时间的概念. 所谓**绝对空间**，是指长度的量度与参考系无关；**绝对时间**，是指时间的量度与参考系无关. 也就是说，同样两点间的距离或同样两个事件之间的时间间隔，无论在哪个参考系中测量都是一样的. 因此，牛顿的绝对时空观认为：

(1) 空间是一种容纳运动物质的"容器"，且与其容纳的物质完全无关，是独立存在、永恒不变和绝对静止的，因此空间的量度是与参考系无关且绝对不变的.

(2) 时间与物质的运动无关，是永恒、均匀流逝着的，因此对不同的参考系，应当有相同的时间 ($t = t'$). 同时是绝对的，一个事件持续的时间是绝对的.

(3) 时间和空间彼此独立、互不相关，且不受物质运动的影响.

牛顿的这种绝对时空观是一般人对空间和时间概念的理论总结，与伽利略相对性原理有直接的关系，由伽利略变换来定量描述.

14.2 伽利略变换与经典力学的困难

14.2.1 伽利略变换

如图 14.1 所示，考虑两个相对做匀速直线运动的惯性系 S 和 S'，为简化计算，设两者对应坐标轴相互平行，且 x 轴和 x' 轴方向相同且重合，S' 系相对于 S 系沿 x 轴正方向做速度为 u 的匀速直线运动. 在 S 系和 S' 系中，分别固定两个时钟，用来确定空间中发生的事件在各自惯性系中相应的时刻，两坐标系的坐标原点 O' 与 O 重合时开始计时.

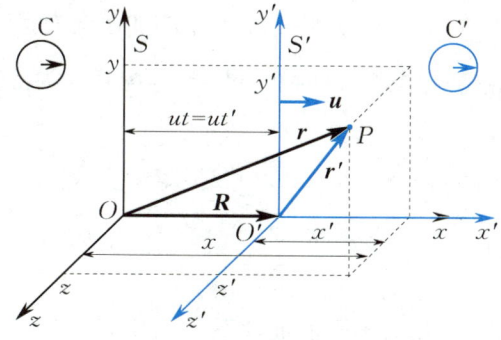

图 14.1　伽利略坐标变换

设想某一时刻，在 P 点发生了某一事件，这个事件在两个惯性系 S 和 S' 中的时空坐标分别为 (x,y,z,t) 和 (x',y',z',t')，它们是在两个不同的惯性系中对同一事件的描述。根据时间和空间测量的绝对性，可得两个惯性系 S 和 S' 之间的时空坐标的关系为

$$\begin{cases} x' = x - ut, \\ y' = y, \\ z' = z, \\ t' = t \end{cases} \quad 或 \quad \begin{cases} x = x' + ut', \\ y = y', \\ z = z', \\ t = t'. \end{cases} \quad (14.2.1)$$

这个关系式称为**伽利略坐标变换式**。

在图 14.1 中，如果 P 点在空间运动，要得到它在 S 系和 S' 系中的速度 $v = \dfrac{\mathrm{d}r}{\mathrm{d}t}$ 与 $v' = \dfrac{\mathrm{d}r'}{\mathrm{d}t'}$ 之间的关系，只需将式(14.2.1)对时间 t 求导，可得

$$\begin{cases} \dfrac{\mathrm{d}x'}{\mathrm{d}t'} = \dfrac{\mathrm{d}x}{\mathrm{d}t} - u, \\ \dfrac{\mathrm{d}y'}{\mathrm{d}t'} = \dfrac{\mathrm{d}y}{\mathrm{d}t}, \\ \dfrac{\mathrm{d}z'}{\mathrm{d}t'} = \dfrac{\mathrm{d}z}{\mathrm{d}t} \end{cases} \quad 或 \quad \begin{cases} \dfrac{\mathrm{d}x}{\mathrm{d}t} = \dfrac{\mathrm{d}x'}{\mathrm{d}t'} + u, \\ \dfrac{\mathrm{d}y}{\mathrm{d}t} = \dfrac{\mathrm{d}y'}{\mathrm{d}t'}, \\ \dfrac{\mathrm{d}z}{\mathrm{d}t} = \dfrac{\mathrm{d}z'}{\mathrm{d}t'}, \end{cases}$$

即

$$\begin{cases} v'_x = v_x - u, \\ v'_y = v_y, \\ v'_z = v_z \end{cases} \quad 或 \quad \begin{cases} v_x = v'_x + u, \\ v_y = v'_y, \\ v_z = v'_z, \end{cases} \quad (14.2.2)$$

式中 v'_x, v'_y, v'_z 是 P 点相对于 S' 系的速度分量；v_x, v_y, v_z 是 P 点相对于 S 系的速度分量。式(14.2.2) 称为**伽利略速度变换式**，其矢量形式为

$$\boldsymbol{v}' = \boldsymbol{v} - \boldsymbol{u} \quad 或 \quad \boldsymbol{v} = \boldsymbol{v}' + \boldsymbol{u}, \quad (14.2.3)$$

式中 $\boldsymbol{v}'$ 为 P 点相对于 S' 系的速度，$\boldsymbol{v}$ 为 P 点相对于 S 系的速度，$\boldsymbol{u}$ 为 S' 系相对于 S 系的速度。这正是经典力学的速度变换式。

进一步考察 P 点的加速度。P 点相对于 S' 系的加速度为 $\boldsymbol{a}' = \dfrac{\mathrm{d}\boldsymbol{v}'}{\mathrm{d}t'}$，分量为 (a'_x, a'_y, a'_z)；P 点相对于 S 系的加速度为 $\boldsymbol{a} = \dfrac{\mathrm{d}\boldsymbol{v}}{\mathrm{d}t}$，分量为 (a_x, a_y, a_z)。将式(14.2.2)对时间 t 求导，考虑到 u 为常量，便可得

$$\begin{cases} a'_x = a_x, \\ a'_y = a_y, \\ a'_z = a_z, \end{cases} \quad (14.2.4)$$

其矢量形式为

$$\boldsymbol{a}' = \boldsymbol{a}. \quad (14.2.5)$$

式(14.2.5)表明，相对不同的惯性系 S 和 S'，质点的加速度是相同的。也就是说，对于不同的惯性系而言，加速度对伽利略变换有不

变性. 同时由于在经典力学中, 质点的质量与运动状态无关, 也就是说对于不同的惯性系, 质点有相同的质量 ($m = m'$, 即绝对质量), 而且在不同的惯性系中, 质点受到的合外力也是相同的 ($\boldsymbol{F} = \boldsymbol{F}'$), 因此在惯性系中, 牛顿运动定律的形式是相同的, 牛顿运动方程对伽利略变换是不变的, 即

$$\boldsymbol{F} = m\boldsymbol{a}, \quad \boldsymbol{F}' = m'\boldsymbol{a}'.$$

综上, 牛顿的绝对时空观认为, 存在一个绝对静止的惯性系. 而伽利略相对性原理又认为, 用任何力学方法都找不到这个绝对静止的惯性系, 即一切惯性系都是等价的. 在这里已充分暴露出经典力学的理论不自洽.

14.2.2 经典力学的困难

爱因斯坦说: "相对论的兴起是由于实际需要, 是由于旧理论中的矛盾非常严重和深刻, 而看来旧理论已经没法避免这些矛盾."

1. 伽利略速度变换与电磁现象的矛盾

伽利略相对性原理及其坐标变换已经在参考系的描述方面迈出了重大的一步, 它的重要结论之一就是伽利略速度变换. 但把它运用在光的传播问题上, 就会有 $c' = c \pm u$, 式中 c' 表示在参考系 S' 中测得的光在真空中的速率; c 表示在参考系 S 中测得的光在真空中的速率; u 为 S' 系相对于 S 系的速率, u 前面的正负号由光在 S 系中的速度方向和 S' 系相对于 S 系的速度方向的相反或相同而定. 麦克斯韦的电磁理论给出的结果与伽利略速度变换不相符. 该理论给出的光在真空中的速率为 $c = \dfrac{1}{\sqrt{\varepsilon_0 \mu_0}} \approx 2.99 \times 10^8$ m/s, 式中 $\varepsilon_0 = 8.85 \times 10^{-12}$ C^2/N·m^2 为真空电容率, $\mu_0 = 1.26 \times 10^{-6}$ N·s^2/C^2 为真空磁导率. 由于 ε_0, μ_0 与参考系无关, 因此 c 也应该与参考系无关. 这就是说, 在任何参考系中测得的光在真空中的速率都应该是这一数值. 这一结论还被后来很多精确的实验和观测所证实. 它们都明确无误地证明光速的测量结果与光源和测量者的相对运动无关, 即与参考系无关. 这就是说, 光或电磁波的运动不服从伽利略速度变换, 从而导致电磁现象不服从伽利略相对性原理.

再来看一个天文上的例子. 1731 年, 英国一位天文爱好者用天文望远镜在南方夜空的金牛座上, 发现了一团云雾状的东西, 外形像只螃蟹, 称为 "蟹状星云". 后来观测表明, 蟹状星云在膨胀, 对地球的视角正以每年 $0.21''$ 的速率膨胀. 到 1920 年, 对地球的视角达到 $180''$. 因此, 其膨胀开始的时刻应在公元 1060 年左右. 当时人

们相信,蟹状星云是 900 多年前一次超新星爆发中形成的气体壳层,这一点在我国史籍里得到了证实.据《宋史》记载:"至和元年五月己丑,出天关东南可数寸,岁余稍没."《宋会要辑稿》也记载:"嘉祐元年三月,司天监言,客星没,客去之兆也.初,至和元年五月,晨出东方,守天关.昼见如太白,芒角四出,色赤白,凡见二十三日."它的大意是:超新星(客星)最初出现于 1054 年(至和元年),位置在金牛座(天关)附近,白天看起来亮度赛过金星(太白),历时 23 天.往后慢慢暗下来,直到 1056 年(嘉祐元年),客星才隐没.当一颗恒星发生超新星爆发时,它的外围物质向四面八方飞散,有些抛射物向着地球运动(见图 14.2 中的 A 点),有些则沿横向运动(见图 14.2 中的 B 点).如果光速服从伽利略速度变换,抛射物在 A 点和 B 点向地球发出的光的传播速度分别为 $c+u$ 和 c,它们到达地球所需的时间分别为 $t' = \dfrac{L}{c+u}$ 和 $t = \dfrac{L}{c}$,沿其他方向运动的抛射物所发出的光到达地球所需的时间介于这两者之间.蟹状星云到地球的距离 L 大约是 5 000 光年,而爆发中抛射物的速度 u 大约是 1 500 km/s.计算可知,t' 比 t 要短 25 年.也就是说,可以在 25 年内持续地看到超新星爆发时所发出的强光.但是史书明确记载,客星从出现到隐没还不到两年.这一天文现象为光或电磁波的运动不服从伽利略速度变换提供了例证.

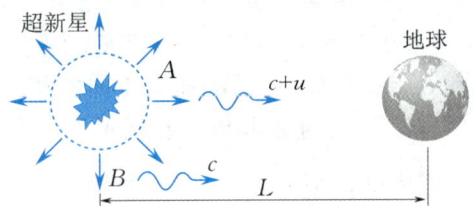

图 14.2 超新星爆发抛射物

2. 以太风实验的零结果与迈克耳孙-莫雷实验

牛顿的绝对时空观认为,存在一个绝对静止的惯性系,相对于它的运动称为绝对运动.伽利略相对性原理又认为,用任何力学方法都找不到这个绝对静止的惯性系,即一切惯性系都是等价的,没有绝对运动的概念.直到 19 世纪中叶,麦克斯韦建立了完整的电磁理论,该理论所预言的电磁波得到了实验的证实,同时证实了光也是一类电磁波.于是,人们又重新提出了"以太"假说,认为光是借这种介质来传播的(这是 17 世纪惠更斯为了说明光的传播而提出的).由于认为以太这种物质是绝对静止的,也就很自然地支持了牛顿的绝对静止惯性系和绝对运动的概念.

在绝对静止惯性系和绝对运动概念的思想指导下,人们设想利用在惯性系中测量光速的方法来确定惯性系相对于以太的绝对运动速度.按照上述观点,可以把以太比喻为无处不在的大气(绝对静止的惯性系),那么在其中飞行的地球上应能感到迎面吹来的以太风.假设在以太风的参考系中,光沿着各个方向的传播速率均为 c,如图 14.3(a) 所示. 若地球在以太风中的绝对运动速度为 u,则根据伽利略速度变换,对于地球参考系来说,光的传播速度应为 $c' = c - u$,光沿着地球在各个方向的传播速率就有差异,于是沿前、后两个方向光的传播速率分别为 $c' = c - u$ 和 $c' = c + u$,沿左、右两个方向光的传播速率为 $c' = \sqrt{c^2 - u^2}$(见图 14.3(b)). 如果有以太风存在,精密的光学实验是可以把这种差别测量出来的.

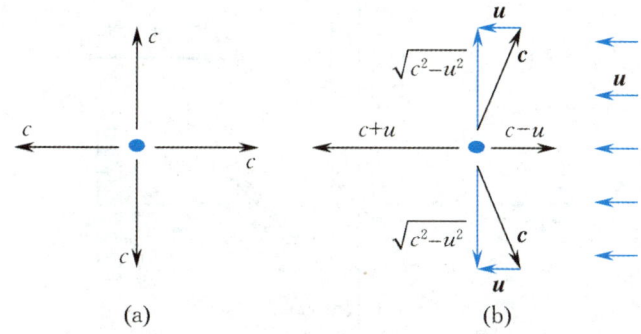

图 14.3　想象中的以太风对光速的影响

如果上述光学实验成功了,就能断言:

(1) 绝对静止的以太惯性系和相对于以太惯性系的绝对运动是确实存在的;

(2) 力学实验测不出惯性系的绝对运动速度,可用光学实验测定惯性系的绝对运动速度;

(3) 一切惯性系等价的伽利略相对性原理对光学、电磁学不成立.

真正的实验是由迈克耳孙和莫雷(Morley)在 1887 年实现的. 他们所发明的干涉仪如图 14.4 所示,图中有两个相互垂直的光路,发自光源 S 的光束被半镀银的分光板 G_1 分为 1 和 2 两束光强相等的相干光(G_2 为补偿板,使光束 1 和 2 通过等厚的玻璃),光束 1 被反射镜 M_2 反射回到 G_1,光束 2 被反射镜 M_1 反射回到 G_1,然后都到达望远镜 T 处形成干涉条纹并被观察到. 干涉条纹的位置排列是由两相干光从 G_1 分束再反射回到 G_1 的时间差导致的光程差来决定的. 假设仪器(随着地球运动)相对于以太的速度恰好沿着从 G_1 到 M_2 的方向. 利用伽利略速度变换式可求得光在 $G_1 \to M_2$,$M_2 \to G_1$,$G_1 \to M_1$,$M_1 \to G_1$ 过程中的速率分别为

$$\begin{cases} c'_{G_1 M_2} = c - u, \\ c'_{M_2 G_1} = c + u, \\ c'_{G_1 M_1} = c'_{M_1 G_1} = \sqrt{c^2 - u^2}. \end{cases} \quad (14.2.6)$$

分别算得光束 1 和 2 到达 G_1 的时间为

$$t_1 = \frac{l_1}{c-u} + \frac{l_1}{c+u} = \frac{2l_1}{c}\left(\frac{1}{1-\frac{u^2}{c^2}}\right),$$

$$t_2 = \frac{l_2}{\sqrt{c^2-u^2}} + \frac{l_2}{\sqrt{c^2-u^2}} = \frac{2l_2}{c}\left(\frac{1}{\sqrt{1-\frac{u^2}{c^2}}}\right).$$

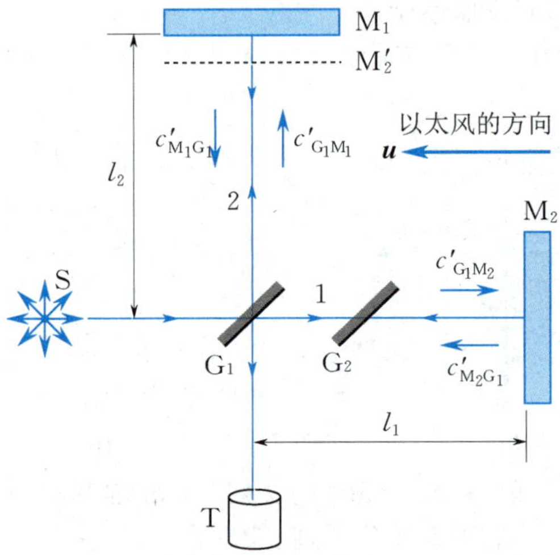

图 14.4 迈克耳孙-莫雷干涉实验光路示意图

由此可见,从 S 发出的一束光在 G_1 上分成两束后,分别经 M_1, M_2 反射,再回到 G_1,这两束光所经历的时间并不相同.引起的原因有两个:一是经过路程的长度 l_1 和 l_2 的差别;二是由以太风引起的光相对于仪器的传播速率的差别.第二个原因起决定作用,因此两束光到达 G_1 的时间差和光程差分别为

$$\Delta t = t_2 - t_1 = \frac{2}{c}\left(\frac{l_2}{\sqrt{1-\frac{u^2}{c^2}}} - \frac{l_1}{1-\frac{u^2}{c^2}}\right),$$

$$\delta = c(t_2 - t_1) = 2\left(\frac{l_2}{\sqrt{1-\frac{u^2}{c^2}}} - \frac{l_1}{1-\frac{u^2}{c^2}}\right).$$

若将整个实验装置在水平面上旋转 90° 使光束 1 和 2 的方向对调,则两束光到达 G_1 的时间差和光程差分别为

$$\Delta t' = t_2' - t_1' = \frac{2}{c}\left(\frac{l_2}{1-\frac{u^2}{c^2}} - \frac{l_1}{\sqrt{1-\frac{u^2}{c^2}}}\right),$$

$$\delta' = c(t'_2 - t'_1) = 2\left[\frac{l_2}{1-\frac{u^2}{c^2}} - \frac{l_1}{\sqrt{1-\frac{u^2}{c^2}}}\right].$$

由于干涉条纹的位置排列由两束光到达望远镜 T 的时间差导致的光程差决定,现在两束光到达的时间先后次序反过来了,光程差发生了改变,有了附加光程差. 随着整个仪器装置的转动,干涉条纹要发生移动,移动的条数由附加光程差

$$\Delta\delta = \delta' - \delta = 2(l_1 + l_2)\left[\frac{1}{1-\frac{u^2}{c^2}} - \frac{1}{\sqrt{1-\frac{u^2}{c^2}}}\right]$$

决定. 考虑到 $\frac{u}{c} \ll 1$,有 $\frac{1}{1-\frac{u^2}{c^2}} \approx 1 + \frac{u^2}{c^2}$, $\frac{1}{\sqrt{1-\frac{u^2}{c^2}}} \approx 1 + \frac{u^2}{2c^2}$, 上式可近似地表示为

$$\Delta\delta = \delta' - \delta \approx 2(l_1 + l_2)\left[\left(1 + \frac{u^2}{c^2}\right) - \left(1 + \frac{u^2}{2c^2}\right)\right] \approx (l_1 + l_2)\frac{u^2}{c^2}. \tag{14.2.7}$$

如果两束光的附加光程差变化一个波长,就会有一条干涉条纹移过望远镜中的叉丝. 用 Δk 表示干涉条纹移动时通过叉丝的条纹数目,如果光波的波长为 λ,那么

$$\Delta k = \frac{\Delta\delta}{\lambda} = \frac{(l_1 + l_2)u^2}{\lambda c^2}. \tag{14.2.8}$$

上述结论是在地球惯性系中计算出来的. 若在以太惯性系中计算,亦可得到式(14.2.8)的结果,因为这是牛顿的绝对时空观的结果(从光程的定义也可知这一结果).

在迈克耳孙-莫雷实验中,$l_1 = l_2 = 11$ m,取地球相对于太阳的公转速率为 $v_{\text{es}} = 3 \times 10^4$ m/s 进行估算,即 $u \approx v_{\text{es}} = 3 \times 10^4$ m/s,则

$$\Delta\delta = (l_1 + l_2)\frac{u^2}{c^2} = 2.2 \times 10^{-7} \text{ m}.$$

以钠黄光(波长为 $\lambda = 5.5 \times 10^{-7}$ m)作为光源,则可观测到移动的条纹数目为

$$\Delta k = \frac{\Delta\delta}{\lambda} = \frac{2.2 \times 10^{-7}}{5.5 \times 10^{-7}} \text{ 条} = 0.4 \text{ 条}.$$

实验中,若有 $\Delta k = \frac{1}{100}$ 的条纹移动,应该都可以探测到,但是迈克耳孙等人在不同地点和季节,先后在 50 年内(1881～1930 年)做了十多次实验,始终没有观察到预期的条纹的移动,观测结果可等价地表示为 $\Delta\delta = 0$(以太漂移零结果). 因此,前面的三个推断中,(1)和(2)不能成立. 由此可得两个与前面(1),(2)推断相反的

结论:

(1) 由式(14.2.7)可知,因为 $\Delta\delta = 0$,必有 $u = 0$,所以没有绝对静止的以太惯性系和相对于以太惯性系的绝对运动,即以太不存在.

(2) 由 $u = 0$ 及式(14.2.6)可知, $c'_{G_1M_1} = c'_{M_1G_1} = c'_{G_1M_2} = c'_{M_2G_1} = c$,即测不到想象中的以太风对光速产生的任何影响,所以在地球惯性系中,光沿各个方向传播的速率为常量,与地球的运动状态无关,从而可做出推论:在一切惯性系中,光在真空中的速率不变. 这一事实显然违反伽利略速度变换,即与时空的绝对性相悖,从根本上动摇了整个经典力学的基础.

应该注意,迈克耳孙-莫雷实验是在地球上进行的,上述预期的结果假设了 $u \approx v_{es}$,可以设想,如果确实存在以太,显然太阳相对于以太的速率 $v_s \neq 0$. 考虑了这种情况后,有

$$u = v_{es} + v_s,$$

就有可能恰好出现 $u = v_{es} + v_s = 0$,这样在实验中也将观察不到干涉条纹的移动. 换句话说,仅由 $u = 0$,就推测以太不存在是不能令人信服的. 这就需要证明 $u = v_{es} + v_s \equiv 0$ 是不可能的. 实际上,因为 v_{es} 的方向是不断变化的,地球绕太阳在近似的圆轨道上以 3×10^4 m/s 的速率运动,每隔 6 个月,其速度方向反向,若确实存在以太,则 $u = v_{es} + v_s$ 不可能永远为零,因此在实验中应该可以观察到干涉条纹的移动. 然而,迈克耳孙等人在白天和夜晚(考虑地球的自转),在一年中的所有季节(考虑地球的公转)都进行了观察,都没有发现干涉条纹的移动,这才充分证明了以太确实不存在.

3. 质量随速度的增加而增大

按照经典力学,物体的质量是常量. 1901 年,考夫曼(Kaufmann)在测定镭发出的 β 射线(高速运动的电子束)的荷质比 $\dfrac{e}{m}$ 的实验中首先观察到,电子的荷质比 $\dfrac{e}{m}$ 与速度有关. 他假设电子的电荷量 e 不随速度而改变,则它的质量 m 就要随速度的增加而增大.

14.3 狭义相对论的基本假设与洛伦兹变换

14.3.1 狭义相对论的基本假设

伽利略变换和电磁规律的矛盾促使人们思考以下问题:是伽利略变换是正确的,而电磁现象的基本规律不符合伽利略相对性

原理呢？还是已发现的电磁现象的基本规律是符合伽利略相对性原理的，而伽利略变换（实际上是绝对时空观概念）应该修正呢？1895 年 16 岁的爱因斯坦在瑞士读中学，他在学习电磁学时，就提出了一个与此相关的"追光"问题：假设我们能以光速 c 来追随一束光线运动，究竟会看到什么现象呢？如果能看到在空间振荡着而停滞不前的电磁场，则麦克斯韦方程组就要失效；如果能看到光以速度 c 前进，则显然又与伽利略速度变换相抵触. 爱因斯坦以超人的智慧和对事物的高度洞察力选择了光速不变而放弃了伽利略速度变换，认为光速 c 与参考系无关并不是麦克斯韦电磁理论的破绽，而恰恰反映了光传播的速度与参考系无关这一事实. 同时，他还相信自然界应具有内在的统一性，描述自然界的物理定律也应该具有统一性. 他认为伽利略相对性原理不仅适用于力学定律，也应该适用于包括电磁规律在内的一切物理定律. 爱因斯坦经过 10 年的深思熟虑，在 1905 年提出以下两个原理作为基本假设：

狭义相对论产生的
历史背景与洛伦兹变换

(1) **狭义相对性原理：所有的物理定律在一切惯性系中都具有相同的形式，即所有惯性系对一切物理定律等价.**

(2) **光速不变原理：在所有惯性系中，光在真空中的速率 c 不变，即光速与光源或观察者的运动无关.**

爱因斯坦在这两个假设的基础上，建立了完整的狭义相对论理论，把物理学推进到一个新的阶段，预示着物理学中的时空观念将发生革命性的变革. 只要认为狭义相对性原理正确，在任何一个惯性系内，不但力学实验，而且任何物理实验都不能用来确定惯性系的运动速度，绝对运动或绝对静止的概念就从整个物理学中被彻底排除了；只要认为光速不变原理正确，就直接否定了伽利略速度变换，继而否定了伽利略坐标变换，最后否定了经典力学中的绝对空间和绝对时间的传统观点.

从 1676 年由丹麦天文学家罗默（Rømer）开始，许多科学家对真空中的光速做过无数次的测量，既没有发现光速 c 与参考系有关的任何迹象，也没有发现光速与光源或观察者的运动速度有什么关系. 这一原理也被很多天文观察和近代物理实验所证实，1964—1966 年，欧洲核子研究组织在质子同步加速器中做出有关光速的精密实验测量，直接验证了光速不变原理. 在精密的激光测量技术的基础上，我们把光在真空中的速率规定为一个基本的物理量，其值为

$$c = 299\ 792\ 458\ \text{m/s}.$$

国际单位制中的长度单位米(m)就是在光速的这一规定的基础上定义的.

14.3.2 洛伦兹变换

下面从爱因斯坦的两个基本假设出发,来推导不同惯性系之间新的速度变换关系. 在推导之前,作为一条公设,认为时间和空间都是均匀的. 因此,它们之间的变换关系必须是线性关系. 此外,还要求这个变换能在 $u \ll c$ 时退化为伽利略变换(因为在低速情况下,伽利略变换是正确的).

如图 14.5 所示,为简化运算,选择惯性系 S 和 S' 中的直角坐标系的各对应坐标轴相互平行,且 x 轴和 x' 轴方向相同且重合,相对运动(匀速直线运动)速度 u 沿着 $x(x')$ 轴. 再设 $t = t' = 0$ 时,坐标原点 O' 与 O 重合. 事件 P 在两惯性系 S 和 S' 中的时空坐标分别为 (x, y, z, t) 和 (x', y', z', t'). 参考伽利略坐标变换式

$$x = x' + ut', \quad x' = x - ut,$$

在时空均匀性的前提下,有

$$x = k(x' + ut'), \quad x' = k'(x - ut). \quad (14.3.1)$$

根据狭义相对论的相对性原理,S 系和 S' 系是等价的,上面两个等式的形式就应该相同(除正、负符号外),两式中的比例系数 k 和 k' 应相等. 式(14.3.1)中两个等式相乘,得

$$xx' = k^2(x' + ut')(x - ut). \quad (14.3.2)$$

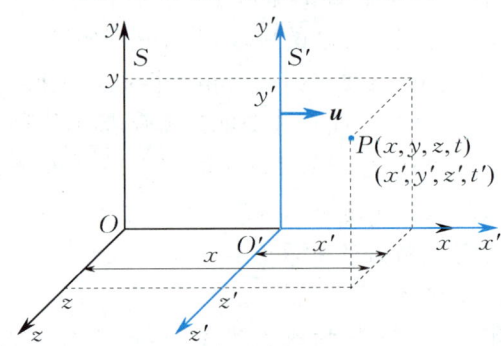

图 14.5 洛伦兹变换

为了获得确定的变换法则,必须求出比例系数 k. 假设光信号在坐标原点 O' 和 O 重合时($t = t' = 0$)由重合点沿 x 轴前进,根据光速不变原理,在任意瞬时 t(在惯性系 S' 中则是 t'),光信号到达点的坐标在两个惯性系中分别为

$$x = ct, \quad x' = ct'. \quad (14.3.3)$$

将式(14.3.3)代入式(14.3.2),得

$$c^2 tt' = k^2 tt'(c+u)(c-u),$$

由此求得

$$k = \frac{c}{\sqrt{c^2 - u^2}} = \frac{1}{\sqrt{1 - \dfrac{u^2}{c^2}}}.$$

将 k 代入式(14.3.1),可得
$$x = \frac{x' + ut'}{\sqrt{1 - \frac{u^2}{c^2}}}, \quad x' = \frac{x - ut}{\sqrt{1 - \frac{u^2}{c^2}}}.$$

从上两式中消去 x' 或 x,便得到关于时间的变换式. 消去 x',得
$$x\sqrt{1 - \frac{u^2}{c^2}} = \frac{x - ut}{\sqrt{1 - \frac{u^2}{c^2}}} + ut',$$

由此求得
$$t' = \frac{t - \frac{ux}{c^2}}{\sqrt{1 - \frac{u^2}{c^2}}}.$$

消去 x,可求得
$$t = \frac{t' + \frac{ux'}{c^2}}{\sqrt{1 - \frac{u^2}{c^2}}}.$$

于是,从 S 系到 S' 系的时空变换式为
$$\begin{cases} x' = \dfrac{x - ut}{\sqrt{1 - \dfrac{u^2}{c^2}}}, \\ y' = y, \\ z' = z, \\ t' = \dfrac{t - \dfrac{ux}{c^2}}{\sqrt{1 - \dfrac{u^2}{c^2}}}, \end{cases} \quad (14.3.4)$$

从 S' 系到 S 系的时空变换式为
$$\begin{cases} x = \dfrac{x' + ut'}{\sqrt{1 - \dfrac{u^2}{c^2}}}, \\ y = y', \\ z = z', \\ t = \dfrac{t' + \dfrac{ux'}{c^2}}{\sqrt{1 - \dfrac{u^2}{c^2}}}. \end{cases} \quad (14.3.5)$$

式(14.3.4)和(14.3.5)就是 洛伦兹变换,通常称式(14.3.4)为正变换,称式(14.3.5)为逆变换,它们是狭义相对论的核心,表达了同一事件在两个不同惯性系中的时空坐标的变换关系. 由式(14.3.4)和(14.3.5)可得到以下结论:

(1) 洛伦兹变换反映了时空的不可分,与伽利略坐标变换相比,洛伦兹变换中的时间坐标明显与空间坐标有关,揭示了时间、空间和物体运动之间的紧密联系.

(2) 当 $u \ll c$,即物体的运动速度远小于光速时,洛伦兹变换退化为伽利略坐标变换. 这说明经典力学只是狭义相对论的一种极限情况,只有在物体的运动速度远小于光速时,经典力学才是正确的.

(3) 当 $u > c$ 时,因子 $\sqrt{1-\dfrac{u^2}{c^2}}$ 为虚数,洛伦兹变换失去了意义. 狭义相对论认为,物体的运动速度不能超过真空中的光速,光速 c 是自然界中的极限速度.

(4) 洛伦兹正变换和逆变换之间的关系是,只要将带撇的量与不带撇的量交换,并将 u 与 $-u$ 互换,正、逆变换就可相互转换.

例 14.3.1 如图 14.6 所示,设光源静止在 O 点,闪光在 O 点和 O' 点重合时发出,在惯性系 S 中观察,光信号于 1 s 后同时被接收器 P_1,P_2 接收到. 设 S' 系相对于 S 系的运动速率(单位:m/s)为 $0.8c$. 求在 S' 系中,接收器 P_1,P_2 接收到光信号时的位置和时刻.

解 依题意设事件 1:接收器 P_1 接收到光信号,事件 2:接收器 P_2 接收到光信号. O 点和 O' 点重合时,$t = t' = 0$. 在 S 系中观察,1 s 后,闪光传到半径(单位:m)为 c 的球面上. 因此,事件 1 和事件 2 在 S 系中的时空坐标分别为 $F_1(c,0,0,1)$,$F_2(-c,0,0,1)$. 设其在 S' 系中的时空坐标分别为 $F_1'(x_1',y_1',z_1',t_1')$,$F_2'(x_2',y_2',z_2',t_2')$,根据洛伦兹正变换(式(14.3.4))可求出事件 1 和事件 2 在 S' 系中的位置(单位:m)和时刻(单位:s)分别为

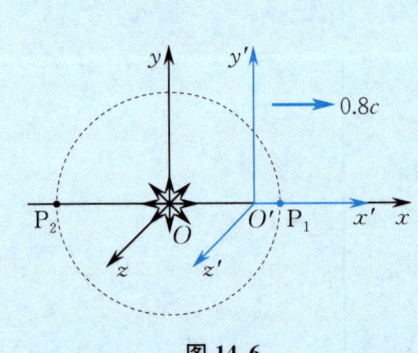

图 14.6

$$\begin{cases} x_1' = \dfrac{x_1 - ut_1}{\sqrt{1-\dfrac{u^2}{c^2}}} = \dfrac{c - 0.8c \times 1}{\sqrt{1-0.8^2}} = \dfrac{c}{3}, \\ y_1' = y_1 = 0, \\ z_1' = z_1 = 0, \\ t_1' = \dfrac{t_1 - \dfrac{ux_1}{c^2}}{\sqrt{1-\dfrac{u^2}{c^2}}} = \dfrac{1-0.8}{\sqrt{1-0.8^2}} = \dfrac{1}{3}, \end{cases}$$

$$\begin{cases} x_2' = \dfrac{x_2 - ut_2}{\sqrt{1-\dfrac{u^2}{c^2}}} = \dfrac{-c - 0.8c \times 1}{\sqrt{1-0.8^2}} = -3c, \\ y_2' = y_2 = 0, \\ z_2' = z_2 = 0, \\ t_2' = \dfrac{t_2 - \dfrac{ux_2}{c^2}}{\sqrt{1-\dfrac{u^2}{c^2}}} = \dfrac{1+0.8}{\sqrt{1-0.8^2}} = 3. \end{cases}$$

> 由此可见，事件 1 和事件 2 在 S' 系中的时空坐标分别为 $F_1'\left(\dfrac{c}{3},0,0,\dfrac{1}{3}\right)$，$F_2'(-3c,0,0,3)$，不同于在 S 系中的时空坐标.

对例 14.3.1 进一步讨论可得到以下结论：

（1）两个事件的时间间隔是相对的，所谓"同时"也是相对的. 在 S 系看来，事件 1 和事件 2 同时发生；在 S' 系看来，事件 1 和事件 2 不是同时发生的，S' 系中事件 1 先发生，即

$$\Delta t = t_2 - t_1 = 1 - 1 = 0,$$

$$\Delta t' = t_2' - t_1' = \left(3 - \dfrac{1}{3}\right)\text{s} = \dfrac{8}{3}\text{s} \neq 0,$$

$$t_1' < t_2'.$$

（2）两个事件的空间间隔（单位：m）是相对的，

$$|\Delta x| = |x_2 - x_1| = 2c,$$

$$|\Delta x'| = |x_2' - x_1'| = \dfrac{10}{3}c.$$

（3）光速（单位：m/s）是不变的. 光从 O' 点传到接收器 P_1 的速度为 $\dfrac{c}{3} \div \dfrac{1}{3} = c$，光从 O' 点传到接收器 P_2（沿 x' 轴负方向）的速度为 $3c \div 3 = c$，在 S 系和 S' 系中各个方向的光速都是 c.

14.3.3　洛伦兹速度变换

设某物体相对于惯性系 S 和 S' 运动，在 S 系和 S' 系中的观测者测得其速度分别为 $\boldsymbol{v} = \dfrac{\mathrm{d}\boldsymbol{r}}{\mathrm{d}t}$ 与 $\boldsymbol{v}' = \dfrac{\mathrm{d}\boldsymbol{r}'}{\mathrm{d}t'}$. 在 S 系中，有

$$v_x = \dfrac{\mathrm{d}x}{\mathrm{d}t}, \quad v_y = \dfrac{\mathrm{d}y}{\mathrm{d}t}, \quad v_z = \dfrac{\mathrm{d}z}{\mathrm{d}t};$$

在 S' 系中，有

$$v_x' = \dfrac{\mathrm{d}x'}{\mathrm{d}t'}, \quad v_y' = \dfrac{\mathrm{d}y'}{\mathrm{d}t'}, \quad v_z' = \dfrac{\mathrm{d}z'}{\mathrm{d}t'}.$$

由式（14.3.4）可得

$$\dfrac{\mathrm{d}x'}{\mathrm{d}t'} = \dfrac{\dfrac{\mathrm{d}x'}{\mathrm{d}t}}{\dfrac{\mathrm{d}t'}{\mathrm{d}t}} = \dfrac{\dfrac{\mathrm{d}x}{\mathrm{d}t} - u}{1 - \dfrac{u}{c^2}\dfrac{\mathrm{d}x}{\mathrm{d}t}} = \dfrac{v_x - u}{1 - \dfrac{u}{c^2}v_x},$$

$$\dfrac{\mathrm{d}y'}{\mathrm{d}t'} = \dfrac{\dfrac{\mathrm{d}y'}{\mathrm{d}t}}{\dfrac{\mathrm{d}t'}{\mathrm{d}t}} = \dfrac{\dfrac{\mathrm{d}y}{\mathrm{d}t}\sqrt{1 - \dfrac{u^2}{c^2}}}{1 - \dfrac{u}{c^2}\dfrac{\mathrm{d}x}{\mathrm{d}t}} = \dfrac{v_y\sqrt{1 - \dfrac{u^2}{c^2}}}{1 - \dfrac{u}{c^2}v_x},$$

$$\dfrac{\mathrm{d}z'}{\mathrm{d}t'} = \dfrac{\dfrac{\mathrm{d}z'}{\mathrm{d}t}}{\dfrac{\mathrm{d}t'}{\mathrm{d}t}} = \dfrac{\dfrac{\mathrm{d}z}{\mathrm{d}t}\sqrt{1 - \dfrac{u^2}{c^2}}}{1 - \dfrac{u}{c^2}\dfrac{\mathrm{d}x}{\mathrm{d}t}} = \dfrac{v_z\sqrt{1 - \dfrac{u^2}{c^2}}}{1 - \dfrac{u}{c^2}v_x},$$

即

$$\begin{cases} v'_x = \dfrac{v_x - u}{1 - \dfrac{u}{c^2} v_x}, \\ v'_y = \dfrac{v_y \sqrt{1 - \dfrac{u^2}{c^2}}}{1 - \dfrac{u}{c^2} v_x}, \\ v'_z = \dfrac{v_z \sqrt{1 - \dfrac{u^2}{c^2}}}{1 - \dfrac{u}{c^2} v_x}. \end{cases} \quad (14.3.6)$$

这就是**洛伦兹速度变换的正变换**. 同理,把正变换中的 u 换成 $-u$,并交换带撇和不带撇的速度分量,可得到逆变换

$$\begin{cases} v_x = \dfrac{v'_x + u}{1 + \dfrac{u}{c^2} v'_x}, \\ v_y = \dfrac{v'_y \sqrt{1 - \dfrac{u^2}{c^2}}}{1 + \dfrac{u}{c^2} v'_x}, \\ v_z = \dfrac{v'_z \sqrt{1 - \dfrac{u^2}{c^2}}}{1 + \dfrac{u}{c^2} v'_x}. \end{cases} \quad (14.3.7)$$

由洛伦兹速度变换,可得到以下结论:

(1) 当速度 u, v, v' 远小于光速 c 时,洛伦兹速度变换退化为伽利略速度变换. 这表明在一般低速情况下,伽利略速度变换仍是适用的.

(2) 洛伦兹速度变换自动遵从光速不变原理. 设想在 S 系中,有一束光沿 x 轴传播,$v_x = c$,那么在 S' 系中,

$$v'_x = \dfrac{v_x - u}{1 - \dfrac{u}{c^2} v_x} = \dfrac{c - u}{1 - \dfrac{u}{c}} = c;$$

反过来,有

$$v_x = \dfrac{v'_x + u}{1 + \dfrac{u}{c^2} v'_x} = \dfrac{c + u}{1 + \dfrac{u}{c}} = c.$$

可见,光在任何惯性系中的速率都是 c. 这是理所当然的,因为洛伦兹变换所依据的假设之一就是光速不变原理. 于是在任何惯性系中,一个物体的运动速度通过洛伦兹速度变换不可能得出大于光速 c.

例 14.3.2 在地面上测得有两个宇宙飞船 A 和 B 分别以 $+0.9c$ 和 $-0.9c$ 的速度向相反方向飞行,求飞船 B 相对于 A 的速率.

解 依题意作图 14.7,设相对于地面以速度 $-0.9c$ 飞行的飞船 A 为 S 系(在这个惯性系中 A 静止),以地面为 S' 系,S' 系相对于 S 系以速度 $u=0.9c$ 运动,飞船 B 相对于 S' 系的速度为 $v'_x=0.9c$. 由式(14.3.7) 有

$$v_x = \frac{v'_x + u}{1 + \frac{u}{c^2}v'_x} = \frac{0.9c + 0.9c}{1 + 0.9 \times 0.9} \approx 0.994c,$$

即飞船 B 相对于地面的速率 $v_x < c$.

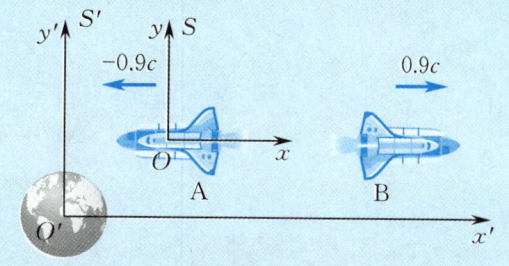

图 14.7

值得指出的是,相对于地面来说,上述两个飞船的"相对速度"确为 $2 \times 0.9c = 1.8c$. 这就是说,由地面上的观察者测量,两个飞船之间的距离是按 $2 \times 0.9c = 1.8c$ 的速率增加的. 但是真正的速度是物体相对于某一参考系而言的,而不是在一个参考系中看两个物体的"相对于对方的速度". 就一个物体来讲,它相对于任何其他物体或参考系的运动速度是不可能大于 c 的.

14.4 狭义相对论时空观

狭义相对论为人们提出了一种不同于经典力学的新时空观,运用洛伦兹变换也可得到许多与日常经验相违背的、令人惊奇的重要结论. 这些结论已被近代高能物理中许多实验证实.

狭义相对论时空观

14.4.1 同时性的相对性和因果律的绝对性

1. 时空间隔变换式

设两个事件 P_1 和 P_2 在惯性系 S 中的时空坐标分别为 $(x_1, 0, 0, t_1)$,$(x_2, 0, 0, t_2)$;在惯性系 S' 中的时空坐标分别为 $(x'_1, 0, 0, t'_1)$,$(x'_2, 0, 0, t'_2)$. 由洛伦兹正变换(式(14.3.4))和逆变换(式(14.3.5))很容易得到,在两个相互做匀速直线运动的惯性系 S 和 S' 中观察两个事件的时空间隔的变换关系为

$$\Delta x' = x'_2 - x'_1 = \frac{x_2 - x_1 - u(t_2 - t_1)}{\sqrt{1 - \frac{u^2}{c^2}}} = \frac{\Delta x - u\Delta t}{\sqrt{1 - \frac{u^2}{c^2}}},$$

(14.4.1a)

$$\Delta t' = t'_2 - t'_1 = \frac{t_2 - t_1 - \dfrac{u}{c^2}(x_2 - x_1)}{\sqrt{1 - \dfrac{u^2}{c^2}}} = \frac{\Delta t - \dfrac{u}{c^2}\Delta x}{\sqrt{1 - \dfrac{u^2}{c^2}}};$$

(14.4.1b)

$$\Delta x = x_2 - x_1 = \frac{x'_2 - x'_1 + u(t'_2 - t'_1)}{\sqrt{1 - \dfrac{u^2}{c^2}}} = \frac{\Delta x' + u\Delta t'}{\sqrt{1 - \dfrac{u^2}{c^2}}},$$

(14.4.2a)

$$\Delta t = t_2 - t_1 = \frac{t'_2 - t'_1 + \dfrac{u}{c^2}(x'_2 - x'_1)}{\sqrt{1 - \dfrac{u^2}{c^2}}} = \frac{\Delta t' + \dfrac{u}{c^2}\Delta x'}{\sqrt{1 - \dfrac{u^2}{c^2}}}.$$

(14.4.2b)

2. 同时性的相对性

如果从狭义相对论的基本假设出发，我们就会发现，和光速不变紧密联系在一起的是：在某一惯性系中同时发生的两个事件，在另一个相对于它运动的惯性系中，并不一定同时发生．这一结论称为同时性的相对性．

如图 14.8 所示的两个惯性系 S 和 S' 中，在 S' 系的 x' 轴上的 A'，B' 两点处各装一个接收器，每个接收器旁放一个静止于 S' 系的钟，在 $A'B'$ 的中点 M' 处装有一个闪光灯，让闪光灯发出一次闪光．由于 $M'A' = M'B'$，而且沿各个方向的光速是一样的，所以 S' 系中的观察者认为闪光必将同时传到两个接收器，即光到达 A' 点和到达 B' 点这两个事件在 S' 系中是同时发生的．换句话说，A' 点处接收器收到信号和 B' 点处接收器收到信号是同时事件．

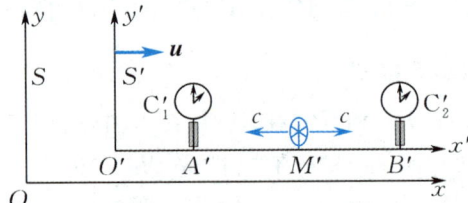

图 14.8 在 S' 系中观察，光同时达到 A' 点和 B' 点

在 S 系中观察这两个事件，其结果又如何呢？当闪光发生后，因光速与参考系无关，故光沿 x 轴正、负方向的传播速度仍同为 c，在光到达两个接收器这一段时间中，A' 点处接收器迎着光走了一段距离，而 B' 点处接收器背着光走了一段距离，所以 A' 点处接收器先收到信号，B' 点处接收器后收到信号（见图 14.9）．也就是说，在 S 系中观察，A' 点处接收器收到信号和 B' 点处接收器收到信号是

不同时事件. 这就说明, 若承认光速不变, 则同时性就是相对的.

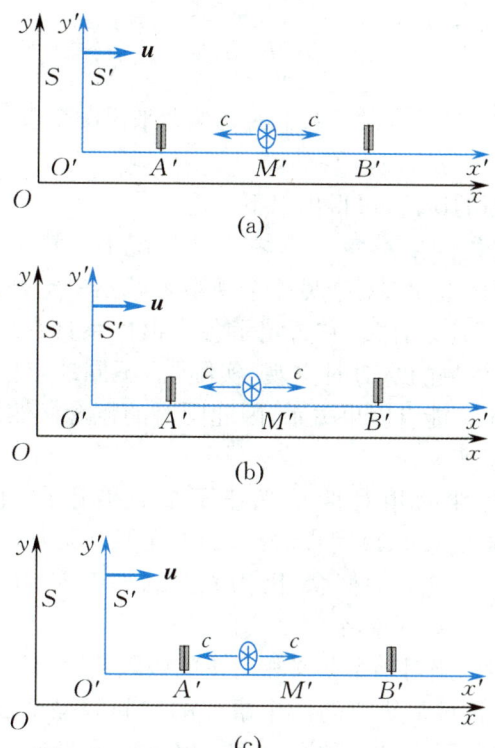

图 14.9 在 S 系中观察

由图 14.9 可知, S' 系相对于 S 系的速度越大, 在 S 系中测得的沿相对运动方向配置的两个事件之间的时间间隔就越长. 这就是说, 对于不同的惯性系, 沿相对运动方向配置的两个事件之间的时间间隔是不同的, 即时间的量度是相对的.

同时性的相对性也可由洛伦兹变换直接推导出. 若两个事件在 S 系中的观察者看来是同时发生的, 即 $\Delta t = t_2 - t_1 = 0$, 根据式(14.4.1b), 有

$$\Delta t' = t'_2 - t'_1 = \frac{\Delta t - \frac{u}{c^2}\Delta x}{\sqrt{1-\frac{u^2}{c^2}}} = \frac{-\frac{u}{c^2}\Delta x}{\sqrt{1-\frac{u^2}{c^2}}}. \quad (14.4.3)$$

可见, 若 $x_1 \neq x_2$, 则 $t'_2 \neq t'_1$. 这就是说, 在 S 系中不同地点($\Delta x \neq 0$)、同时发生的两个事件, 对 S' 系中的观察者来说并不是同时发生的(也不同地, 由式(14.4.1a) 可得 $\Delta x' \neq 0$); 只有同时同地发生的两个事件才在任何惯性系中看来都是同时同地发生的, 这时同时性才有绝对意义. 同样, 若在 S' 系中的观察者看来在不同地点、同时发生的两个事件, 即 $\Delta t' = t'_2 - t'_1 = 0$, $\Delta x' \neq 0$, 根据式(14.4.2b), 得

$$\Delta t = t_2 - t_1 = \frac{\Delta t' + \frac{u}{c^2}\Delta x'}{\sqrt{1-\frac{u^2}{c^2}}} = \frac{\frac{u}{c^2}\Delta x'}{\sqrt{1-\frac{u^2}{c^2}}}, \quad (14.4.4)$$

则有 $\Delta t = t_2 - t_1 \neq 0$,对 S 系中的观察者来说两个事件并不是同时发生的.

通过上面的讨论,可得出以下结论：

(1) 同时性的相对性 —— 在一般情况下,对于一个观察者是同时发生的两个事件,对于另一个观察者就不一定是同时发生的."同时性"与惯性系有关. 它否定了各个惯性系具有统一时间的可能性,否定了牛顿的绝对时空观. 实际上,不同地点但同时发生的两个事件绝不可能有因果关系,因此同时的概念必然是相对的,这更符合客观事实.

(2) 同时性的相对性是光速不变且有限的直接结果. 由式(14.4.3)和(14.4.4)可以看出,如果光能以无穷大的速度传播,则同时将是一个绝对的概念,因为光在约等于零的时间间隔内就已经传递到了一切观察者.

(3) 同时的绝对性是狭义相对论的极限情况. 日常的速度比光速小得多,并且日常研究的两个事件的空间间隔至多是太阳系的线度,而不涉及巨大的天文学尺度,相比之下光速可以当作无穷大. 因此,在理论力学领域内,把同时当作绝对的是可以的. 狭义相对论中,只有同时同地发生的两个事件,同时才有绝对意义.

3. 时序的相对性

设在惯性系 S 中,t_1 时刻发生事件 P_1,t_2 时刻发生事件 P_2,且事件 P_2 迟于事件 P_1 发生,即 $t_2 > t_1$. 由式(14.4.1b),有

$$\Delta t' = t'_2 - t'_1 = \frac{t_2 - t_1 - \frac{u}{c^2}(x_2 - x_1)}{\sqrt{1-\frac{u^2}{c^2}}} = \frac{(t_2 - t_1)\left(1 - \frac{u}{c^2}\frac{x_2 - x_1}{t_2 - t_1}\right)}{\sqrt{1-\frac{u^2}{c^2}}}.$$

由上式可知,若

$$t_2 - t_1 > \frac{u}{c^2}(x_2 - x_1), \quad (14.4.5)$$

则对于惯性系 S' 中的观察者来说,$t'_2 > t'_1$,仍然是事件 P_1 先发生,事件 P_2 后发生,与 S 系中的观察者的观点相同. 若

$$t_2 - t_1 < \frac{u}{c^2}(x_2 - x_1), \quad (14.4.6)$$

则对于 S' 系中的观察者来说,$t'_2 < t'_1$,则是事件 P_2 先发生,事件 P_1 后发生,与 S 系中的观察者的观点是相反的,先后次序颠倒了.

不过要指出的是：对于发生在不同地点的两个事件,如果在不

同的惯性系中先后次序可以颠倒,则这两个事件一定没有因果关系.对于这种情况,不能认为 $\frac{x_2-x_1}{t_2-t_1}$ 是速度,它只是空间间隔和时间间隔的比值, $\frac{x_2-x_1}{t_2-t_1}$ 是可以大于光速 c 的.

4. 因果律的绝对性

根据上面的讨论,是否任意两个事件的先后次序都是相对的呢?显然不是.如果是有因果关系的两个事件,则它们的先后次序应该是绝对的,不容颠倒.

设在惯性系 S 中, t_1 时刻发生事件 P_1(因), t_2 时刻发生事件 P_2(果),就必有 $t_2>t_1$. 由于两个事件的发生有因果关系,就意味着这两个事件的时空坐标要满足式(14.4.5). 事件 P_1 先发生,其作用经过一段时间传递到事件 P_2 所在空间的位置后,才发生事件 P_2,用这段时间去除事件 P_1 和事件 P_2 间的距离来定义从事件 P_1 到事件 P_2 的作用传播速度,称为**信号速度**,用 v 表示,即

$$v = \frac{x_2-x_1}{t_2-t_1}. \tag{14.4.7}$$

将式(14.4.7)代入式(14.4.1b),可得

$$\Delta t' = t_2' - t_1' = \frac{(t_2-t_1)\left(1-\frac{uv}{c^2}\right)}{\sqrt{1-\frac{u^2}{c^2}}}.$$

要保证因果律的绝对性,即两个事件在任意一个相对于 S 系匀速直线运动的 S' 系中都应有事件 P_1 先发生,事件 P_2 后发生,就是要满足 $t_2'>t_1'$,其条件是

$$uv < c^2, \tag{14.4.8}$$

式中 u 是两个惯性系之间的相对运动速度,也可以代表在 S 系中传播的一种信号速度.式(14.4.8)可以解释为:只要相对运动速度和信号速度都小于光速,即

$$u < c, \quad v < c,$$

就能保证有因果关系的两个事件的先后次序不会颠倒. 根据现有的大量实验事实,真空中的光速 c 是物质运动的极限速度,也是一切相互作用传播的极限速度.因此,**因果律的绝对性是靠光速 c 是极限速度来保证的**.

综上,可以把所有的事件分成两类:一类满足式(14.4.6),是不可能有因果关系的事件,它们发生的先后次序是相对的;另一类满足式(14.4.8),是有因果关系(包括间接因果关系)的事件,它们发生的先后次序是绝对的. 因此,狭义相对论不违背因果律,更符合客观事实.

14.4.2 沿运动方向长度收缩和垂直运动方向长度不变

根据爱因斯坦的观点,既然同时性是相对的,那么长度的测量也必定是相对的.

如图 14.10 所示,假定有一根直棒 $A'B'$ 沿 x' 轴静止放置在惯性系 S' 中,其长度为 $L'=x_2'-x_1'$. 若在 S 系中的观察者去测量运动着的直棒的长度,就必须同时测量直棒的两个端点的坐标. 设测得的运动着的直棒 $A'B'$ 两端的时空坐标分别为 $(x_1,0,0,t_1)$, $(x_2,0,0,t_2)$,并要求 $t_2=t_1$. 根据式(14.4.1a),可得

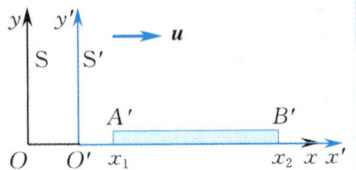

图 14.10　沿运动方向长度收缩

$$L'=x_2'-x_1'=\frac{x_2-x_1-u(t_2-t_1)}{\sqrt{1-\frac{u^2}{c^2}}}=\frac{x_2-x_1}{\sqrt{1-\frac{u^2}{c^2}}}=\frac{L}{\sqrt{1-\frac{u^2}{c^2}}},$$

(14.4.9)

对式(14.4.9)整理可得

$$L=L'\sqrt{1-\frac{u^2}{c^2}}<L'=L_0,$$

式中 L 是在 S 系中的观察者(即相对于直棒运动的观察者)所测得的长度,称为 **运动长度**;L' 是相对于直棒静止的观察者所测得的长度,称为 **固有长度** 或 **静长**. 通常用 L_0 表示一个物体的固有长度.

由此可见,**一个物体静止时的固有长度 L_0 最长,其沿运动方向上的长度 L 收缩**,为固有长度 L_0 的 $\sqrt{1-\frac{u^2}{c^2}}$. 这就是 **长度收缩**,又称为 **洛伦兹收缩**,即

$$L=L_0\sqrt{1-\frac{u^2}{c^2}}.$$

(14.4.10)

按照狭义相对论的观点,长度收缩效应是时空的属性,是相对运动的效应,是空间距离的量度具有相对性的客观反映,并不是由于运动引起物质之间的相互作用而产生的实在的收缩. 如果直棒静止于 S 系中,沿 x 轴放置,在 S' 系中测量运动着的直棒的长度,其长度也要收缩. 此时 L 是固有长度 L_0,L' 是运动长度,由式(14.4.2a)可得

$$L'=L_0\sqrt{1-\frac{u^2}{c^2}}.$$

上式表明,由 S' 系中的观察者测量静止于 S 系中的直棒的长度仍是缩短,而不是伸长. 这正说明了 **相互做匀速直线运动的惯性系是等价的**.

必须指出,长度收缩只发生在运动方向上,因为按照洛伦兹变换 $y=y',z=z'$,可得

$$\Delta y' = \Delta y, \quad \Delta z' = \Delta z, \qquad (14.4.11)$$

即在沿与运动方向垂直的方向上，测量的长度是不变的.

例 14.4.1 假设有一架飞船和一架飞机同时沿着广州和北京的连线（长度为 $L_0 \approx 1.89 \times 10^3$ km）飞行. 若飞船的速度为 $v_1 = 0.5c$，飞机的速度为 $v_2 = 300$ m/s，问：从飞船和飞机中的乘客测量到的广州与北京之间的距离缩短量各为多少？

解 设飞船中的乘客测得两地的直线距离为 L_1，由式(14.4.10)，有

$$L_1 = L_0 \sqrt{1 - \frac{v_1^2}{c^2}} \approx 1.64 \times 10^3 \text{ km},$$

缩短量为 $\Delta L = L_0 - L_1 = 250$ km，占固有长度的 13.2%.

设飞机中的乘客测得两地的直线距离为 L_2，由式(14.4.10)，有

$$L_2 = L_0 \sqrt{1 - \frac{v_1^2}{c^2}} \approx L_0 = 1.89 \times 10^3 \text{ km}.$$

可见，长度收缩效应纯粹是一种相对论效应，当物体的速度达到可与光速相比拟时，这个效应是显著的. 如果物体的速度远小于光速，则 $L' = L = L_0$，这时又回到牛顿的绝对空间概念，即空间的量度与参考系无关. 这也说明，牛顿的绝对空间概念是相对论空间概念在相对速度很小时的近似.

例 14.4.2 如图 14.11 所示，一根长为 L_0 的米尺静止在惯性系 S' 中，与 x' 轴成 30°. 如果在惯性系 S 中测得该米尺与 x 轴成 45°，则 S' 系相对于 S 系的速度 u 为多少？S 系中测得该米尺的长度为多少？

解 依题意可知，S' 系中测得该米尺的长度为固有长度，有

$$L' = L_0,$$

那么，米尺在 x' 轴方向上的长度为

$$L'_{x'} = L_0 \cos 30° = \frac{\sqrt{3}}{2} L_0,$$

在 y' 轴方向上的长度为

$$L'_{y'} = L_0 \sin 30° = \frac{1}{2} L_0.$$

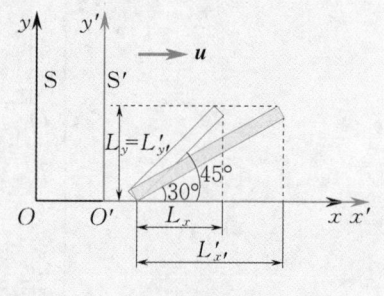

图 14.11

设在 S 系中测得米尺的长度为 L，在 S 系中，根据长度收缩（式(14.4.10)），该米尺在运动方向上的长度为

$$L_x = L'_{x'} \sqrt{1 - \frac{u^2}{c^2}} = \frac{\sqrt{3}}{2} L_0 \sqrt{1 - \frac{u^2}{c^2}},$$

由式(14.4.11)可知，在垂直于运动方向上的长度不变，有

$$L_y = L'_{y'} = \frac{1}{2} L_0.$$

由于在 S 系中，该米尺与 x 轴成 45°，故 $L_x = L_y$，即

$$\frac{\sqrt{3}}{2}L_0\sqrt{1-\frac{u^2}{c^2}} = \frac{1}{2}L_0.$$

对上式进行求解,可得 S' 系相对于 S 系的速度 u 为

$$u = \sqrt{\frac{2}{3}}\,c \approx 0.816c,$$

在 S 系中测得该米尺的长度为

$$L = \sqrt{L_x^2 + L_y^2} = \sqrt{2}\,L_y = \frac{\sqrt{2}}{2}L_0.$$

14.4.3 时间延缓和运动时钟变慢

我们已经知道,在不同的惯性系中,两个事件的同时性与时序是相对的. 下面我们直接从不同惯性系中的时间测量结果来看描述一个延续事件(一个物理过程)所经历的时间间隔的相对性.

如图 14.12(a) 所示,在惯性系 S' 中 A' 点(x' 处)有一闪光光源,在平行于 x' 轴方向与 A' 点距离为 d 处放置一反射镜,镜面朝向 A' 点. 令光源发出一闪光,射向镜面,又反射回 A' 点. 光从 A' 点发出到再返回 A' 点这两个事件的时间相隔在 S' 系和 S 系中的测量是不同的.

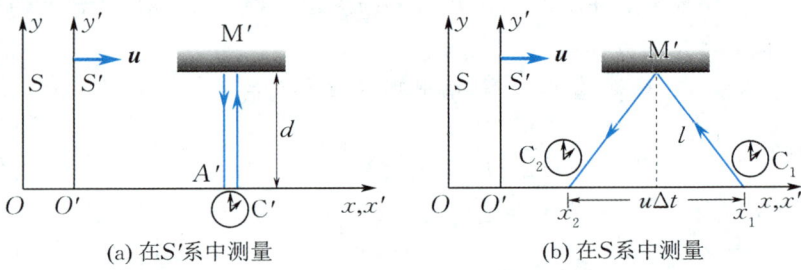

(a) 在 S' 系中测量 (b) 在 S 系中测量

图 14.12 时间测量与惯性系相对速度的关系

在 S' 系中,两个事件发生在同一地点 x' 处,时间由一只相对于 S' 系静止在 x' 处的标准时钟 C' 给出,C' 所记录的时间间隔(这一过程持续的时间)为

$$\Delta t' = t_2' - t_1' = \frac{2d}{c}. \tag{14.4.12}$$

在 S 系中,由于 S' 系相对于 S 系在运动,两个事件并不发生在 S 系中的同一地点. 如图 14.12(b) 所示,光从 A' 点发出时在 x_1 处,再返回 A' 点时在 x_2 处,为了测量这一时间间隔,必须利用沿 x 轴配置的许多静止于 S 系的经过校准而同步的标准时钟,如在 x_1 处的标准时钟 C_1 和在 x_2 处的标准时钟 C_2. 注意到在 S 系中测量时,光线由 A' 点发出到再返回 A' 点是沿一条折线,其长度为 $2l$. 在狭义相对论中,沿与运动方向垂直的方向上的长度测量与惯性系无

关,从而沿 y 轴方向从 A' 点到镜面的距离也是 d. 以 $\Delta t = t_2 - t_1$ 表示在 S 系中测得的闪光从 A' 点发出到再返回 A' 点所经过的时间,考虑到在这一时间内,A' 点移动了距离 $u\Delta t$,则有 $l = \sqrt{d^2 + \left(\dfrac{u\Delta t}{2}\right)^2}$. 由光速不变原理,$S$ 系中的标准时钟 C_1 和 C_2 给出两个事件的时间间隔(这一过程持续的时间)为

$$\Delta t = t_2 - t_1 = \frac{2l}{c} = \frac{2}{c}\sqrt{d^2 + \left(\frac{u\Delta t}{2}\right)^2} = \frac{2d}{c}\frac{1}{\sqrt{1-\dfrac{u^2}{c^2}}}.$$

(14.4.13)

比较式(14.4.12)和(14.4.13),可得

$$\Delta t = \frac{\Delta t'}{\sqrt{1-\dfrac{u^2}{c^2}}}. \tag{14.4.14}$$

从上述实验中,可得出以下结论:

(1) 通常把在某一惯性系 S' 中同一地点先后发生的两个事件之间的时间间隔称为**固有时**,也称为**原时**,用 τ_0 表示,它是静止于该惯性系中的标准时钟测出的. 在相对于该惯性系运动的任意惯性系 S 中测得两个事件发生于不同地点,由相对于 S 系静止的两个同步标准时钟测出的时间间隔 τ 与固有时的关系就由式(14.4.14)给出:

$$\tau = \frac{\tau_0}{\sqrt{1-\dfrac{u^2}{c^2}}}. \tag{14.4.15}$$

可见,**固有时最短**.

(2) 对于 S 系,标准时钟 C' 是以速度 $\boldsymbol{u}$ 沿 $x(x')$ 轴方向运动的,标准时钟 C_1 和 C_2 是静止的. 由式(14.4.14)可知,S 系中的标准时钟记录 S' 系内某一地点发生的两个事件的时间间隔比 S' 系的标准时钟所记录的两个事件的时间间隔要长些. 因此可以说,相对于观察者运动的钟比相对于观察者静止的钟走得慢. 这就是相对论中的**时间延缓**或**运动时钟变慢效应**.

利用洛伦兹变换,很容易证明式(14.4.14). 若在 S' 系中的同一地点 x' 处先后发生了两个事件,则有 $\Delta x' = x'_2 - x'_1 = 0$,由式(14.4.2b)可得

$$\Delta t = t_2 - t_1 = \frac{t'_2 - t'_1 + \dfrac{u}{c^2}(x'_2 - x'_1)}{\sqrt{1-\dfrac{u^2}{c^2}}} = \frac{t'_2 - t'_1}{\sqrt{1-\dfrac{u^2}{c^2}}}$$

或

$$\Delta t = \frac{\Delta t'}{\sqrt{1-\dfrac{u^2}{c^2}}}.$$

同理,从 S' 系看 S 系中的钟,也认为运动着的 S 系中的钟走慢了. 那么,到底是哪个钟走得慢呢?这曾使不少人感到困惑,在历史上,这是个很著名的问题,称为"时钟佯谬". 问题的答案是 S 系和 S' 系中的两位观察者的结论都是对的. 其实这一问题的根源在于同时性的相对性的另一表现——在某一惯性系中放置在两地点的相互校准了(同步)的两只时钟,在另一个相对于它运动的惯性系中观测时却没有校准.

实际上时间延缓效应的来源是光速不变原理,它是时间量度具有相对性的客观反映. 它是相对运动的效应,是时空的一种基本属性,并不涉及时钟的任何机械原因和原子内部的任何过程,而是运动惯性系中的时间节奏变缓慢了. 也就是说,对于某系统的一个变化过程,无论观察者是静止还是处在运动状态,只要这个系统相对于观察者运动,其变化过程持续的时间就会比静止时要长,即与随系统一起运动的时钟相比,用相对于观察者静止的时钟所测量出的运动系统变化过程的时间间隔较长.

由式(14.4.14)可以看出,当 $u \ll c$ 时, $\Delta t = \Delta t'$. 这种情况下,同样的两个事件之间的时间间隔就与参考系无关,又回到了牛顿的绝对时间概念上,这与日常经验相符合.

综上所述,狭义相对论指出了时间和空间的量度与惯性系的选择有关,时间与空间是相互联系的,并与物质有着不可分割的联系,不存在孤立的时间,也不存在孤立的空间,时间、空间与运动三者之间紧密联系,深刻地反映了时空的性质. 这是正确认识自然乃至人类社会应持有的基本观点.

例 14.4.3 μ子是1936年由安德森(Anderson)等人在宇宙射线中发现的,其质量为电子的207倍. μ子是不稳定的粒子,它自发地衰变为一个电子和两个中微子,即

$$\mu^{\pm} \rightarrow e^{\pm} + \nu + \tilde{\nu},$$

式中 e^- 为电子,e^+ 为正电子,ν 为中微子,$\tilde{\nu}$ 为反中微子. μ子衰变是放射性衰变的典型例子. 如果在 $t=0$ 时有 $N(0)$ 个μ子,则 t 时刻μ子的数目为

$$N(t) = N(0)e^{-\frac{t}{\tau_0}},$$

式中 τ_0 为平均寿命. 相对于μ子静止的惯性系中,μ子自发衰变的平均寿命为 2.15×10^{-6} s. 当高能宇宙射线质子进入地球大气层中时,会形成丰富的μ子. 假设来自太空的宇宙射线,在离地面 6 000 m 的高空所产生的μ子以相对于地球 $0.995c$ 的速率垂直向地面飞来,试问它能否在衰变前到达地面?

解 方法一 设地面为 S 系,μ子为 S' 系. 由题意可知,S' 系相对于 S 系的速率为 $u=$

$0.995c$，μ子在S'系中的固有寿命为$\tau_0 = 2.15 \times 10^{-6}$ s. 根据时间延缓效应，对于S系来说，μ子的寿命为

$$\tau = \frac{\tau_0}{\sqrt{1 - \dfrac{u^2}{c^2}}} \approx 2.15 \times 10^{-5} \text{ s},$$

μ子在时间τ内运动的距离为

$$s = u\tau \approx 0.995 \times 3 \times 10^8 \times 2.15 \times 10^{-5} \text{ m} \approx 6\,418 \text{ m}.$$

而μ子产生时离地面的距离为$6\,000$ m，故它在衰变前可以到达地面.

方法二 对于S'系来说，μ子静止，地球朝μ子运动，速率为$u = 0.995c$. 在μ子寿命$\tau_0 = 2.15 \times 10^{-6}$ s 时间内，地球运动的距离为

$$s' = u\tau_0 = 0.995 \times 3 \times 10^8 \times 2.15 \times 10^{-6} \text{ m} \approx 641.8 \text{ m},$$

似乎不能与μ子相遇. 然而，对于S'系来说，地面与μ子之间的距离存在长度收缩效应. 也就是说，根据式(14.4.10)，S'系中的观察者所测得的地面与μ子的距离为

$$L = 6\,000 \sqrt{1 - \dfrac{u^2}{c^2}} \approx 599.2 \text{ m}.$$

可见，在μ子衰变之前，地面已碰上了μ子，与方法一的结论一致.

因此，μ子能穿越大气层这一客观事实在哪个惯性系中描述，其结果都是一样的，只是在不同惯性系中观察者描述的角度不同. 地球上的观察者认为μ子能穿越大气层是由于时间延缓效应，μ子的寿命延长，故μ子能走更远的距离；在相对于μ子静止的惯性系中的观察者认为大气层的厚度变薄，故在μ子的寿命内也能走完全部路程. 从两种方法还可知，长度收缩和时间延缓效应等效，都是光速不变的结果.

14.5 狭义相对论动力学基础

狭义相对性原理要求物理定律在不同的惯性系中有相同的形式，而描述物理定律的方程式应是满足洛伦兹变换的不变式. 这样，描述物体（粒子）的动力学的一系列物理量（如动量、质量和能量等守恒量）以及与守恒量传递相联系的物理量（如力、功等）都面临着重新定义的问题. 首先，一切物理定律必须符合狭义相对性原理，而且在洛伦兹变换下保持物理定律形式不变；其次，伽利略变换是洛伦兹变换在速度$u \ll c$时的近似，从而相对论力学在低速时要回到经典力学. 因此，新定义的物理量，一是当速度$u \ll c$时必须趋于经典力学中相对应的量；二是使重要的基本守恒定律得以保持.

狭义相对论动力学基础

14.5.1 相对论动量和相对论质量

在经典力学中,一个速度为 v、质量为 m 的物体的动量定义为 $\boldsymbol{p}=m\boldsymbol{v}$,式中物体的质量 m 是不变量,与参考系和物体的运动速度 v 无关,其静止质量和运动质量无区别,即 $m(v=0)=m(v\neq 0)$。动量守恒定律是关于动量的基本定律,并在伽利略变换下有不变性,在一切惯性系中都成立。在狭义相对论中,为了不改变动量的基本定义(质量×速度),在低速时回到经典力学,仍将质量和速度的乘积作为相对论力学的动量定义,即

$$\boldsymbol{p}=m(v)\boldsymbol{v}, \tag{14.5.1}$$

并且认为动量守恒定律仍然适用,在一切惯性系中成立且物体的速度 v 服从洛伦兹速度变换。这时,物体的质量一定是速度大小的函数,即 $m=m(v)$。

为了揭示物体质量和速度的关系,分析一个理想实验。如图 14.13 所示,设在惯性系 S' 中有一粒子,原来静止在坐标原点 O' 处,在某一时刻此粒子分裂为完全相同的两半 A 和 B,分别以相同速率 u 沿 x' 轴正方向(单位矢量为 $\boldsymbol{i}$)和负方向运动(单位矢量为 $-\boldsymbol{i}$)。

在 S' 系中观察,粒子分裂前的质量为 M_0'(静止质量),由于粒子分裂为完全相同的两半 A 和 B,它们的速率相等,质量也相等,$m_A'=m_B'$,动量守恒定律在 S' 系中成立。

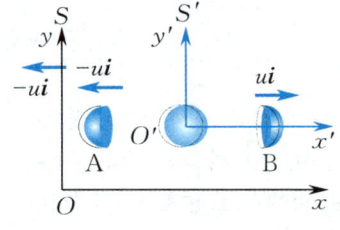

图 14.13 在 S' 系中观察

设另有一惯性系 S 相对于 S' 系以速率 u 沿 x' 轴负方向($-\boldsymbol{i}$)运动。在 S 系中,由于 A 是静止的,而 B 是运动的,以 m_A(静止质量)和 m_B(运动质量)分别表示两者的质量,M 为粒子分裂前的总质量。由于 S' 系相对于 S 系的速度为 $u\boldsymbol{i}$,B 在 S' 系中的速度为 $v_B'\boldsymbol{i}=u\boldsymbol{i}$,根据洛伦兹速度变换式(14.3.7),B 在 S 系中的速度的大小为

$$v_B=\frac{v_B'+u}{1+\frac{u}{c^2}v_B'}=\frac{2u}{1+\frac{u^2}{c^2}}, \tag{14.5.2}$$

方向沿 x 轴正方向。在 S 系中观察,动量也要守恒,应有

$$M u\boldsymbol{i}=m_B v_B\boldsymbol{i}. \tag{14.5.3}$$

在此我们合理假定在 S 系中粒子在分裂前后的质量是守恒的,即 $M=m_A+m_B$,式(14.5.3)可改写为

$$(m_A+m_B)u=\frac{2m_B u}{1+\frac{u^2}{c^2}}. \tag{14.5.4}$$

如果用经典力学中质量的概念,质量和速率无关,则应有 $m_A=m_B$,这样式(14.5.3)就不成立,即动量在 S 系中不再守恒。为了使动量守恒定律在一切惯性系中都成立,而且动量定义仍为式(14.5.1)的形式,就不能再认为 m_A 和 m_B 都与速率无关,而必须认为它们都

是各自速率的函数. 这样, 由式(14.5.4)可解得

$$m_B = m_A \frac{1 + \dfrac{u^2}{c^2}}{1 - \dfrac{u^2}{c^2}}.$$

再利用式(14.5.2), 可得

$$u = \frac{c^2}{v_B}\left(1 - \sqrt{1 - \frac{v_B^2}{c^2}}\right),$$

联立上两式, 消除 u, 可得

$$m_B = \frac{m_A}{\sqrt{1 - \dfrac{v_B^2}{c^2}}}. \tag{14.5.5}$$

式(14.5.5)说明, 若动量守恒定律在 S 系中成立, 完全相同的粒子由于速率不同, 质量是有差别的. 由于 A 是静止的, 它的质量称为**静质量**, 以 m_0 表示; 如果 B 静止, 其静质量也一定是 m_0. 在 S 系中, B 以速率 v_B 运动, 它的质量不等于 m_0. 以 v 代替 v_B, 并以 m 代替 m_B, 表示以速率 v 运动时的质量, 则式(14.5.5)可写为

$$m(v) = \frac{m_0}{\sqrt{1 - \dfrac{v^2}{c^2}}}, \tag{14.5.6}$$

式中 $m(v)$ 称为**相对论质量**. 这就是狭义相对论的质速关系. 它给出一个物体的相对论质量和运动速率 v 的关系. 注意运动速率 v 是粒子相对于某一惯性系的速率, 而不是某两个惯性系之间的相对速率, m_0 是粒子相对于某惯性系静止($v = 0$)时的质量. 同一粒子相对于不同的惯性系速率不同, 在这些惯性系中测得的粒子的质量也是不同的.

由式(14.5.1)和(14.5.6)可知, 在相对论动力学中, 质点的动量表达式可写为

$$\boldsymbol{p} = \frac{m_0 \boldsymbol{v}}{\sqrt{1 - \dfrac{v^2}{c^2}}}. \tag{14.5.7}$$

1901 年, 考夫曼从放射性镭放射出来的高速电子中发现了电子的质量随速率而改变的现象. 根据电荷守恒定律, 考夫曼假定电子电荷量不会随电子的运动速率而变化(否则不能保证原子是电中性的), 验证了相对论质量 m 与速率 v 的关系式(14.5.6). 实验结果表明, 对高能粒子而言, 其 $\dfrac{m}{m_0}$ 随粒子的运动速率接近光速 $\left(\dfrac{v}{c} \to 1\right)$ 而迅速增大(见图 14.14).

如果物体的速率远小于光速, 即 $v \ll c$, 式(14.5.6)和

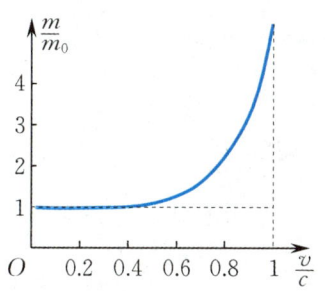

图 14.14 质量随速率的变化

(14.5.7) 就给出 $m \approx m_0$ 和 $p = mv \approx m_0 v$，质量是不变量. 这就是经典力学中讨论的情况，经典力学中的质量就是物体的静质量. 在一般情况下，宏观物体的运动速度比光速要小得多，其质量 m 和静质量很接近，因而可以忽略其质量的改变. 但对于微观粒子，其速率可能接近光速，其质量 m 和静质量有显著的不同. 在现代实验中，能将电子的能量加速到 20 GeV，此时

$$c - v \approx 3 \times 10^{-10} \text{ m/s}, \quad \frac{m}{m_0} = 4 \times 10^4.$$

此外，由式(14.5.6)还可看到，当 $v > c$ 时，m 将变为虚数而无实际意义. 这就说明，真空中的光速 c 是极限速率.

14.5.2 相对论动能

在相对论动力学中，仍然用动量 p 的变化率定义质点所受的力，即

$$F = \frac{dp}{dt} = \frac{d}{dt}(mv) \tag{14.5.8}$$

仍是正确的. 但由于相对论质量 m 是随 v 变化的，因而也是随时间变化的，则

$$F = \frac{dp}{dt} = \frac{d}{dt}(mv) = m\frac{dv}{dt} + v\frac{dm}{dt}. \tag{14.5.9}$$

式(14.5.9)是相对论动力学的基本方程，它的数学表达式在洛伦兹变换下具有不变性. 显然，它不再和表达式 $F = ma = m\frac{dv}{dt}$ 等效. 这就是说，用加速度表示的牛顿第二定律，在相对论动力学中不再成立.

若物体在恒力 F_0 的作用下做初速度为零的直线运动，则由式(14.5.8)，有

$$F_0 = \frac{d}{dt}\left(\frac{m_0 v}{\sqrt{1 - \frac{v^2}{c^2}}}\right).$$

对上式从 $t = 0$ 到任意时刻 t 求积分，有

$$\int_0^t F_0 dt = \int_0^v d\left(\frac{m_0 v}{\sqrt{1 - \frac{v^2}{c^2}}}\right),$$

可得

$$F_0 t = \frac{m_0 v}{\sqrt{1 - \frac{v^2}{c^2}}},$$

于是

$$v^2 = \frac{F_0^2 t^2}{m_0^2 + \frac{F_0^2 t^2}{c^2}} = c^2\left(1 + \frac{m_0^2 c^2}{F_0^2 t^2}\right)^{-1} = c^2\left(1 - \frac{m_0^2 c^2}{F_0^2 t^2} + \cdots\right).$$

可见,当 $t \to \infty$ 时,$v \to c$,即物体在恒力作用下,由于相对论质量随速率的增大而增加,使物体的速率不能无限增加,所能达到的极限速率就是光速 c. 在狭义相对论中,从运动学和动力学两方面都得到了光速为自然界极限速率的结论. 自然界存在的极限速率在一切惯性系中都是等价的. 因此,光速不变原理也是狭义相对性原理的反映.

显然,当 $v \ll c$ 时,式(14.5.9)就回到经典力学的动力学方程,有

$$\boldsymbol{F} = \frac{\mathrm{d}\boldsymbol{p}}{\mathrm{d}t} = m_0 \frac{\mathrm{d}\boldsymbol{v}}{\mathrm{d}t} = m_0 \boldsymbol{a}.$$

可见,经典力学只是相对论力学在物体低速运动条件下的近似.

关于动能,相对论动力学与经典力学有同样的观点. 动能 E_k 是物体因运动而具有的能量,物体动能的增量与外力对其所做的功 A 等值,物体的动能 E_k 仍等于物体的速率由零($v_0 = 0, E_{k0} = 0$)增大到 v 的过程中作用在物体上的外力 $\boldsymbol{F}$ 所做的功,即

$$E_k = E_k - E_{k0} = A = \int_0^v \boldsymbol{F} \cdot \mathrm{d}\boldsymbol{r} = \int_0^v \frac{\mathrm{d}(m\boldsymbol{v})}{\mathrm{d}t} \cdot \mathrm{d}\boldsymbol{r} = \int_0^v \mathrm{d}(m\boldsymbol{v}) \cdot \boldsymbol{v}. \tag{14.5.10}$$

由于

$$\mathrm{d}(m\boldsymbol{v}) \cdot \boldsymbol{v} = (\boldsymbol{v}\mathrm{d}m + m\mathrm{d}\boldsymbol{v}) \cdot \boldsymbol{v} = v^2 \mathrm{d}m + mv\mathrm{d}v, \tag{14.5.11}$$

又由式(14.5.6),可得

$$m^2 c^2 - m^2 v^2 = m_0^2 c^2,$$

两边求微分,有

$$2mc^2 \mathrm{d}m - 2mv^2 \mathrm{d}m - 2m^2 v \mathrm{d}v = 0,$$

即 $c^2 \mathrm{d}m = v^2 \mathrm{d}m + mv\mathrm{d}v$,将此式代入式(14.5.11),有

$$\mathrm{d}(m\boldsymbol{v}) \cdot \boldsymbol{v} = c^2 \mathrm{d}m.$$

再将上式代入式(14.5.10),考虑到物体速率由 0 增大到 v 时,其质量由 m_0 变化到 m,因而有

$$E_k = \int_{m_0}^m c^2 \mathrm{d}m = mc^2 - m_0 c^2. \tag{14.5.12}$$

这就是**相对论动能公式**,式中 m 为相对论质量.

当 $v \ll c$ 时,

$$\frac{1}{\sqrt{1 - \frac{v^2}{c^2}}} = 1 + \frac{1}{2}\frac{v^2}{c^2} + \cdots \approx 1 + \frac{v^2}{2c^2},$$

因此式(14.5.6)可写为

$$m(v) \approx m_0\left(1 + \frac{v^2}{2c^2}\right),$$

则由式(14.5.12),可得

$$E_k \approx m_0 c^2 \left(1 + \frac{v^2}{2c^2}\right) - m_0 c^2 = m_0 c^2 \frac{v^2}{2c^2} = \frac{1}{2} m_0 v^2.$$

这时又回到了我们熟悉的经典力学的动能表达式.

应该强调,相对论动量公式和相对论动量变化率公式,在形式上都与经典力学中的一样,只是其中的 m_0 要换成相对论质量 m. 相对论动能公式和经典力学中的动能公式在形式上就不一样,只把后者中的 m_0 换成相对论质量 m 并不能得到前者. 在相对论动力学中,质点的动能等于质点因运动而引起的质量的增量 $\Delta m = m - m_0$ 乘以光速的平方,而经典力学中质点的动能等于 $\frac{1}{2} m_0 v^2$,从 $\dfrac{1}{\sqrt{1-\dfrac{v^2}{c^2}}}$ 的展开式中可以看出,许多高次项在高速情况下是不能忽略的.

14.5.3 相对论能量

在相对论动能公式 $E_k = mc^2 - m_0 c^2$ 中,等号右端两项都具有能量的量纲,爱因斯坦将 $m_0 c^2$ 这一恒量解释为粒子因有静质量 m_0 而具有的能量,称为**静能**,用 E_0 表示,即

$$E_0 = m_0 c^2. \tag{14.5.13}$$

静能是每个有静质量的粒子都具有的能量,哪怕它处于静止状态. 而对于一个以速率 v 运动的粒子,其动能和静能之和称为粒子的总能量,用 E 表示,即

$$E = mc^2 = E_k + m_0 c^2 = \frac{m_0 c^2}{\sqrt{1-\dfrac{v^2}{c^2}}}. \tag{14.5.14}$$

式(14.5.14)就是著名的**质能关系**,是相对论最有意义的结论之一,它把粒子能量与相对论质量 m(甚至是静质量 m_0)直接联系起来了. 这就是说,**一定的质量相应于一定的能量,两者的数值只差一个恒定的因子** c^2. 按式(14.5.14)计算,一个静质量为 9.11×10^{-31} kg 的电子所对应的静能为 8.19×10^{-14} J 或 0.511 MeV;一个静质量为 1.673×10^{-27} kg 的质子所对应的静能为 1.503×10^{-10} J 或 938 MeV.

质量和能量都是物质的重要属性. 质量可以通过物体的惯性和万有引力现象而体现出来,能量可以通过物质系统状态变化时对外界做功、传递热量等形式而体现出来. 能量与质量虽然在表现方式上有所不同,但两者是不可分割的. 质能关系就揭示了质量和能量的不可分割,但并不是说,质量和能量可以相互转化.

在孤立系统中,几个粒子在相互作用(如碰撞)过程中能量守恒就表示为

$$\sum_i E_i = \sum_i (m_i c^2) = 常量. \qquad (14.5.15)$$

由式(14.5.15)立即可以得出

$$\sum_i m_i = 常量. \qquad (14.5.16)$$

可见，**在相对论中，能量守恒就意味着质量守恒，这两条自然规律完全统一**. 但应该指出，历史上的能量守恒和质量守恒是被分别发现的两条相互独立的自然规律，质量守恒只涉及粒子的静质量，它只是相对论质量守恒在粒子能量变化很小时的近似. 一般情况下，当涉及的能量变化较大时，粒子的静质量是可以改变的. 爱因斯坦在 1905 年首先指出："就一个粒子来说，如果由于自身内部的过程使它的能量减小了，它的静质量也将相应地减小."接着他又指出："用那些所含能量是高度可变的物体（如镭盐）来验证这个理论，不是不可能成功的."后来的事实正如他所预料的那样，在放射性衰变、核反应以及有关高能粒子的实验中，无数事实都证明了质能关系所表示的质量、能量关系的正确性. 原子时代可以说是随同这一关系的发现而到来的.

在核反应中，以 m_{01} 和 m_{02} 分别表示反应粒子和生成粒子的总静质量，以 E_{k1} 和 E_{k2} 分别表示反应前、后它们的总动能. 利用式(14.5.15)，有

$$m_{01} c^2 + E_{k1} = m_{02} c^2 + E_{k2},$$

由此可得

$$E_{k2} - E_{k1} = (m_{01} - m_{02}) c^2, \qquad (14.5.17)$$

式中 $E_{k2} - E_{k1}$ 表示核反应后粒子总动能的增量，即核反应所释放的能量，通常以 ΔE 表示；$m_{01} - m_{02}$ 表示经过核反应后粒子总静质量的减少量，称为**质量亏损**，以 Δm_0 表示. 这样，式(14.5.17)就可以表示成

$$\Delta E = \Delta m_0 c^2. \qquad (14.5.18)$$

这说明核反应中释放一定的能量相应于一定的质量亏损. 这个公式是关于原子能的一个基本公式.

14.5.4　能量和动量的关系

为了找到能量和动量之间的关系，对式(14.5.6)两边平方，有

$$m^2 = \frac{m_0^2}{1 - \dfrac{v^2}{c^2}},$$

两边再乘以 $c^2(c^2 - v^2)$，得

$$m^2 c^4 - m^2 c^2 v^2 = m_0^2 c^4,$$

上式左端第一项为 E^2，第二项为 $p^2 c^2$，故得

$$E^2 = p^2c^2 + m_0^2c^4. \qquad (14.5.19)$$

这就是 相对论能量-动量关系，它给出了粒子的能量与静能、动量之间的关系。在实际应用中，人们知道的往往是粒子的能量或动量，而不是粒子的速度，所以式(14.5.19)是很有用的。

如果以 E, pc, m_0c^2 分别表示一个三角形三边的长度，则它们正好构成一个直角三角形，可用图 14.15 来表示。因此，式(14.5.19)也称为 能量和动量的三角关系。值得指出的是，这一三角关系仅对自由粒子（又称处于质壳上的粒子）成立，故又称为 质壳关系。

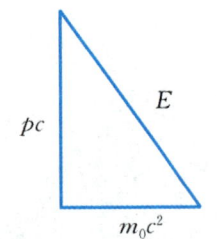

图 14.15 能量和动量的三角关系

注意，在图 14.15 中，底边是与参考系无关的静能 m_0c^2，斜边为总能量 E，它随正比于动量的高 pc 的增大而增大。在 $v \to c$ 的极端情形下，$E \approx pc$（极端相对论情形）。这样，相对论能量-动量关系给出了一个令人惊奇的结果，指出存在"无质量"粒子的可能性。这些微观粒子具有动量和能量，但是它们没有静质量（$m_0 = 0$），因而也没有静能。它们没有静止状态，一出现，其速率总是 c。于是可以得出结论：一个静质量为零的粒子，在任意惯性系中都只能以光速运动，永远不会停止。

迄今为止，光子是物理学中主要的静质量为零的粒子。与放射性β衰变的弱相互作用相联系的中微子，通常也被认为是静质量为零的粒子，因为它的静质量只不过是电子静质量的 $\dfrac{1}{2\,000}$。这类粒子的速率 c 是不变的。质量丧失了惯性方面的含义，几乎成了能量的同义语。一个电子和一个正电子可以湮没变成两个 γ 光子。这是静能全部转化为动能的例子。

对静质量不为零、动能为 E_k 的粒子，将 $E = E_k + m_0c^2$ 代入式(14.5.19)，得

$$E_k^2 + 2E_k m_0 c^2 = p^2 c^2.$$

当 $v \ll c$ 时，粒子的动能 E_k 要比其静能 m_0c^2 小得多，因而上式左端第一项与第二项相比，可以略去，于是得

$$E_k = \frac{p^2}{2m_0} = \frac{1}{2} m_0 v^2,$$

又回到了经典力学的动能表达式。

例 14.5.1 如图 14.16 所示，在惯性系 S 中，两个静质量都是 m_0 的粒子 A 和 B 分别以大小相等、方向相反的速度相互接近并发生完全非弹性碰撞，求碰撞后复合粒子的质量。

解 以 M_0, M 分别表示复合粒子的静质量和相对论质量，设其速度为 V，根据动量守恒定律，有

$$m_A\boldsymbol{v}_A + m_B\boldsymbol{v}_B = M\boldsymbol{V}.$$

依题意,由于粒子 A 和 B 的静质量一样,上式可写为

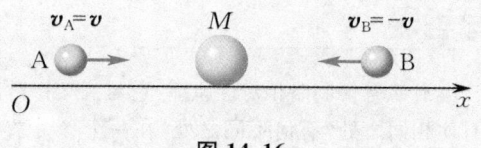

图 14.16

$$\frac{m_0\boldsymbol{v}_A}{\sqrt{1-\frac{v_A^2}{c^2}}} + \frac{m_0\boldsymbol{v}_B}{\sqrt{1-\frac{v_B^2}{c^2}}} = \frac{M_0\boldsymbol{V}}{\sqrt{1-\frac{V^2}{c^2}}}.$$

因为粒子 A 和 B 的速率一样,$v_A = v_B = v$,且 $\boldsymbol{v}_A = -\boldsymbol{v}_B$,所以 $m_A = m_B$. 上两式都能给出 $\boldsymbol{V} = \boldsymbol{0}$,即复合粒子是静止的,所以

$$M = M_0.$$

再根据能量守恒定律,$M_0 c^2 = m_A c^2 + m_B c^2$,可得碰撞后复合粒子的质量为

$$M = M_0 = m_A + m_B = \frac{2m_0}{\sqrt{1-\frac{v^2}{c^2}}}.$$

因为上式中分母小于 1,故 $M_0 > 2m_0$. 此结果表明,复合粒子的静质量比其组成粒子的静质量之和大. 这是由于碰撞前两个粒子的动能通过非弹性碰撞转化为碰撞后形成的复合粒子的静能. 根据质能关系可知,与碰撞前两个粒子的动能对应的质量转化为碰撞后形成的复合粒子的静质量,因此系统的静质量在碰撞后有所增加.

例 14.5.2 在热核反应 $^2_1\text{H} + ^3_1\text{H} \longrightarrow ^4_2\text{He} + ^1_0\text{n}$ 中,各种粒子的静质量如下:

氘核(^2_1H),$m_D = 3.3437 \times 10^{-27}$ kg;

氚核(^3_1H),$m_T = 5.0049 \times 10^{-27}$ kg;

氦核(^4_2He),$m_{He} = 6.6425 \times 10^{-27}$ kg;

中子(^1_0n),$m_n = 1.6750 \times 10^{-27}$ kg,

求热核反应释放的能量.

解 热核反应的质量亏损为

$$\begin{aligned}\Delta m_0 &= (m_D + m_T) - (m_{He} + m_n) \\ &= [(3.3437 + 5.0049) - (6.6425 + 1.6750)] \times 10^{-27}\ \text{kg} \\ &= 0.0311 \times 10^{-27}\ \text{kg},\end{aligned}$$

释放的能量为

$$\Delta E = \Delta m_0 c^2 = 0.0311 \times 10^{-27} \times 9 \times 10^{16}\ \text{J} = 2.799 \times 10^{-12}\ \text{J}.$$

1 kg 这种核燃料所释放的能量为

$$\frac{\Delta E}{m_D + m_T} = \frac{2.799 \times 10^{-12}}{8.3486 \times 10^{-27}}\ \text{J} \approx 3.35 \times 10^{14}\ \text{J}.$$

这一数值是 1 kg 优质煤所释放的能量(约 2.93×10^7 J)的 1.14×10^7 倍,即一千多万倍. 而这一反应的释能效率,即所释放的能量与燃料的静能之比,也不过是

$$\frac{\Delta E}{(m_D + m_T)c^2} = \frac{2.799 \times 10^{-12}}{8.3486 \times 10^{-27} \times (3 \times 10^8)^2} \approx 0.37\%.$$

可见,这是一种产生巨大能量的过程. 氢弹以及可控热核反应,正是这种核聚变的应用.

思考题

1. 什么是伽利略相对性原理?它与狭义相对性原理有何相同之处?有何不同之处?在一个参考系内做力学实验能否测出这个参考系相对于惯性系的加速度?

2. 两个惯性系做相对运动,当它们的坐标原点重合时,在坐标原点处发出一光波,此后分别在两惯性系中观察光波的波面,其形状如何变化?如何解释?

3. 同时性的相对性是什么意思?为什么会有这种相对性?如果光速较小或无限大,同时性的相对性效应会怎样?

4. 同时性的相对性是针对任意两个事件而言的吗?在一个惯性系中同一时刻、不同地点发生的两个事件,在相对于此惯性系运动的其他惯性系中测得两个事件一定同时发生吗?一定不同时发生吗?

5. 如图 14.17 所示,列车以高速 u 穿过一山底隧道,列车和隧道静止时有相同的长度 L_0,山顶上有人看到当列车完全进入隧道中时,在隧道的进口和出口处同时发生了雷击,但并未击中列车,试按狭义相对论理论定性分析列车上的乘客应观察到什么现象. 这一现象是如何发生的?

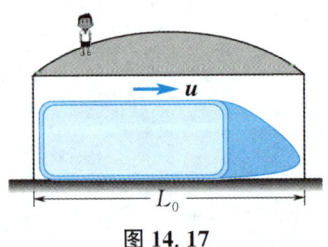

图 14.17

6. 如图 14.18 所示,一列长度为 L_0 的列车以 $u=0.8c$ 的速度通过站台. 若列车首尾分别放置已校准的标准时钟 C_1' 和 C_2',当 C_1' 与站台上的标准时钟 C 对齐时,两者同时指示零点. 问:当 C_2' 与 C 对齐时,两者各指示几点?

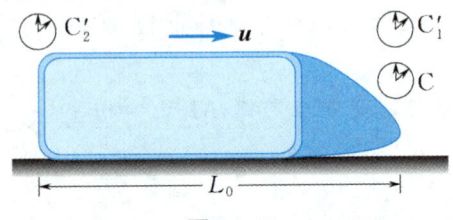

图 14.18

7. 在垂直于两惯性系相对速度的方向上,洛伦兹变换与伽利略坐标变换 $y=y', z=z'$ 相同,但洛伦兹速度变换却与伽利略速度变换 $v_y=v_y', v_z=v_z'$ 不同,为什么?

8. 根据狭义相对论理论,实物粒子在介质中的运动速率是否有可能大于光在该介质中的传播速率?

9. 经典力学中的动能定理和相对论动力学中的动能定理有什么相同和不同之处?

10. 作用于物体上的外力会随惯性系的不同而不同吗?分别从经典力学与相对论力学的角度讨论.

习题 14

1. 在惯性系 S 中,相距为 $\Delta x = 5\times 10^6$ m 的两个地点发生两个事件,时间间隔为 $\Delta t = 10^{-2}$ s,而在相对于 S 系沿 x 轴正方向匀速运动的 S' 系中观测到两个事件却是同时发生的. 计算在 S' 系中发生两个事件的地点的距离 $\Delta x'$.

2. 观察者甲和乙分别静止于两个惯性系 S 和 S' 中,甲测得在同一地点发生的两个事件的时间间隔为 4 s,而乙测得这两个事件的时间间隔为 5 s. 求:

(1) S' 系相对于 S 系的运动速度;

(2) 乙测得的两个事件发生的地点的距离.

3. 在相对于 μ 子静止的惯性系中测得其寿命为 $\tau_0 = 2\times 10^{-6}$ s. 如果 μ 子相对于地球的速度为 $u = 0.998c$,则在地球参考系中测出的 μ 子的寿命为多长?

4. 设有宇宙飞船 A 和 B,固有长度均为 $L_0 = 100$ m,两宇宙飞船沿同一方向匀速飞行,在宇宙飞船 B 上观测到宇宙飞船 A 的船头、船尾经过宇宙飞船 B 船头的时间间隔为 $\Delta t = \dfrac{5}{3}\times 10^{-7}$ s,求宇宙飞船 B 相对于宇宙飞船 A 的速率.

5. 一隧道长为 L,宽为 d,高为 h,拱顶为半圆,如图 14.19 所示. 设想一列车以高速 v 沿隧道长度方向

通过隧道,若从列车上观测,问:

(1) 隧道的尺寸如何?

(2) 设列车的长度为 L_0,它全部通过隧道所需的时间为多少?

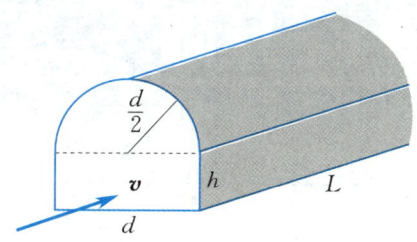

图 14.19

6. 一体积为 V_0、质量为 m_0 的立方体沿其一棱的方向相对于观察者以速率 v 运动,则观察者测得其密度为多少?

7. 两火箭甲和乙相向运动,它们相对于静止观察者的速率都是 $\frac{3}{4}c$. 求火箭甲相对于火箭乙的速率.

8. 设 S' 系相对于 S 系以速率 u 沿 x 轴正方向运动,S' 系和 S 系的相应坐标轴平行. 如果从 S' 系中沿 y' 轴正方向发出一光信号,求在 S 系中观察到的该光信号的传播速率和传播方向.

9. 某一宇宙射线中的介子的动能为 $E_k = 7M_0c^2$,式中 M_0 是介子的静质量. 求在实验室中观察到它的寿命是它固有寿命的多少倍.

10. 要使电子的速度从 $v_1 = 1.2 \times 10^8$ m/s 增加到 $v_2 = 2.4 \times 10^8$ m/s 必须对它做多少功? 已知电子的静质量为 $m_e = 9.11 \times 10^{-31}$ kg.

11. 设快速运动的介子的能量为 $E \approx 3\,000$ MeV, 而这种介子的静能为 $E_0 = 100$ MeV. 若这种介子的固有寿命为 $\tau_0 = 2 \times 10^{-6}$ s, 求它运动的距离. 已知真空中光速为 $c = 2.997\,9 \times 10^8$ m/s.

12. 在实验室中测得电子的速率是 $0.8c$. 假设一观察者相对于实验室以 $0.6c$ 的速率运动, 其方向与电子运动的方向相同. 求该观察者测出的电子的动能和动量. 已知电子的静质量为 $m_e = 9.11 \times 10^{-31}$ kg.

13. 在北京的正负电子对撞机中, 电子可以被加速到动能为 $E_k = 2.8 \times 10^9$ eV. 问:

(1) 电子的速率和光速相差多少?

(2) 电子的动量多大?

(3) 电子在周长为 240 m 的储存环内绕行时, 它所受的向心力为多大? 需要多大的偏转磁场?

14. 太阳发出的能量是由质子参与的一系列反应产生的, 其总结果相当于下述热核反应:

$$4\,^1_1\text{H} \longrightarrow {}^4_2\text{He} + 2\,^0_1\text{e}.$$

已知质子 (^1_1H) 的静质量为 $m_p = 1.672\,6 \times 10^{-27}$ kg, 氦核 (^4_2He) 的静质量为 $m_{\text{He}} = 6.642\,5 \times 10^{-27}$ kg, 正电子 (^0_1e) 的静质量为 $m_e = 0.000\,9 \times 10^{-27}$ kg. 求:

(1) 这一反应释放了多少能量?

(2) 消耗 1 kg 质子可以释放多少能量?

(3) 目前太阳辐射的总功率为 $P = 3.9 \times 10^{26}$ W, 它每秒消耗的质子的质量为多少?

第 14 章阅读材料

第 15 章 量子力学基础

1900 年前后,人们发现了一些经典物理理论无法解释的实验事实,如黑体辐射、光电效应及原子光谱等实验规律.为了解释这些规律,必须建立新理论,量子力学就是在这样的背景下发展与建立起来的.本章的前半部分主要介绍上述实验规律以及当时为解释这些规律而提出的相关理论,以使读者对量子力学的建立有一个基本的了解.本章的后半部分主要介绍量子力学的基本内容与应用.

15.1 黑体辐射 普朗克能量子假说

15.1.1 热辐射与黑体辐射

把铁条插入炉火中,它会被烧得通红.起初在温度不太高时,看不到铁条发光,却能感受到它辐射出来的热量.当温度达到 500 ℃ 左右时,铁条开始发出可见光.随着温度的不断升高,不但光强逐渐增大,光的颜色也由暗红转为橙红,温度很高时可以变为黄白色.其他物体加热时,其发光颜色也有类似的随温度而改变的现象.由于光就是电磁波,以上事例说明,在不同温度下,物体能发出频率不同的电磁波.实验证明,在任何温度下,物体都向外发出电磁波,只是在不同温度下所发出的各种电磁波的能量按频率有不同的分布,所以才表现为不同的颜色.

我们把这种与温度有关的辐射称为 热辐射.物体在进行热辐射的同时,也吸收照射到它表面的电磁波.当某物体从外界吸收的能量恰好等于它因辐射而减少的能量时,物体就处于 平衡热辐射 状态,此时物体的温度保持不变.

实验表明,一个物体的辐射能力和吸收能力都与它表面的材料有关,吸收本领越大的物体,辐射本领也越大.例如,白色表面吸收电磁波的能力小,在同一温度下它辐射的电磁波的强度也小;表面越黑,吸收电磁波的能力越大,在同一温度下它辐射的电磁波的强度也越大. 能完全吸收照射到它上面的电磁波的物体,称为**绝对黑体**,简称**黑体**.

19 世纪末,在德国钢铁工业大发展的背景下,许多德国的实验和理论物理学家都很关注黑体辐射的研究,因为它可以作为炼钢炉的理论模型. 理想的黑体是不存在的,即使是很黑的煤也只能吸收 99% 的入射电磁波. 于是,物理学家想出了这样一种装置:用不透明的材料制成一个空腔,在腔壁上开一个极小的孔,这样射入小孔的光会被腔内壁多次反射而最后被腔壁吸收,很难有机会再从小孔射出,这样一个小孔实际上就能完全吸收各种波长的电磁波而成为一个比较理想的黑体(见图 15.1).

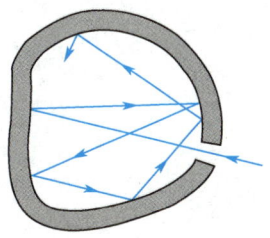

图 15.1　黑体模型

当我们维持这样的黑体在一定的温度时,由腔壁发出的辐射也是经过多次反射才从小孔射出来的,在小孔处就可以测量黑体辐射出的电磁波强度与波长 λ(或频率 ν)的关系. 为了便于比较和研究同一物体在不同温度下或不同物体在同一温度下辐射能量随波长的变化情况,定义物体在温度为 T 的平衡热辐射状态下,从单位表面积上发射 λ 到 $\lambda + \mathrm{d}\lambda$ 波段范围内的电磁波功率为**单色辐出度**(也称为单色辐射出射度),记为 M_λ 或 $M(\lambda, T)$. 相应地,对于不同温度下辐射能量按频率的分布,记为 M_ν 或 $M(\nu, T)$.

黑体在单位时间内从单位表面积发出的各种波长的电磁波的总能量称为**辐出度**(也称为辐射出射度),用 M 表示.

15.1.2　黑体辐射的实验定律

1864 年,廷德尔(Tyndall)用加热的空腔做实验,精确测定了辐射能量与温度的关系. 1879 年,斯特藩(Stefan)根据这一结果以及他人的实验,总结出了辐出度与热力学温度的四次方成正比. 之后,热辐射实验技术有了突破性的进步,使得人们可以更好地研究黑体辐射问题.

测量黑体单色辐出度随波长变化的实验装置如图 15.2 所示. 将黑体加热,从小孔中发出的辐射线经过透镜和一个平行光管成为平行射线,再入射到三棱镜上. 由于不同波长的射线在三棱镜内产生的偏向角不同,射线通过三棱镜后取不同的方向. 利用一个可以转动的热电偶测量装置,可以接收到不同波长辐射线的功率. 图 15.3 是黑体在不同温度下辐射出的电磁波的相对强度与波长关系的实验曲线.

1884 年,玻尔兹曼根据电磁学与热力学的理论,证明了斯特藩的结论适用于黑体. 维恩(Wien)在他人实验结果的基础上,根据热力学与电磁学理论,研究了空腔内热平衡辐射的绝热膨胀,于 1893 年提出了维恩位移律.

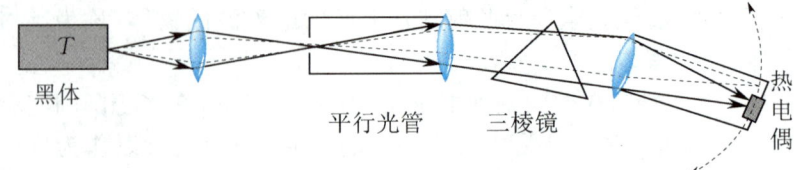

图 15.2 测定黑体单色辐出度按波长分布的实验原理图

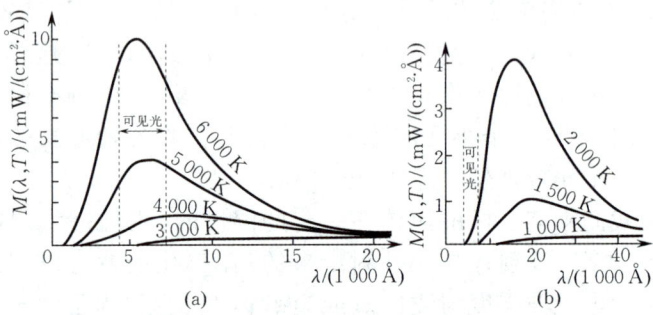

图 15.3 黑体辐射实验曲线

(1) **斯特藩-玻尔兹曼定律**. 黑体在单位时间内从单位表面积发出的各种频率的电磁波的总能量为

$$M = \sigma T^4, \quad (15.1.1)$$

式中 σ 为斯特藩常量,一般计算时,其值取

$$\sigma = 5.67 \times 10^{-8} \text{ W}/(\text{m}^2 \cdot \text{K}^4).$$

辐出度与单色辐出度的关系为

$$M = \int_0^\infty M(\lambda, T) \mathrm{d}\lambda \quad \text{或} \quad M = \int_0^\infty M(\nu, T) \mathrm{d}\nu.$$

由辐出度与单色辐出度的关系可知,M 就是 M_λ-λ(或 M_ν-ν)曲线下方的面积,它代表黑体的总辐射本领.

(2) **维恩位移律**. 单色辐出度最大值对应的电磁波波长和热力学温度的关系为

$$\lambda_m T = b, \quad (15.1.2)$$

式中 b 为维恩常量,一般计算时,其值取 $b = 2.897 \times 10^{-3}$ m·K. 式(15.1.2)也可以写为 $\nu_m = C_\nu T$,式中 $C_\nu = 5.879 \times 10^{10}$ Hz/K.

维恩位移律表明,单色辐出度最大值所对应的电磁波波长随温度的升高而变短(见表 15.1). 当温度在 5 000 ~ 6 000 K 范围内时,λ_m 处于可见光波段的中部,这时热辐射中全部可见光都较强,它引起人眼的感觉就是白色.

表 15.1 λ_m 与热力学温度 T 的对应关系

T/K	500	1 000	2 000	3 000	4 000	5 000	6 000	7 000	8 000
λ_m/nm	5 760	2 880	1 440	960	720	580	480	410	360

例 15.1.1 由测量得到太阳辐射谱峰值的波长为 $\lambda_m = 490$ nm,计算太阳的表面温度、辐出度和太阳辐射的总功率. 已知太阳半径为 $R = 0.7 \times 10^9$ m.

解 将太阳视为黑体,由维恩位移律 $\lambda_m T = b$,得太阳的表面温度为
$$T = \frac{b}{\lambda_m} = \frac{2.897 \times 10^{-3}}{490 \times 10^{-9}} \text{ K} \approx 5.91 \times 10^3 \text{ K}.$$

由斯特藩-玻尔兹曼定律可得辐出度为
$$M = \sigma T^4 \approx 5.67 \times 10^{-8} \times (5.91 \times 10^3)^4 \text{ W/m}^2 \approx 6.92 \times 10^7 \text{ W/m}^2.$$

太阳辐射的总功率为
$$P = 4\pi R^2 M \approx 4\pi \times (0.7 \times 10^9)^2 \times 6.92 \times 10^7 \text{ W} \approx 4.3 \times 10^{26} \text{ W}.$$

15.1.3 普朗克能量子假说

对于黑体辐射实验结果(见图 15.3),当时人们(如维恩、瑞利和金斯(Jeans))试图从经典物理理论中给予解释. 然而用当时已被认为"完善"的经典电磁理论和热力学理论得出的结果都与实验结果不符(见图 15.4). 其中瑞利、金斯利用经典电磁理论与能量均分定理得出的公式在长波部分与实验结果符合得较好,但在短波部分却给出与实验相反的结果,即波长越短,单色辐出度越高,以致单色辐出度趋向"无限大". 人们将这一与事实不符的结果称为"**紫外灾难**".

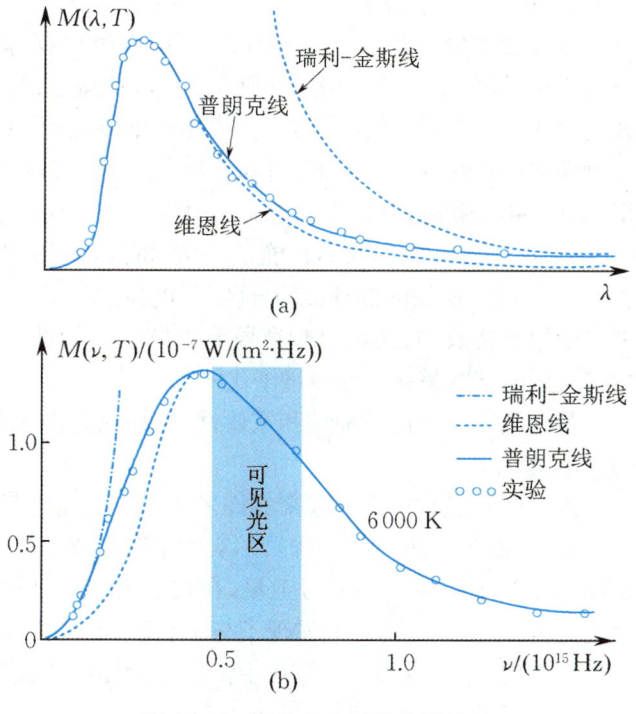

图 15.4 理论与实验曲线的比较

德国物理学家普朗克为摆脱上述困难,经过深入研究和分析,发现只要抛弃经典物理理论中关于能量连续分布的概念,将能量视为一份一份的,就可以得到与实验结果完全一致的黑体辐射公式,从而首次提出了能量量子化的概念.

普朗克关于黑体辐射的能量子假说表述如下:

(1) 黑体腔壁内的振动原子可以视为带电谐振子(振荡电偶极子),黑体辐射是腔壁中的谐振子向外辐射各种频率电磁波的结果.

(2) 振动原子的振动能量不是连续地取值,只能取最小能量的整数倍,每一份能量同谐振子的频率 ν 成正比,即谐振子的能量只能是

$$E = nh\nu, \tag{15.1.3}$$

式中 n 是正整数,称为量子数.普朗克把式(15.1.3)给出的每一份能量单元 $h\nu$ 称为**能量子**,简称**量子**,h 称为**普朗克常量**,一般计算时,其值取 $h = 6.63 \times 10^{-34}$ J·s.

普朗克在上述能量子假说的基础上,结合统计理论、电磁理论,导出了黑体的单色辐出度公式(即**普朗克公式**):

$$M_\nu = \frac{2\pi h}{c^2} \frac{\nu^3}{e^{h\nu/kT} - 1} \quad \text{或} \quad M_\lambda = \frac{2\pi hc^2}{\lambda^5} \frac{1}{e^{hc/\lambda kT} - 1}, \tag{15.1.4}$$

式中 c 为真空中的光速,k 为玻尔兹曼常量.这一公式在全部频率范围内都和实验曲线完全吻合.

接受普朗克的能量子假说是比较困难的,因为经典物理理论中振动原子的能量是可以连续取值的,原则上不受什么限制.即使是普朗克本人,在"绝望地""不惜任何代价地"提出量子概念后,还长期尝试用经典物理理论来解释它的由来,但都失败了.直到 1911 年,他才真正认识到量子化全新的、基础性的意义,它是不可能由经典物理理论导出的.物理量的量子化现象不止能量一例.例如,美国物理学家密立根在 1911 年前后所做的油滴实验,证实了电荷的量子化.如果考虑物质都是由原子构成的,还可以知道所有物体的质量都是原子质量的整数倍.这样,就容易接受能量量子化的观点了.

由于能量子这一概念的革命性和重要性,普朗克获得了 1918 年诺贝尔物理学奖.

在研究黑体辐射过程中发展起来的许多技术在现代已获得广泛的应用,如高炉测温等. 1964 年,美国贝尔实验室彭齐亚斯(Penzias)、威尔逊(Wilson) 为了跟踪"回声"号卫星,在校准天线的过程中发现了空间存在无法消除的噪声,由此发现了与 $T = 2.7$ K 的黑体辐射一致的**宇宙背景辐射**,这一发现为大爆炸宇宙学理论提供了证据,他们也因此荣获 1978 年诺贝尔物理学奖.

附录 A 普朗克公式的推导

把黑体空腔内的振动原子视为谐振子，每个谐振子对应一种单色电磁波，通过发射和吸收，谐振子与辐射场交换能量。在热平衡时，整个黑体的辐射场就相当于一系列驻波，由它们发射或吸收空腔内的电磁波。

计算辐射场与谐振子之间的能量交换，可得黑体的单色辐出度为

$$M_\nu = \frac{2\pi\nu^2}{c^2}\overline{E}, \tag{A1}$$

式中 ν 为谐振子频率，$\overline{E}$ 为谐振子的平均能量。式(A1) 的推导比较复杂，这里不做介绍。

在热平衡(温度为 T)下，一个谐振子处于能量为

$$E = nh\nu \quad (n = 1, 2, \cdots) \tag{A2}$$

的状态的概率正比于 $e^{-E/kT}$，每个谐振子的平均能量为

$$\overline{E} = \frac{\sum_{n=0}^{\infty} E e^{-E/kT}}{\sum_{n=0}^{\infty} e^{-E/kT}}. \tag{A3}$$

令 $\beta = \frac{1}{kT}$，式(A3) 可以变为

$$\overline{E} = \frac{\sum_{n=0}^{\infty} E e^{-E\beta}}{\sum_{n=0}^{\infty} e^{-E\beta}} = -\frac{d}{d\beta}\left[\ln\left(\sum_{n=0}^{\infty} e^{-E\beta}\right)\right] = -\frac{d}{d\beta}\left[\ln\left(\sum_{n=0}^{\infty} e^{-nh\nu\beta}\right)\right].$$

利用级数求和公式 $\sum_{n=0}^{\infty} e^{-nx} = (1-e^{-x})^{-1}$，则有

$$\overline{E} = -\frac{d}{d\beta}\left[\ln(1-e^{-h\nu\beta})^{-1}\right] = \frac{h\nu}{e^{h\nu/kT}-1}. \tag{A4}$$

将式(A4) 代入式(A1)，即可得普朗克公式。

在普朗克公式中，令 $\nu \to 0$，则与瑞利-金斯公式一致；令 $\nu \to \infty$，则得到维恩公式。三个公式的结果与实验曲线的关系如图 15.4 所示。

如果按照经典物理理论的观点，将空腔内谐振子的能量连续取值，则式(A3) 中的求和要改为积分形式，即

$$\overline{E} = \frac{\int_0^{\infty} E e^{-E/kT} dE}{\int_0^{\infty} e^{-E/kT} dE},$$

其结果为 $\overline{E} = kT$，与能量均分定理一致。将它代入式(A1)，也可以得到瑞利-金斯公式，而实验结果表明它在高频区是不正确的。

最后要指出的是，有的教材中将普朗克公式写成黑体辐射的标准能谱形式 $u_T(\nu)$，它与单色辐出度的关系为

$$M(\nu, T) = \frac{c}{4} u_T(\nu).$$

也有教材将上式中的 M 加下标零(即 M_0)，专指黑体辐射。

15.2 光电效应 光的波粒二象性

光电效应

15.2.1 光电效应

正当普朗克寻找他的能量子在经典物理理论中的根源时,爱因斯坦将能量子的概念又发展了一大步,他应用光量子概念成功地解释了光电效应实验,并因此获得1921年诺贝尔物理学奖.

19世纪末,人们发现,当一定频率的光照射到金属表面上时,电子会从金属表面逸出.这种现象称为**光电效应**.图15.5所示为光电效应的实验装置简图,图中上方为一抽成真空的玻璃管.当光通过石英窗口照射由金属或其氧化物做成的阴极 K 时,就有电子从阴极表面逸出,该电子称为**光电子**.光电子在加速电压的作用下向阳极 A 运动,就形成了**光电流**.实验现象归纳如下:

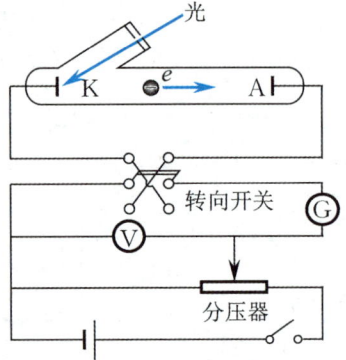

图 15.5 光电效应实验装置简图

(1) 图15.6所示是光电效应的 i-U 曲线,它表明,当入射光频率一定时,**饱和光电流** i_m 与入射光强成正比.从图中还可以看到,当阳极电势低于阴极电势时,仍有光电流产生.当此反向电压值大于某一值 U_c(不同金属的 U_c 不同) 时,光电流才等于零.这一电压值 U_c 称为**遏止电压**(也称为截止电压).遏止电压的存在,说明此时从阴极逸出的初动能最大的光电子由于受到电场的阻碍,也不能到达阳极.对光电子进行分析可得,光电子逸出时的最大初动能和遏止电压 U_c 的关系为

$$\frac{1}{2}m_0 v_m^2 = eU_c, \tag{15.2.1}$$

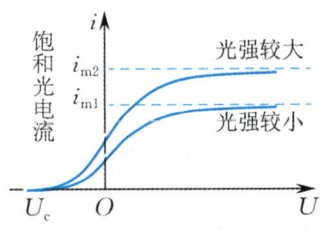

图 15.6 光电效应 i-U 曲线

式中 m_0,e 分别是电子的质量和电荷量;v_m 是光电子逸出金属表面时的最大速率.利用式(15.2.1)可以测量光电子的最大初动能.

(2) 光电子的最大初动能和入射光的频率呈线性关系,但与光强无关.

(3) 只有当入射光的频率大于某一值 ν_0 时,电子才能从金属表面逸出.对某一金属材料来说,发生光电效应所需的入射光的最小频率 ν_0 称为光电效应的**红限频率**,相应的波长称为**红限波长**.不同材料的红限频率不同.

图15.7所示是几种金属材料的光电效应的 U_c-ν 曲线,其中直线和横轴交点的横坐标就是光电效应的红限频率.只有用Cs,Sr等少数金属材料作为阴极时,才能在可见光范围内发生光电效应(见表15.2).

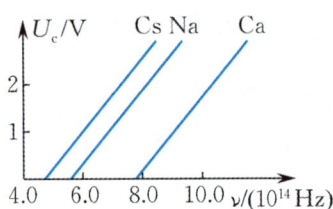

图 15.7 几种金属材料的光电效应的 U_c-ν 曲线

表 15.2　不同金属材料的红限频率

金属	W	Zn	Ca	Na	K	Rb	Cs
红限频率 $\nu_0/(10^{14}\text{Hz})$	10.95	8.07	7.73	5.53	5.44	5.15	4.69

(4) 光电子的逸出几乎是在光照射到金属表面上的同时发生的,实际延迟时间在 10^{-9} s 以下,即使光强极弱的入射光也是这样.

对于光电效应的上述实验结果,经典的光的波动理论也遇到了"灾难". 按照光的波动理论:① 光强由光的振幅决定,而不是仅由频率与光子数决定;② 只要光照射的时间足够长或入射光的光强足够大,金属中的电子就能得到足够的能量而从金属表面逸出,而实验结果却存在红限频率或红限波长;③ 金属中的电子必须经过较长时间才能从入射光中收集和积累到足够的能量而逸出金属表面,时间绝对要大于 10^{-9} s.

15.2.2　爱因斯坦光子理论

为了克服光的波动理论所遇到的困难,从理论上解释光电效应,爱因斯坦发展了普朗克能量子假说,于 1905 年提出了光子假说:光是以光速运动的光量子(简称光子),每个光子的能量与其频率 ν 的关系为

$$E = h\nu. \tag{15.2.2}$$

由此可见,频率不同,光子的能量也不相同. 光强等于单位时间内穿过垂直于传播方向上单位面积的所有光子的能量之和.

按照光子理论,当频率为 ν 的光照射金属表面时,金属中的电子将吸收光子,获得 $h\nu$ 的能量,此能量的一部分用于光电子逸出金属表面所需要做的功(称为功函数 A 或逸出功),另一部分转变为光电子的初动能. 根据能量守恒定律,有

$$h\nu = \frac{1}{2} m_0 v_m^2 + A. \tag{15.2.3}$$

这就是爱因斯坦光电效应方程. 式中,功函数与红限频率的关系为

$$A = h\nu_0. \tag{15.2.4}$$

表 15.3 所示为不同金属材料的功函数.

表 15.3　不同金属材料的功函数

金属	W	Zn	Ca	Na	K	Rb	Cs
功函数 A/eV	4.54	3.34	3.20	2.29	2.25	2.13	1.94

按照光子理论,入射光强越大,单位时间内打在金属表面上的光子数就越多,由金属表面逸出的光电子数也越多,因此饱和光电流与光强成正比;由于每一个电子从光中得到的能量只与单个光子的能量 $h\nu$ 有关,即只与光的频率成正比,因此光电子的初动能与

入射光的频率呈线性关系,与光强无关;又因为一个电子同时吸收两个或两个以上光子的概率近似为零,所以当金属中的电子吸收光子的能量 $h\nu < A = h\nu_0$,即入射光的频率 $\nu < \nu_0$ 时,电子就不能从金属中逸出,不能发生光电效应;另外,当光子与电子相互作用时,光子一次性将能量 $h\nu$ 全部传给电子,因而不需要时间积累,即光电效应是瞬时的. 这样,光子理论便成功地解释了光电效应的实验规律.

在激光器被发明以后,人们还发现,在光电效应实验中,用激光作为入射光,电子可以一次吸收多个光子的能量.

在上述介绍的光电效应中,光电子逸出金属,故称为**外光电效应**. 而某些晶体和半导体在光照射下,使原子释放出电子,但电子仍留在材料内部,使材料的导电性大大增加,这种现象称为**内光电效应**. 半导体光敏元件、硅光电池等就是内光电效应器件. 光电效应在现代技术上有许多应用,例如,将光信号转换为电信号的光电管、光控继电器,可将微弱光线放大很多倍的光电倍增器等.

例 15.2.1 在用波长为 350 nm 的紫外线照射金属钾的光电效应实验中,求:
(1) 与紫外线对应的光子的能量;
(2) 逸出光电子的最大速度;
(3) 相应的遏止电压.

已知金属钾的功函数为 2.25 eV,$1\text{ eV} = 1.6 \times 10^{-19}$ J;电子的质量为 $m_0 = 9.11 \times 10^{-31}$ kg,电子的电荷量为 $e = 1.6 \times 10^{-19}$ C;普朗克常量 $h = 6.63 \times 10^{-34}$ J·s.

解 (1) 与紫外线对应的光子的能量为

$$E = h\nu = \frac{hc}{\lambda} = \frac{6.63 \times 10^{-34} \times 3 \times 10^8}{350 \times 10^{-9}} \text{ J} \approx 5.68 \times 10^{-19} \text{ J}.$$

(2) 根据光电效应方程 $h\nu = \frac{1}{2} m_0 v_m^2 + A$,光电子的最大速度为

$$v_m = \sqrt{\frac{2(h\nu - A)}{m_0}} \approx \sqrt{\frac{2 \times (5.68 - 2.25 \times 1.6) \times 10^{-19}}{9.11 \times 10^{-31}}} \text{ m/s} \approx 6.76 \times 10^5 \text{ m/s}.$$

(3) 由 $\frac{1}{2} m_0 v_m^2 = eU_c$,$h\nu = \frac{1}{2} m_0 v_m^2 + A$,可得

$$U_c = \frac{h\nu - A}{e} \approx \frac{5.68 \times 10^{-19} - 2.25 \times 1.6 \times 10^{-19}}{1.6 \times 10^{-19}} \text{ V} \approx 1.3 \text{ V}.$$

15.2.3 光的波粒二象性

普朗克与爱因斯坦应用光的量子理论分别成功解释了黑体辐射与光电效应,这说明光具有粒子性,而光的干涉、衍射、偏振等一系列实验又显示了光的波动性. 在 20 世纪初,物理学陷入了一种困

境:有一些已知的现象只能用光的波动理论才能解释,而不能用光的量子理论解释;而另一些现象却只能用光的量子理论来解释.

那么,光到底是粒子还是波呢?粒子概念和波的概念是人们在经典物理理论研究过程中建立起来的,它描述的是实在的自然现象.现在我们发现了光既具有粒子性又具有波动性,这是比经典物理理论更深入的认识.我们只能接受这样一个结果:借用经典"波"和经典"粒子"术语来描述光,但同时要明白,它既不是经典波又不是经典粒子.

现代物理学对光的认识是:光具有**波粒二象性**,波动性突出表现在传播过程中(如干涉、衍射),而粒子性突出表现在与物质相互作用的过程中(如黑体辐射、光电效应).描述光的波动性的参量为波长和频率,描述光的粒子性的参量为能量、质量和动量.

按照光子理论与狭义相对论,光子的能量为
$$E = h\nu = mc^2;$$
光子的质量为
$$m = \frac{E}{c^2} = \frac{h\nu}{c^2} = \frac{h}{\lambda c}; \quad (15.2.5)$$
光子的动量为
$$p = mc = \frac{h}{\lambda c}c = \frac{h}{\lambda}, \quad (15.2.6)$$
光子的动量方向即光的传播方向.

在以上公式中,代表光的粒子性的能量、质量、动量均可由光的频率(或波长)表示,这就是光的粒子性与波动性的统一.

需要注意的是:① 光子没有静质量,或者说没有静止的光子,在所有参考系中,光在真空中的速度均为 c;② 对于高速粒子,动能的定义不是 $\frac{1}{2}mv^2$,而是由 $E_k = mc^2 - m_0c^2$ 给出.

例 15.2.2 求波长为 350 nm 的紫外线光子的质量和动量.

解 光子的能量为
$$E = h\nu = \frac{hc}{\lambda} = \frac{6.63 \times 10^{-34} \times 3 \times 10^8}{350 \times 10^{-9}} \text{ J} \approx 5.68 \times 10^{-19} \text{ J},$$
光子的质量为
$$m = \frac{E}{c^2} = \frac{h}{\lambda c} = \frac{6.63 \times 10^{-34}}{350 \times 10^{-9} \times 3 \times 10^8} \text{ kg} \approx 6.31 \times 10^{-36} \text{ kg},$$
光子的动量为
$$p = \frac{h}{\lambda} = \frac{6.63 \times 10^{-34}}{350 \times 10^{-9}} \text{ kg} \cdot \text{m/s} \approx 1.89 \times 10^{-27} \text{ kg} \cdot \text{m/s}.$$

15.3 康普顿效应

为了进一步检验爱因斯坦的光子理论,美国物理学家康普顿在 1922—1923 年间研究了 X 射线通过石墨等物质后向各个方向的散射,并对实验结果给出了理论上的解释,康普顿也因此获得 1927 年诺贝尔物理学奖.

康普顿散射的实验装置如图 15.8(a) 所示,X 射线(钼靶 K 系 a 线)经光阑后成为一细束,投射到石墨(散射物质)上,经石墨散射的 X 射线沿各个方向.散射的 X 射线的波长和强度可利用 X 射线谱仪来测量,将散射的 X 射线与入射方向之间的夹角 φ 称为**散射角**.在不同散射角上测量散射 X 射线的强度随波长的分布,如图 15.8(b) 所示.

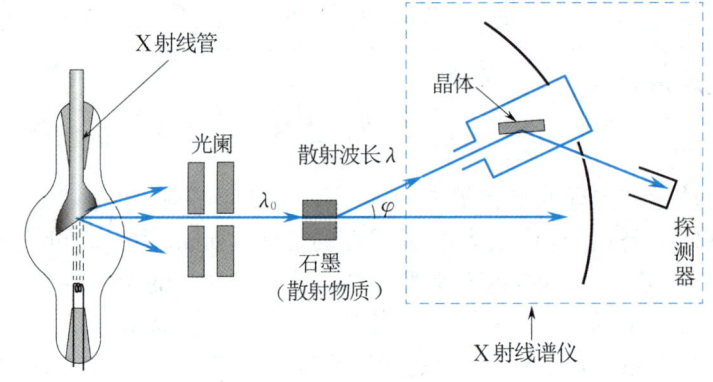

(a) 实验装置

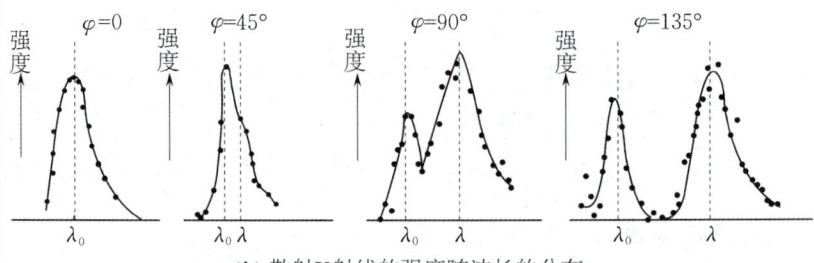

(b) 散射X射线的强度随波长的分布

图 15.8　康普顿散射实验

设入射 X 射线的波长为 λ_0,实验发现,沿入射方向($\varphi=0$)的散射 X 射线的波长保持为 λ_0;沿其他方向,除存在波长为 λ_0 的 X 射线外,还存在波长大于 λ_0 的 X 射线.这种存在散射波长增大的现象称为**康普顿散射**(或康普顿效应).

实验还发现,波长的改变量与入射 X 射线的波长无关,也与散射物质无关. 我国赴美物理学家吴有训当时在实验上为康普顿效应提供了大力支持.

显然,上述实验结果与光的波动理论是矛盾的. 根据光的波动理论,入射 X 射线引起了电子的受迫振动,但振动电子发出的 X 射线的频率应该与入射 X 射线的频率相同,而实际散射 X 射线的波长比入射 X 射线的波长长. 另外,如果把 X 射线视为经典的电磁波(横波),那么在 $\varphi = 90°$ 方向上应该不存在散射 X 射线,而实验结果与此不符.

康普顿用爱因斯坦的光子理论解释了上述实验事实. 将入射 X 射线与散射物质的作用视为 X 射线的光子与散射物质中原子外层电子的碰撞. 康普顿散射实验所用 X 射线的波长为 $\lambda_0 = 0.713$ Å(1 Å $= 10^{-10}$ m),与之对应的光子的能量约为 1.74×10^4 eV,比散射物质(石墨)中碳原子外层电子的束缚能大得多,外层电子可视为自由电子,且碰撞前可近似认为处于静止状态. 在理论计算中,康普顿更进一步地假设两者的碰撞是完全弹性的,因此碰撞前、后动量和能量均守恒. 由此可推算出散射 X 射线的波长增量为

$$\Delta\lambda = \lambda - \lambda_0 = \lambda_C(1 - \cos\varphi) = 2\lambda_C \sin^2\frac{\varphi}{2}, \quad (15.3.1)$$

式中 λ_C 称为电子的**康普顿波长**,φ 为散射角. 式(15.3.1)称为康普顿散射公式. 将电子的静质量记为 m_0,则

$$\lambda_C = \frac{h}{m_0 c} \approx 2.43 \times 10^{-12} \text{ m} = 0.024\ 3 \text{ Å}.$$

康普顿效应不仅直接支持了光子理论,证实了相对论效应在宏观、微观均存在,而且还证明了在光子和微观粒子的作用过程中,动量守恒定律和能量守恒定律都是成立的.

光电效应与康普顿效应都涉及光子与物质的相互作用. 光电效应是物质在可见光到紫外线范围内的光子作用下逸出电子的效应,其光子的能量与原子中束缚电子的束缚能相差不远,光子的能量全部交给束缚电子使之逸出并具有初动能,它证实了在光电效应中,光子与电子的相互作用过程满足能量守恒定律. 康普顿效应是入射 X 射线与物质中的自由电子相互作用的效应,入射光子的能量远大于电子的束缚能,X 射线被自由电子吸收了部分能量后发生散射. 实验结果证实了此过程可视为弹性碰撞过程,并且能量和动量均守恒,从而进一步证实了光的粒子性.

附录 B　康普顿散射公式的推导

设入射 X 射线的频率为 ν_0，散射 X 射线的频率为 ν，入射光子与石墨表面原子中的电子发生完全弹性碰撞，碰撞前电子静止，碰撞后，两者运动方向与入射 X 射线方向的夹角分别为 φ 和 θ，作用过程如图 15.9 所示。

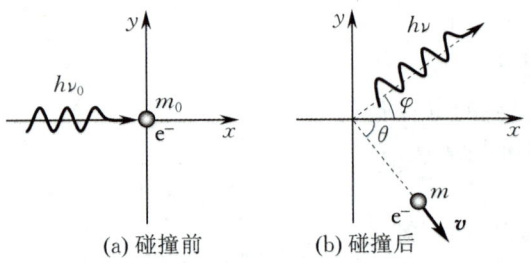

图 15.9　光子和电子的碰撞过程

考虑到反冲电子的速度较大，采用狭义相对论质速关系

$$m = \frac{m_0}{\sqrt{1-\dfrac{v^2}{c^2}}} \tag{B1}$$

表示反冲电子的质量。

根据能量守恒定律，有

$$h\nu_0 + m_0 c^2 = h\nu + mc^2. \tag{B2}$$

入射光子的动量为 $p = \dfrac{h}{\lambda} = \dfrac{h\nu}{c}$，将光子与反冲电子的动量沿 x 轴与 y 轴分解，根据动量守恒定律，可得

$$\frac{h\nu_0}{c} = \frac{h\nu}{c}\cos\varphi + mv\cos\theta, \tag{B3}$$

$$\frac{h\nu}{c}\sin\varphi = mv\sin\theta. \tag{B4}$$

整理式 (B2)，有

$$mc^2 = h\nu_0 - h\nu + m_0 c^2. \tag{B5}$$

整理式 (B3)，有

$$\frac{h\nu_0}{c} - \frac{h\nu}{c}\cos\varphi = mv\cos\theta.$$

将上式和式 (B4) 两边平方后相加，消去 θ，可得

$$(mv)^2 c^2 = (h\nu_0)^2 + (h\nu)^2 - 2h^2 \nu_0 \nu \cos\varphi.$$

将式 (B5) 两边平方再减去上式，得

$$(mc^2)^2\left(1-\frac{v^2}{c^2}\right) = (m_0 c^2)^2 - 2h^2 \nu_0 \nu(1-\cos\varphi) + 2m_0 c^2 h(\nu_0 - \nu). \tag{B6}$$

再将式 (B1) 两边平方，可得

$$m^2\left(1-\frac{v^2}{c^2}\right) = m_0^2.$$

将上式代入式 (B6) 并消去 v，经整理可得

$$m_0 c^2 (\nu_0 - \nu) = h\nu_0 \nu (1-\cos\varphi).$$

上式两边除以 $m_0 c \nu_0 \nu$，则有

$$\frac{c}{\nu} - \frac{c}{\nu_0} = \lambda - \lambda_0 = \Delta\lambda = \frac{h}{m_0 c}(1-\cos\varphi) = \lambda_C (1-\cos\varphi).$$

这就是式 (15.3.1)。

例 15.3.1　在康普顿散射实验中，

(1) 分别用波长为 $\lambda_1 = 0.5$ Å 的 X 射线和波长为 $\lambda_2 = 400$ nm 的紫光入射，散射角 φ 均为 $180°$，试比较两种情况下散射波长的变化；

(2) 对于波长为 $\lambda_0 = 0.1$ Å 的入射光子，在散射角为 $\varphi = 90°$ 的方向上观测到散射光的波长是多大？

解 （1）两种入射光发生康普顿效应的波长增量相同，即
$$\Delta\lambda = \lambda_C(1-\cos\varphi) = \lambda_C(1-\cos 180°) = 2\lambda_C \approx 0.048 \text{ Å},$$
波长增量与其入射波长之比分别为
$$\frac{\Delta\lambda}{\lambda_1} = \frac{0.048}{0.5} = 9.6\%,$$
$$\frac{\Delta\lambda}{\lambda_2} = \frac{0.048}{4\,000} = 0.0012\%.$$
由此可知，当入射波长较大（能量较低）时，康普顿效应不显著.

（2）观测到散射光的波长为
$$\lambda = \lambda_0 + \Delta\lambda = \lambda_0 + \lambda_C(1-\cos 90°) = 0.1 \text{ Å} + 0.024\,3(1-\cos 90°) \text{ Å} \approx 0.124 \text{ Å}.$$
在垂直方向上观察散射光，由于 $\cos 90° = 0$，波长的增量刚好等于电子的康普顿波长，即 $\Delta\lambda = \lambda_C$.

15.4 氢原子光谱 玻尔理论

1911 年，新西兰物理学家卢瑟福提出了原子有核模型．卢瑟福的原子有核模型假定：原子的质量基本上集中于原子核上，绕原子核运动的电子所带负电正好与原子核所带正电等量，原子表现出电中性．原子有核模型建立时，只肯定了原子核的存在，并不知道核外电子的具体情况．在探索原子核外结构方面，原子光谱发挥了重要的作用．实验发现，不同元素的原子都有自己的特征谱线，每一条原子谱线均对应一个确定的波长或频率，原子光谱呈现出的规律反映了原子结构的重要信息．氢原子是最简单的原子，研究氢原子的光谱尤其重要.

15.4.1 氢原子光谱

光谱是电磁辐射的波长成分和强度分布的记录（不仅是可见光区域）．记录光谱一般采用光谱仪或摄谱仪，它采用棱镜或光栅作为分光器，把光按波长展开，再把不同成分的波长记录下来.

早在 19 世纪中叶，人们就已发现氢原子在可见光和近紫外波段有一组谱线（见图 15.10）．1885 年，从某星体的光谱中观察到的氢原子的光谱线已达 14 条.

氢原子光谱与玻尔理论

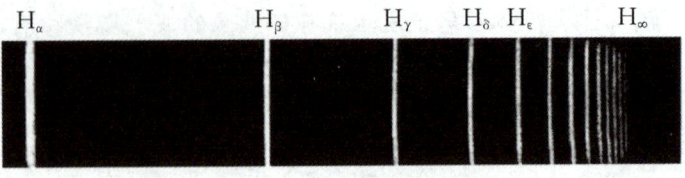

图 15.10 氢原子的光谱

瑞士数学教师巴耳末(Balmer)在 1885 年发现的氢光谱的 α,β,γ,δ 等谱线的波长 λ 可以纳入以下简单的公式：

$$\lambda = B \frac{n^2}{n^2 - 4} \quad (n = 3, 4, \cdots),$$

式中 $B = 364.57$ nm 为常量. 1890 年，里德伯(Rydberg)将上式改写成较为对称的形式：

$$\tilde{\nu} = \frac{1}{\lambda} = R\left(\frac{1}{2^2} - \frac{1}{n^2}\right) \quad (n = 3, 4, \cdots). \quad (15.4.1)$$

式(15.4.1)称为**巴耳末公式**，式中 $\tilde{\nu}$ 是波长的倒数，称为谱线的**波数**；$R = 10\ 973\ 731.568\ 160(21)$ m^{-1} 称为氢光谱的**里德伯常量**. 满足式(15.4.1)的一组谱线称为**巴耳末系**(见表 15.4). 巴耳末系的谱线在可见光区，这在天文学中特别有用，因为巴耳末系谱线出现在许多天体现象中，而且氢在宇宙中的丰盈度使它的谱线比共同存在的其他元素的谱线更容易被看到.

表 15.4 巴耳末系

n	谱线	λ/nm 计算值	λ/nm 观测值	n	谱线	λ/nm 计算值	λ/nm 观测值
3	H$_\alpha$	656.280	656.281	6	H$_\delta$	410.178	410.174
4	H$_\beta$	486.138	486.133	7	H$_\epsilon$	397.011	397.007
5	H$_\gamma$	434.051	434.047	8	H$_\zeta$	388.909	388.906

巴耳末公式的准确性和简明性促使人们猜想，除巴耳末系以外，还应有氢原子光谱的其他线系，其公式应与式(15.4.1)类似. 而事实正是如此.

1908 年，德国物理学家帕邢(Paschen)在近红外波段发现了**帕邢系**，其波数为

$$\tilde{\nu} = \frac{1}{\lambda} = R\left(\frac{1}{3^2} - \frac{1}{n^2}\right) \quad (n = 4, 5, \cdots). \quad (15.4.2)$$

1914 年，美国物理学家莱曼(Lyman)在紫外波段发现了**莱曼系**，其波数为

$$\tilde{\nu} = \frac{1}{\lambda} = R\left(\frac{1}{1^2} - \frac{1}{n^2}\right) \quad (n = 2, 3, \cdots). \quad (15.4.3)$$

1922 年和 1924 年，美国物理学家布拉开(Brackett)和普丰德(Pfund)分别在远红外波段发现了**布拉开系**($n = 5, 6, \cdots$) 和**普丰**

德系 ($n = 6, 7, \cdots$).

以上线系的波数公式可用以下的通式：
$$\tilde{\nu} = \frac{1}{\lambda} = R\left(\frac{1}{m^2} - \frac{1}{n^2}\right) \tag{15.4.4}$$

代替，式中 m 与 n 均为正整数，且 $n > m$. 对于不同元素的原子光谱，都可以按式(15.4.4)分成若干线系.

随着实验技术的改进，人们用高分辨率的摄谱仪观察发现，谱线还具有精细结构，即每一条谱线常由相互靠得很近的若干条谱线组成. 另外还发现，谱线在磁场中会发生分裂.

15.4.2 氢原子的玻尔理论

在 20 世纪初，除氢原子光谱外，其他原子光谱的资料也积累了很多. 那么原子是怎样发射光谱的呢？这就需要进一步研究原子内部的情况. 虽然卢瑟福提出的原子有核模型成功地解释了 α 粒子散射实验，但也遇到了不可克服的困难. 经典电磁理论指出，电子绕原子核的运动是加速的，因而不断产生电磁辐射，电子不断地损失能量，运动轨道半径不断减小，最终必将落到原子核上，使原子瓦解. 同时，加速运动的电子所辐射的电磁波的频率是连续变化的，将形成连续光谱. 这与原子是稳定的和原子光谱是离散的线状光谱相矛盾.

为了解决上述困难，丹麦物理学家玻尔将普朗克、爱因斯坦的量子理论推广到了原子系统，并根据原子线状光谱的实验事实，于 1913 年提出了氢原子的玻尔理论，并成功地解释了氢原子光谱. 玻尔理论可以归纳为以下三个假设：

(1) **定态假设**. 原子中的电子只能在一些半径不连续的轨道上做圆周运动. 在每一个确定的轨道上，电子虽然做加速运动，但不辐射（或吸收）能量，因而处于稳定的状态，这些状态称为定态，相应的轨道称为定态轨道.

(2) **角动量量子化假设**. 质量为 m_e 的电子在半径为 r 的定态轨道上以速率 v 绕原子核运动时，其角动量只能量子化取值，即
$$L = m_e v r = n\hbar \quad (n = 1, 2, \cdots), \tag{15.4.5}$$

式中 $\hbar = \dfrac{h}{2\pi}$ 称为**约化普朗克常量**，n 称为**量子数**. 式(15.4.5)称为**角动量量子化条件**.

(3) **频率条件假设**. 电子从某一个定态向另一定态跃迁时，将发射（或吸收）光子. 如果初态和终态的能量分别为 E_n 和 E_m，且 $E_n > E_m$，则发射光子的频率为
$$\nu = \frac{E_n - E_m}{h}. \tag{15.4.6}$$

式(15.4.6)称为**玻尔频率条件**.

玻尔根据以上假设,推导出氢原子的能量公式和氢原子辐射频率公式:

$$E_n = -\frac{13.6}{n^2} \text{ eV} \quad (n = 1, 2, \cdots), \tag{15.4.7}$$

$$\nu = \frac{E_n - E_m}{h} = Rc\left(\frac{1}{m^2} - \frac{1}{n^2}\right). \tag{15.4.8}$$

对应于 $n=1$ 的状态称为原子的**基态**;对应于 $n=2,3,\cdots$ 的状态分别称为第一、第二……**激发态**. $E_1, E_2, \cdots$ 依次称为第一、第二……**能级**.

实验表明,只有基态才是真正的稳定态,处在激发态的原子都倾向于向低能态跃迁,因此是不稳定的.原子处于激发态时都有一定的寿命,通常为 $10^{-10} \sim 10^{-8}$ s.

若将氢原子中的电子从基态电离,即由束缚态变为自由态,外界至少要供给电子的能量为 $E_\infty - E_1 = |E_1| = 13.6$ eV,这个能量称为氢原子的**电离能**.电子从第 n 能级(激发态)电离所需要的最小能量为 $E_\infty - E_n = |E_n|$.

氢原子能级与能级跃迁所产生的各谱线如图 15.11 所示.

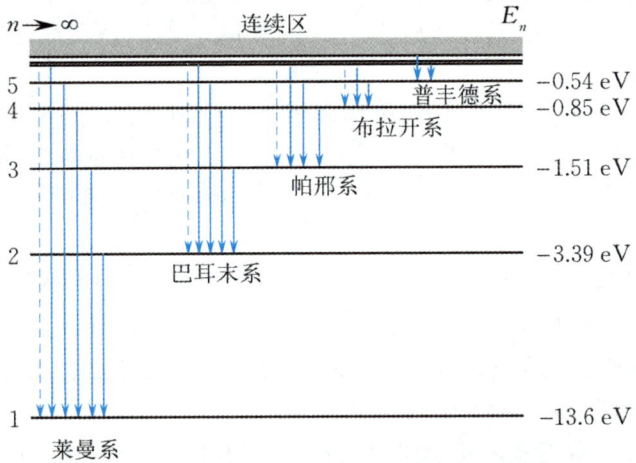

图 15.11 氢原子能级与能级跃迁产生的谱线

原子内部能量的量子化,除可通过对光谱的研究证明外,还可由别的方法证明.在玻尔理论发表的第二年,即 1914 年,弗兰克(Frank)和赫兹用电子碰撞原子的方法使原子从低能级被激发到高能级,从而证明了能级的存在.

玻尔理论成功地克服了卢瑟福原子有核模型和电磁辐射的困难,解决了原子的稳定性问题,从理论上推出了氢原子光谱的实验规律.玻尔理论经索末菲(Sommerfeld)的发展和推广,还能说明氢光谱的精细结构和碱金属原子的光谱.但是,用玻尔理论解释复杂原子的光谱却显得无能为力,对氢光谱也只能对频率进行计算,而不能解释光谱的强度、光偏振等问题. 这是因为玻尔理论还没有完全摆脱经典物理理论的束缚,在强调经典力学不适用于原子等微观粒子系统的同时,又保留了轨道观念;在引入角动量量子化条件的同时,又采用了经典物理的方法计算氢原子系统的定态能量. 由于玻尔的整个理论是建立在三个假设的基础之上的,没有完全摆脱经典物理理论,因此人们一般将玻尔理论称为 <u>旧量子论</u>. 尽管如此,玻尔理论首次打开了人们认识原子结构的大门,为量子力学的诞生打下了坚实的基础,它的"定态""玻尔频率条件"等假设作为基本概念仍保留在量子力学中. 玻尔因为在研究原子结构及原子辐射方面的贡献,于 1922 年获得了诺贝尔物理学奖.

附录 C 推导氢原子的能级与频率公式

氢原子中核外电子以速率 v 绕静止原子核做半径为 r 的圆周运动,电子与原子核之间存在库仑力,其运动满足牛顿运动定律,有

$$\frac{e^2}{4\pi\varepsilon_0 r^2} = m_e \frac{v^2}{r}, \tag{C1}$$

式中 ε_0 为真空电容率. 根据式(15.4.5),有

$$m_e v r = n\hbar \quad (n = 1, 2, \cdots).$$

联立上两式,可得电子在定态轨道上的运动半径与速率分别为

$$r_n = \frac{4\pi\varepsilon_0 \hbar^2}{m_e e^2} n^2 \quad (n = 1, 2, \cdots), \tag{C2}$$

$$v_n = \frac{1}{4\pi\varepsilon_0} \frac{e^2}{\hbar n} \quad (n = 1, 2, \cdots). \tag{C3}$$

$n = 1$ 时的电子轨道半径最小,称为 <u>玻尔半径</u>,其值为 $r_1 = 0.529 \times 10^{-10}$ m.

若规定无限远处为势能零点,并应用以上公式,则电子在 r_n 轨道上运动时所具有的能量为

$$E_n = E_{kn} + E_{pn} = \frac{1}{2} m_e v_n^2 - \frac{e^2}{4\pi\varepsilon_0 r_n} = -\frac{m_e e^4}{8\varepsilon_0^2 h^2 n^2} \quad (n = 1, 2, \cdots),$$

即

$$E_n = -\frac{m_e e^4}{8\varepsilon_0^2 h^2} \frac{1}{n^2} \quad (n = 1, 2, \cdots). \tag{C4}$$

由于原子核的质量很大,可视为静止,E_{pn} 属于电子与原子核组成的系统所共有. 式(C4)就是 <u>氢原子的能量公式</u>. 由此可知,氢原子能量是量子化的.

当 $n = 1$ 时,

$$E_1 = -\frac{m_e e^4}{8\varepsilon_0^2 h^2} = -13.58 \text{ eV} \approx -13.6 \text{ eV}. \tag{C5}$$

这就是氢原子的最低能级. 由此可将氢原子的能量公式写成式(15.4.7).

当原子从高能级 E_n 跃迁到低能级 E_m 时,发射光子. 将氢原子的能量公式代入玻尔频率条件(15.4.6)可得到氢原子发光的频率为

$$\nu = \frac{E_n - E_m}{h} = \frac{m_e e^4}{8\varepsilon_0^2 h^3} \left(\frac{1}{m^2} - \frac{1}{n^2} \right). \tag{C6}$$

将式(C6)与(15.4.4)比较,可得里德伯常量的理论值为

$$R = \frac{m_e e^4}{8\varepsilon_0^2 h^3 c} = 1.097\,373 \times 10^7 \text{ m}^{-1}.$$

这一理论值与实验值符合得相当好,也说明氢原子的玻尔理论很成功. 由此可得氢原子辐射频率公式.

在 $n \to \infty$ 的极限情况下,$r_n \to \infty$,$E_n \to 0$,这时能级间隔为

$$\Delta E = E_{n+1} - E_n \to \frac{2hRc}{n^3} \to 0.$$

可见,在量子数 n 很大时,能级逐渐靠近,能级就是连续的.

例 15.4.1 氢原子的部分能级跃迁示意如图 15.11 所示. 在这些能级跃迁中,问:
(1) 原子从第四激发态跃迁时,发射的光谱线最多可能有多少条?
(2) 原子在哪两个能级之间跃迁时,所发射的光子的频率最小? 该频率值为多少?
(3) 原子在哪两个能级之间跃迁时,所发射的光子的波长最短? 该波长值为多少?

解 (1) 最多可以达到 10 条(见图 15.11).
(2) 由氢原子辐射频率公式

$$\nu = \frac{E_n - E_m}{h} = \frac{\Delta E}{h} = Rc\left(\frac{1}{m^2} - \frac{1}{n^2}\right)$$

可知,ΔE 取最小值时,频率最小,有

$$\nu = 1.097 \times 10^7 \times 3 \times 10^8 \times \left(\frac{1}{4^2} - \frac{1}{5^2}\right) \text{ Hz} \approx 7.40 \times 10^{13} \text{ Hz}.$$

(3) 当 ΔE 取最大值时,波长最短. 由氢原子辐射频率公式可得

$$\nu' = Rc\left(\frac{1}{1^2} - \frac{1}{5^2}\right) \approx 3.16 \times 10^{15} \text{ Hz},$$

因此

$$\lambda = \frac{c}{\nu'} = \frac{3 \times 10^8}{3.16 \times 10^{15}} \text{ m} \approx 9.49 \times 10^{-8} \text{ m}.$$

例 15.4.2 一电子距离一质子很远,若电子以 2 eV 的动能向着质子运动并被质子所俘获,形成一个基态氢原子,求它所发射的光子的波长.

解 将质子和电子视为一个系统,由玻尔频率条件 $\nu = \frac{c}{\lambda} = \frac{E_k - E_1}{h}$,得

$$\lambda = \frac{hc}{E_k - E_1} = \frac{6.63 \times 10^{-34} \times 3 \times 10^8}{[2 - (-13.6)] \times 1.6 \times 10^{-19}} \text{ m} \approx 7.97 \times 10^{-8} \text{ m}.$$

15.5 德布罗意假设 电子衍射实验

15.5.1 德布罗意假设

德国物理学家德布罗意大学时代攻读的是历史专业,之后受

其哥哥（物理学家莫里斯（Maurice））影响转而学习物理学. 他在跟随著名物理学家朗之万（Langevin）攻读博士学位时, 仔细地分析了光的微粒说和波动说的历史, 深入研究了光子理论. 他想到"整个世纪以来, 在辐射理论上, 比起波动的研究方法, 我们过于忽视粒子的研究方法; 在实物理论上, 是否发生了相反的错误呢? 是不是我们关于粒子的图像想得太多, 而过分地忽略了波的图像呢?"于是, 他在 1924 年, 根据"自然界是对称统一的, 光与实物粒子应该有共同的本性"的思想, 在其博士论文《关于量子理论的研究》中, 大胆地提出了"实物粒子也具有波粒二象性"的概念及实验验证思路. 德布罗意的这一开创性工作得到了爱因斯坦的高度评价, 并启发和引导了奥地利物理学家薛定谔. 德布罗意于 1929 年获得诺贝尔物理学奖.

德布罗意假设

德布罗意提出: 对于质量为 m、速度为 v 的自由粒子（不受外界任何作用）, 一方面可以用能量 E 和动量 p 来描述它的粒子性; 另一方面也可用频率和波长来描述它的波动性. 它们之间的大小关系与光的波粒二象性所描述的关系一致, 即实物粒子的波粒二象性关系为

$$E = h\nu, \quad (15.5.1)$$

$$p = mv = \frac{h}{\lambda}. \quad (15.5.2)$$

式 (15.5.1) 与 (15.5.2) 称为 **德布罗意公式**. 这种和实物粒子相联系的波称为 **德布罗意波**, 也称为 **物质波**.

对于自由粒子, 其能量和动量均为常量, 由德布罗意公式可知, 物质波的频率与波长均不变, 即与自由粒子对应的物质波是平面简谐波.

需要注意的是, 当粒子的速度极大时, 其质量、能量、动量必须采用相对论公式.

例 15.5.1 分别求出动能为 100 eV 的电子以及质量为 0.01 kg、速度为 400 m/s 的子弹的德布罗意波长.

解 对于电子, $E_k = 100 \text{ eV} = 1.6 \times 10^{-17} \text{ J} \ll m_0 c^2$, 不考虑相对论效应. 电子的动量和德布罗意波长分别为

$$p = \sqrt{2m_0 E_k} = \sqrt{2 \times 9.11 \times 10^{-31} \times 1.6 \times 10^{-17}} \text{ kg} \cdot \text{m/s} \approx 5.40 \times 10^{-24} \text{ kg} \cdot \text{m/s},$$

$$\lambda = \frac{h}{p} = \frac{6.63 \times 10^{-34}}{5.40 \times 10^{-24}} \text{ m} \approx 1.23 \times 10^{-10} \text{ m}.$$

对于子弹, $v \ll c$, 也不考虑相对论效应. 子弹的德布罗意波长为

$$\lambda = \frac{h}{m_0 v} = \frac{6.63 \times 10^{-34}}{0.01 \times 400} \text{ m} \approx 1.66 \times 10^{-34} \text{ m}.$$

由计算结果可知,电子的德布罗意波长与 X 射线的波长相近,它的波动性不能忽略. 对于子弹这样的宏观物体,其德布罗意波长完全可以忽略,因此子弹仅表现出粒子性.

例 15.5.2 德布罗意在 1924 年提出了原子稳定性的驻波思想,并用驻波理论解释了氢原子的稳定性. 试用德布罗意公式导出玻尔的角动量量子化条件.

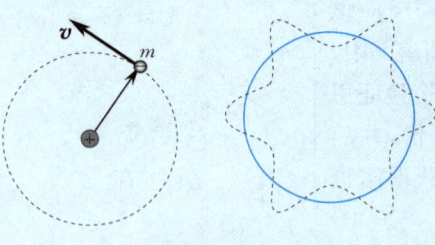

图 15.12

解 如图 15.12 所示,电子绕原子核做圆周运动,将电子波视为稳定的驻波,此时电子运动的圆周轨道长是电子波波长的整数倍,即

$$2\pi r = n\lambda \quad (n = 1, 2, \cdots).$$

此时的原子不辐射能量,整个原子系统处于稳定状态(定态).

利用上式和德布罗意公式 $p = mv = \dfrac{h}{\lambda}$,可得电子的角动量为

$$L = mvr = \frac{h}{\lambda} \cdot \frac{n\lambda}{2\pi} = n\frac{h}{2\pi} = n\hbar \quad (n = 1, 2, \cdots).$$

这就是角动量量子化条件.

15.5.2 电子衍射实验 实物粒子的波动性

1924 年,德布罗意在谈到用实验验证物质波时提出:"一束电子穿过非常小的孔可能产生衍射现象,这也许是验证我的想法的方向." 1927 年,戴维孙(Davisson)和革末(Germer)在爱尔沙色(Elsasser)的启发下,做了电子束在晶体表面散射的实验,观察到了和 X 射线衍射类似的电子衍射现象,首次证实了电子的波动性. 电子衍射实验装置如图 15.13(a) 所示,由电子枪发射的电子束,经电压 U 加速垂直投射到镍单晶的水平面(经加工研磨而成的平面)上. 实验发现,当加速电压为 54 V 时,沿 $\varphi = 50°$ 的出射方向检测到很强的电子电流,如图 15.13(b) 所示.

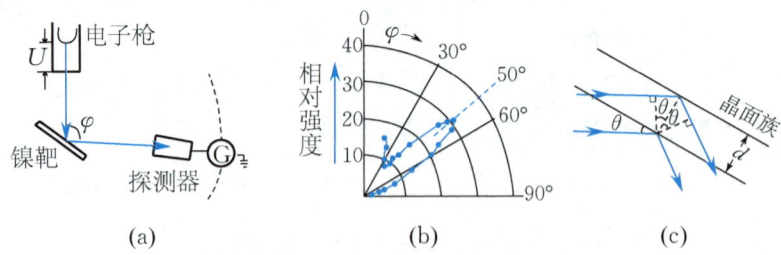

图 15.13 戴维孙-革末电子衍射实验 $\left(\theta = \dfrac{\pi}{2} - \dfrac{\varphi}{2}\right)$

如果采用布拉格方法分析电子衍射现象,如图 15.13(c) 所示,

计算出电子波的波长为 $\lambda = 0.165$ nm. 此结果与电子在相同动能下用德布罗意公式计算的结果一致. 因此, 这个实验一方面证实了电子具有波动性, 能像 X 射线一样满足布拉格公式, 另一方面也检验了德布罗意公式的正确性. 1927 年, 汤姆孙 (G. P. Thomson) 用电子束垂直射向金箔或铝箔, 在箔后的接收屏上出现了圆环形的电子衍射图样 (见图 15.14).

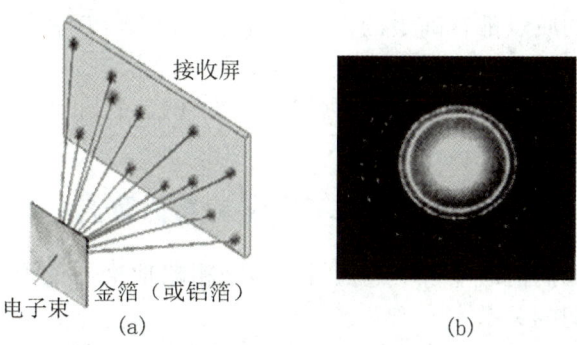

图 15.14　汤姆孙电子衍射实验

1961 年, 约恩孙 (Jönsson) 做了电子的单缝、双缝、多缝等衍射实验, 得到了明暗相间的条纹, 更加有力地证实了电子具有波动性. 之后, 质子、中子、原子、分子等微观粒子的波动性也陆续得以证实.

电子的波动性已有很多重要应用. 例如, 鲁斯卡 (Ruska) 在 1931 年利用电子的波动性研制成了电子显微镜; 1981 年, 宾尼希 (Binnig) 和罗雷尔 (Rohrer) 制成了扫描隧道显微镜. 高速电子的波长比可见光的波长短, 电子显微镜的分辨率就得到了大幅提高. 现代大型电子显微镜的分辨率 (约 0.1 nm) 远高于光学显微镜的分辨率 (约 200 nm).

例 15.5.3　温度为 25 ℃ 时, 热中子的德布罗意波长等于多少? 若中子与给定温度的物质处于平衡态, 则称该中子为热中子, 其平均动能与同一温度下理想气体分子的平均平动动能相同.

解　热中子的平均动能为

$$\overline{E}_k = \frac{3}{2}kT,$$

式中 $T = (273.15 + 25)$ K $= 298.15$ K, 玻尔兹曼常量 $k = 1.38 \times 10^{-23}$ J/K. 已知中子的质量为 $m_n = 1.67 \times 10^{-27}$ kg, 由 $\overline{E}_k = \dfrac{p^2}{2m_n}$, 可得

$$p = \sqrt{3m_n kT} = \sqrt{3 \times 1.67 \times 10^{-27} \times 1.38 \times 10^{-23} \times 298.15} \text{ kg·m/s}$$
$$\approx 4.54 \times 10^{-24} \text{ kg·m/s}.$$

由德布罗意公式, 可得热中子的德布罗意波长为

$$\lambda = \frac{h}{p} = \frac{6.63 \times 10^{-34}}{4.54 \times 10^{-24}} \text{ m} \approx 1.46 \times 10^{-10} \text{ m} = 1.46 \text{ Å}.$$

15.6　海森伯不确定关系

根据经典力学理论，质点的运动都沿着一定的轨道，任意时刻在轨道上的质点都有确定的位置和动量。在经典力学中正是用位置和动量来描述一个质点在任意时刻的运动状态。对于微观粒子则不然，由于波粒二象性，在任意时刻粒子的位置和动量都有一个不确定量。

15.6.1　电子单缝衍射与不确定关系估算式

下面我们借助电子单缝衍射实验来粗略地推导位置和动量不确定量之间的关系。

如图 15.15 所示，一束动量为 p 的电子通过宽为 Δx 的单缝后发生衍射而在接收屏上形成衍射条纹。对一个电子来说，不能确定地说它是从单缝中哪一点通过的，而只能说它是从宽为 Δx 的单缝中通过的，因此它在 x 轴方向上（图中的竖直方向）的位置不确定量就是 Δx。它沿 x 轴方向的动量 p_x 是多大呢？如果说它在单缝后的 p_x 等于零，电子就要沿原方向前进而不会发生衍射现象了。通过单缝的电子，我们无法确定它会落在接收屏的哪个位置，它可能出现在中央明纹内，也可能出现在其他高级次明纹范围内。忽略其他高级次明纹，认为电子都落在中央明纹内，因而电子在通过单缝时，运动方向可以有大到 θ_1（即第 1 级暗纹中心的衍射角）的偏转。由动量的矢量性可知，一个电子在通过单缝时在 x 轴方向动量的分量 p_x 的大小满足关系 $0 \leqslant p_x \leqslant p\sin\theta_1$，即电子通过单缝时在 x 轴方向上的动量不确定量为 $\Delta p_x = p\sin\theta_1$。

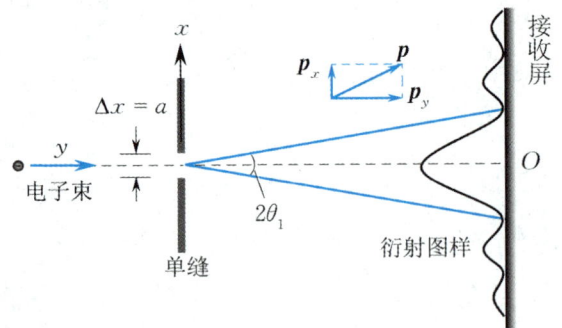

图 15.15　电子单缝衍射实验

考虑其他高级次明纹的出现，可得

$$\Delta p_x \geqslant p\sin\theta_1. \tag{15.6.1}$$

根据单缝衍射公式,第 1 级暗纹中心的衍射角 θ_1 由

$$\Delta x \sin \theta_1 = \lambda$$

决定,式中 λ 为电子波的波长. 将德布罗意公式 $\lambda = \dfrac{h}{p}$ 代入上式,可得 $\sin \theta_1 = \dfrac{h}{p \Delta x}$,将此式代入式(15.6.1),可得

$$\Delta p_x \geqslant p \sin \theta_1 = \frac{h}{\Delta x},$$

即

$$\Delta x \Delta p_x \geqslant h. \tag{15.6.2}$$

这说明电子的位置不确定量与动量不确定量的乘积不小于普朗克常量的数量级,它是波粒二象性的表现. 式(15.6.2)可作为这种不确定关系的估算式.

15.6.2　海森伯不确定关系及其应用

1927 年,年仅 26 岁的德国物理学家海森伯给出了不确定关系的准确表达式,它的推导在专门的量子力学教材中均有介绍,这里只给出结论.

微观粒子不能同时具有确定的位置和动量,在同一时刻,位置不确定量与该方向(如 x 轴方向)动量不确定量的乘积大于或等于 $\dfrac{\hbar}{2}$,即

$$\Delta x \Delta p_x \geqslant \frac{\hbar}{2}.$$

再考虑到其他方向的分量,可以得到更一般的结论:

$$\Delta x \Delta p_x \geqslant \frac{\hbar}{2}, \quad \Delta y \Delta p_y \geqslant \frac{\hbar}{2}, \quad \Delta z \Delta p_z \geqslant \frac{\hbar}{2}. \tag{15.6.3}$$

式(15.6.3)就是**位置和动量的不确定关系**,以上结论也称为**海森伯不确定性原理**. 它们说明粒子的位置不确定量越小,则同方向上的动量不确定量越大. 同样,某方向上粒子的动量不确定量越小,则该方向上的位置不确定量越大. 总之,位置和动量的不确定关系告诉我们,在测量粒子的位置和动量时,它们的精度存在着一个终极的不可逾越的限制.

除位置和动量的不确定关系外,对粒子行为的描述还常用到能量和时间的不确定关系. 考虑一个粒子在一段时间 Δt 内的动量为 p(沿 x 轴方向),而能量为 E. 根据相对论中能量和动量的关系式

$$E^2 = (m_0 c^2)^2 + (pc)^2,$$

可得动量不确定量为

$$\Delta p = \Delta\left(\frac{1}{c}\sqrt{E^2 - m_0^2 c^4}\right) = \frac{E}{c^2 p}\Delta E.$$

在 Δt 时间间隔内，粒子可能发生的位移为

$$\Delta x = v\Delta t = \frac{p}{m}\Delta t,$$

它就是在这段时间间隔内粒子的位置不确定量. 将上两式相乘，并考虑到 $E = mc^2$，可得

$$\Delta x \Delta p = \frac{p}{m}\Delta t \frac{E}{c^2 p}\Delta E = \Delta E \Delta t,$$

把上式代入式(15.6.3)，则有

$$\Delta E \Delta t \geqslant \frac{\hbar}{2}. \tag{15.6.4}$$

这就是能量和时间的不确定关系.

不确定关系表明，用经典力学来描述微观粒子是不可能完全准确的，经典模型不适用于微观粒子. 借用经典力学来描述微观粒子时，必须对经典力学中的概念的相互关系和结合方式加以限制，而不确定关系就是这种限制的定量关系. 在所研究的问题中，如果 $\hbar$ 是可以忽略的小量，则该问题可用经典力学处理；否则，要用量子力学处理.

海森伯因在量子力学方面的贡献（创立了用矩阵来描述微观粒子运动规律的矩阵力学），于 1932 年获得诺贝尔物理学奖.

例 15.6.1 设某氢原子中电子速率的数量级为 10^6 m/s，其位置不确定量为 10^{-10} m，求电子的速率不确定量.

解 由于电子的速率远小于光速，故不考虑相对论效应. 电子的动量不确定量为

$$\Delta p_x = m\Delta v,$$

将上式代入不确定关系 $\Delta x \Delta p_x \geqslant \frac{\hbar}{2}$，可得

$$\Delta v \geqslant \frac{\hbar}{2m\Delta x} = \frac{h}{4\pi m\Delta x} = \frac{6.63 \times 10^{-34}}{4 \times 3.14 \times 9.11 \times 10^{-31} \times 10^{-10}} \text{ m/s} \approx 5.79 \times 10^5 \text{ m/s}.$$

由计算结果可知，电子的速率不确定量与电子本身的速率大小相差不大. 根据不确定关系，不能用经典力学的方法来描述氢原子中电子的运动状态.

例 15.6.2 一子弹的质量为 $m = 0.01$ kg，速率为 $v = 500$ m/s，设其速率不确定量为 $\Delta v = 5 \times 10^{-4}$ m/s，试估算子弹的位置不确定量.

解 设子弹沿 x 轴方向运动，$\Delta p_x = m\Delta v$，由不确定关系 $\Delta x \Delta p_x \geqslant \frac{\hbar}{2}$，可得

$$\Delta x \geqslant \frac{\hbar}{2\Delta p_x} = \frac{h}{4\pi m\Delta v} = \frac{6.63 \times 10^{-34}}{4 \times 3.14 \times 0.01 \times 5 \times 10^{-4}} \text{ m} \approx 1.05 \times 10^{-29} \text{ m}.$$

这一不确定量用现有仪器无法测量. 因此，对宏观物体运动的描述可不受不确定关系的限制.

例 15.6.3 实验测定原子核半径的数量级为 10^{-14} m,β 衰变出的电子能量的数量级为 1 MeV. 若电子被束缚在原子核中,用不确定关系估算其动能的数量级.

解 若电子被束缚在原子核中,电子位置不确定量为原子核半径的数量级. 取 $\Delta x = r = 10^{-14}$ m,电子的动量不确定量为 $\Delta p_x = p$,由不确定关系 $\Delta x \Delta p_x \geq \dfrac{\hbar}{2}$,可得

$$p = \Delta p_x \approx \frac{\hbar}{2\Delta x} = \frac{h}{4\pi r}.$$

电子的动能为

$$E = \frac{p^2}{2m} = \frac{1}{2m}\left(\frac{h}{4\pi r}\right)^2 \approx 10^2 \text{ MeV},$$

即电子动能的数量级为 10^2 MeV.

估算结果表明,原子核中电子的动能比 β 衰变的电子能量高两个数量级. 这说明在原子核内的 β 衰变放出的电子不可能原来就存在于原子核中. 现在知道,β 衰变的电子是中子衰变的产物.

例 15.6.4 氦氖激光器所发红光的波长为 $\lambda = 632.8$ nm,此波长的不确定量(谱线宽度)为 $\Delta \lambda = 10^{-9}$ nm. 当该光子沿 x 轴方向传播时,求其位置不确定量.

解 光子具有波粒二象性,也满足不确定关系. 由 $p_x = \dfrac{h}{\lambda}$,可得

$$\Delta p_x = \frac{h}{\lambda^2}\Delta \lambda,$$

代入不确定关系 $\Delta x \Delta p_x \geq \dfrac{\hbar}{2}$,可得光子的位置不确定量为

$$\Delta x \geq \frac{\hbar}{2\Delta p_x} = \frac{\lambda^2}{4\pi\Delta\lambda} \approx 3.19 \times 10^4 \text{ m}.$$

原子在一次能级跃迁过程中,发射一个光子(粒子性),但从波动说的观点看,是发出了一个光波列. 光子的位置不确定量也就是相应的光波列的长度.

15.7 波函数及其统计解释

德布罗意提出的物质波的物理意义是什么呢?他本人曾认为与粒子相联系的波是引导粒子运动的"导波",并由此预言了电子双缝干涉的实验结果. 对于物质波的本质,他并没有给出明确的解释,只是说它是虚拟的和非物质的. 在本节,我们以类比的方法提出实物粒子的波函数,再介绍玻恩对波函数的统计解释.

15.7.1 自由粒子的波函数

对于机械波,当它沿 x 轴正方向传播时,将介质中质元的振动

位移记为 y，则平面简谐波的波函数为

$$y = A\cos\left[\omega\left(t - \frac{x}{u}\right) + \varphi\right], \tag{15.7.1}$$

式中 A 为振幅，ω 为角频率，u 为波速，φ 为 O 处质元振动的初相位。对于球面简谐波，可以表示成

$$y(r,t) = A(r)\cos\left[\omega\left(t - \frac{r}{u}\right) + \varphi\right],$$

式中 r 为离开波源的距离。以上两式都是描述波动的波函数，式中变量是可以直接测量的物理量。也就是说，**经典波函数是实数形式，具有确定的物理意义**。

式 (15.7.1) 也可以写作复数形式：

$$\tilde{y}(x,t) = A\mathrm{e}^{-\mathrm{i}(\omega t - kx + \varphi)} = \tilde{A}\mathrm{e}^{-\mathrm{i}(\omega t - kx)}, \tag{15.7.2}$$

复数的实部或虚部都表示平面简谐波，式中 $\tilde{A} = A\mathrm{e}^{-\mathrm{i}\varphi}$ 称为**复振幅**。

将式 (15.7.1) 分别对 t 和 x 求二阶偏导，可得

$$\frac{\partial^2 y}{\partial x^2} = \frac{1}{u^2}\frac{\partial^2 y}{\partial t^2}.$$

这就是**平面简谐波的波动方程**。

由于微观粒子具有波粒二象性，其位置与动量不能同时确定，无法用经典力学的方法去描述其运动状态。德布罗意在提出实物粒子的波动性概念时，假设粒子的能量用 $E = mc^2 = h\nu = \hbar\omega$ 表示，粒子的波动性与粒子的运动状态相联系，可用一个波函数来描述，并把物质波的波函数定义为复数形式。

对于一个能量为 E、动量为 p 的自由粒子（不受任何外界的作用），沿 x 轴方向运动，其动量和能量是恒定不变的。根据惯性系的时空变换对称性，相应的德布罗意波长和频率也是恒定不变的。可见，自由粒子所对应的是平面简谐波。

类比于式 (15.7.2)，将自由粒子所对应的物质波的波函数表示为

$$\psi(x,t) = A\mathrm{e}^{-\mathrm{i}(\omega t - kx)},$$

将 $\omega = \dfrac{E}{\hbar}$ 与 $k = \dfrac{2\pi}{\lambda} = \dfrac{p}{\hbar}$ 代入上式，则有

$$\psi(x,t) = A\mathrm{e}^{-\frac{\mathrm{i}}{\hbar}(Et - px)}. \tag{15.7.3}$$

在一般情况下，即对于非自由粒子的三维运动，可将物质波的波函数记为

$$\psi(\boldsymbol{r},t) = A\mathrm{e}^{-\frac{\mathrm{i}}{\hbar}(Et - \boldsymbol{p}\cdot\boldsymbol{r})}.$$

15.7.2　波函数的统计解释

爱因斯坦在谈及他本人论述的光子和电磁波的关系时，曾提

出电磁场是一种"鬼场". 这种场引导光子的运动,而各处电磁波振幅的平方决定了各处单位体积内光子存在的概率. 玻恩发展了爱因斯坦的思想,于1926年提出:粒子的波函数在空间中某一点处的强度(振幅的平方)和在该处找到粒子的概率成正比,粒子的物质波是概率波.

玻恩认为,微观粒子在 t 时刻出现在 r 处的概率与波函数的模的平方成正比,那么该粒子在 t 时刻出现在 r 附近一个小体积元 $\mathrm{d}V$ 内的概率为

$$\mathrm{d}P = |\psi|^2 \mathrm{d}V = \psi\psi^* \mathrm{d}V, \tag{15.7.4}$$

式中 ψ^* 为 ψ 的共轭复数. 单位体积内粒子出现的概率,称为概率密度,它可以表示为

$$\rho(\boldsymbol{r},t) = \frac{\mathrm{d}P}{\mathrm{d}V} = |\psi|^2 = \psi\psi^*. \tag{15.7.5}$$

波函数一般是空间和时间的函数,即 $\psi = \psi(\boldsymbol{r},t)$. 波函数也称为概率幅. 在量子力学中,波函数无实在的物理意义,只有波函数模的平方对应粒子在空间出现的概率密度.

玻恩的以上观点现在已成为公认的关于物质波的实质解释.

我们可以由电子单缝衍射实验(见图 15.16)来理解物质波是概率波:① 从粒子性方面解释 —— 电子在各处出现的概率不同,单个电子在何处出现具有偶然性,大量电子在某处出现的概率具有规律性;② 从波动性方面解释 —— 电子密集处波的强度大,电子稀疏处波的强度小.

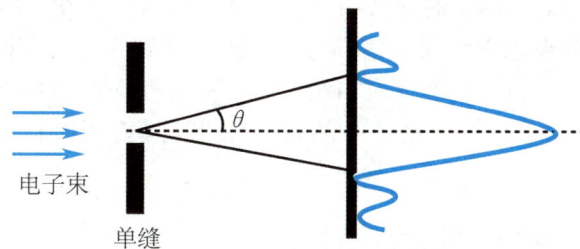

图 15.16 电子单缝衍射实验

对单个电子来说,衍射图样反映出了电子通过单缝到达接收屏上各点的概率分布,亮的地方表明电子出现的概率大,而暗的地方表明电子出现的概率小.

我们也可以用电子双缝干涉实验结果来理解物质波的概率特性. 图 15.17(f) 所示是电子束的双缝干涉图样,它和光的双缝干涉图样完全一样,电子束显示不出粒子性. 如果减弱入射电子束的强度,使电子一个个地依次通过双缝,则随着电子数的积累,"干涉图样"将依次如图 15.17(a) ~ (f) 所示. 图 15.17(a) 所示是只有一个电子通过双缝后形成的图像;图 15.17(b) 所示是几个电子通过双

缝后形成的图像;图 15.17(c) 所示是几十个电子通过双缝后形成的图像. 这几幅图像说明,电子是粒子,电子的去向完全不确定,一个电子到达何处完全是随机事件. 随着入射电子数的增多,衍射图样依次如图 15.17(d)～(f) 所示,逐渐显示出了条纹,最后呈现出清晰的干涉条纹,与光通过双缝后形成的条纹一样. 这说明单个电子的去向是随机的,但大量电子出现的概率是确定的.

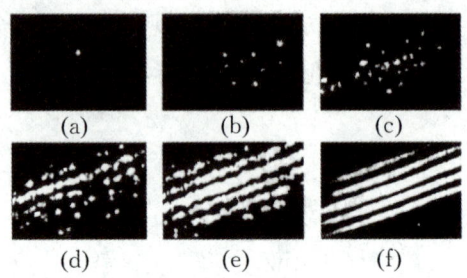

图 15.17 电子双缝干涉图样

对于电子双缝干涉实验,以 ψ_1 表示单独打开缝 1 时电子在底板上的波函数分布,则 $|\psi_1|^2 = \rho_1$ 表示电子在底板上的概率分布,它对应于单缝衍射图样;如果两缝同时打开,入射的每个电子的去向都有两种可能,既可能通过缝 1,也可能通过缝 2,这时不是概率相叠加,而是波函数相叠加,即

$$\psi_{12} = \psi_1 + \psi_2.$$

相应的概率分布为

$$\rho_{12} = |\psi_{12}|^2 = |\psi_1 + \psi_2|^2 = |\psi_1|^2 + \psi_1^* \psi_2 + \psi_2^* \psi_1 + |\psi_2|^2,$$

式中出现了 ψ_1 与 ψ_2 的交叉项,这就是两缝之间的干涉效果.

在物理理论中引入概率概念有着重要的意义. 它意味着:在给定条件下,不可能精确地预知结果,只能预言某些可能结果的概率. 也就是说,不能给出唯一的肯定结果,只能用统计方法给出结论.

15.7.3 波函数的标准条件

知道了波函数,就知道了粒子出现在空间的概率分布,由此可以获得粒子的各种性质. 因此,可以说波函数描述了粒子的量子状态.

由于粒子必定要在空间某一点出现,粒子在空间各点出现的概率总和等于 1. 粒子在空间各点出现的概率只取决于波函数在空间各点的相对强度,而不决定于强度的绝对大小,于是有

$$\iiint_V |\psi|^2 dV = 1. \tag{15.7.6}$$

式(15.7.6) 称为归一化条件,满足该式的波函数 ψ 称为归一化波函数.

根据玻恩的解释，粒子在空间任意点出现的概率密度必须是确定的、唯一的并且不是无限大的，故波函数 ψ 必须是连续、单值和有限的函数，这个条件称为波函数的 **标准条件**.

虽然波函数本身不能通过实验观测，但粒子在空间出现的概率是可观测的. 玻恩提出的概率波的观点已被大量实验所证实. 但是必须注意，物质波与经典波有着本质的区别：

（1）物质波不能用实验直接观测，其无实在的物理意义，并且定义为复函数形式，但是 $|\psi|^2 = \psi\psi^*$ 为实数，具有物理意义，它表示微观粒子的概率密度；经典波的波函数本身是实函数，是可以通过实验观测的，它具有实在的物理意义（如位移、电场强度等）.

（2）物质波是概率波，任何一个常数 C 与波函数之积 $C\psi$，与 ψ 表示相同的概率分布，因此 $C\psi$ 与 ψ 描述相同的概率波；经典波的波幅若变为原来的 C 倍，则经典波的能量为原来的 C^2 倍，它们描述的运动状态完全不同.

例 15.7.1 粒子在一维空间中运动，其运动状态可用波函数
$$\psi(x,t) = \begin{cases} 0 & (x \leqslant 0, x \geqslant a), \\ Ae^{-\frac{i}{\hbar}Et}\sin\frac{\pi x}{a} & (0 < x < a) \end{cases}$$
来描述，式中 E 与 a 均为常量. 求：

（1）归一化常数 A；

（2）粒子的概率密度；

（3）概率密度最大的位置.

解 （1）利用归一化条件可得
$$\int_{-\infty}^{+\infty} |\psi|^2 \,dx = \int_{-\infty}^{+\infty} \psi\psi^* \,dx = \int_0^a A^2 \sin^2\frac{\pi x}{a} \,dx = \frac{A^2 a}{2} = 1,$$
解得
$$A = \sqrt{\frac{2}{a}}.$$

（2）概率密度为
$$\rho = |\psi|^2 = \begin{cases} 0 & (x \leqslant 0, x \geqslant a), \\ \frac{2}{a}\sin^2\frac{\pi x}{a} & (0 < x < a). \end{cases}$$

（3）设粒子在 x 处出现的概率密度取极值，令
$$\frac{d}{dx}\left(\frac{2}{a}\sin^2\frac{\pi x}{a}\right) = \frac{2\pi}{a^2}\sin\frac{2\pi}{a}x = 0,$$
解得 $x = 0, \frac{a}{2}, a$（这里要注意 x 的取值范围）.

由于 $\psi(x,t)$ 在 $x = 0$ 与 $x = a$ 处均为 0，故概率密度最大值出现在 $x = \frac{a}{2}$ 处.

15.8 薛定谔方程及其应用

德布罗意引入了和粒子相联系的物质波,粒子的运动用波函数 $\psi(r,t)$ 来描述,而 t 时刻粒子在各点处的概率密度为 $|\psi|^2$. 但是,怎样确定在给定条件下(一般是给定一个势场)的波函数呢?

1925 年,薛定谔做了一个关于物质波的学术报告,会议主持人德拜(Debye)指出:"对于波,应该有一个波动方程." 不久,薛定谔向世人公布了这个波动方程(称为薛定谔方程),它在量子力学中的地位和作用相当于牛顿运动方程在经典力学中的地位和作用.

15.8.1 一维定态薛定谔方程

质量为 m 的自由粒子,在外加势场 U 中沿 x 轴运动,其薛定谔方程的一般形式为

$$i\hbar \frac{\partial \psi}{\partial t} = \hat{H}\psi,$$

该方程也称为**含时薛定谔方程**,式中 $\hat{H}$ 称为**哈密顿(Hamilton)算符**,在一维情况下,

$$\hat{H} = -\frac{\hbar^2}{2m}\frac{\partial^2}{\partial x^2} + U(x,t).$$

在相当多的情况下,粒子只在恒定势场 $U = U(r)$ 中运动,即势场与时间无关. 可以证明,此时粒子的概率密度也与时间无关,而只是空间坐标的函数,对应的波函数称为**定态波函数**.

在一维的情况下,将定态波函数记为 $\varphi(x)$,它与波函数 $\psi(x,t)$ 的关系为

$$\psi(x,t) = \varphi(x)e^{-\frac{i}{\hbar}Et},$$

式中 E 为粒子的能量. 相应地,t 时刻粒子在 x 处出现的概率密度为

$$\rho = |\psi|^2 = \psi\psi^* = |\varphi(x)|^2.$$

决定粒子定态波函数的**一维定态薛定谔方程**为

$$-\frac{\hbar^2}{2m}\frac{d^2\varphi(x)}{dx^2} + U\varphi(x) = E\varphi(x). \quad (15.8.1)$$

式(15.8.1)也可以写为

$$\hat{H}\varphi(x) = E\varphi(x).$$

关于定态薛定谔方程,需要说明两点:第一,它是线性微分方程,这就意味着它的解(波函数)满足叠加原理;第二,从数学上来说,对于任何能量 E 的值,方程都有解,但并非所有的解都能满足物理上的要求. 事实表明,根据波函数的标准条件(单值、有限、连

续),可以得出微观粒子的能量是量子化的.

薛定谔将能量量子化、本征值理论、哈密顿-雅可比理论和物质波结合起来,创立了波动量子力学,于 1933 年获得诺贝尔物理学奖.

附录 D 薛定谔方程的形式推导

沿 x 轴方向运动的能量为 E,动量为 p 的自由粒子(不受外界作用)的波函数(式(15.7.3))为
$$\psi(x,t) = Ae^{-\frac{i}{\hbar}(Et-px)}.$$
对它分别求 t 的一阶偏导数和 x 的二阶偏导数,可得
$$\frac{\partial \psi}{\partial t} = -\frac{i}{\hbar}E\psi, \quad \frac{\partial^2 \psi}{\partial x^2} = -\frac{p^2}{\hbar^2}\psi,$$
将上式整理,可得
$$i\hbar \frac{\partial \psi}{\partial t} = E\psi, \quad \frac{\hbar^2}{2m}\frac{\partial^2 \psi}{\partial x^2} = -\frac{p^2}{2m}\psi,$$
将两式相加,可得
$$i\hbar \frac{\partial \psi}{\partial t} + \frac{\hbar^2}{2m}\frac{\partial^2 \psi}{\partial x^2} = \left(E - \frac{p^2}{2m}\right)\psi. \tag{D1}$$
考虑非相对论情况下 $E = \frac{p^2}{2m}$,则
$$i\hbar \frac{\partial \psi}{\partial t} + \frac{\hbar^2}{2m}\frac{\partial^2 \psi}{\partial x^2} = 0. \tag{D2}$$
这就是**一维自由粒子的薛定谔方程**.

对于非自由粒子,设粒子处于外加势场 $U = U(x,t)$ 之中,粒子的总能量为
$$E = \frac{p^2}{2m} + U.$$
对波函数
$$\psi(x,t) = Ae^{-\frac{i}{\hbar}(Et-px)} \tag{D3}$$
求偏导数,同样可得到式(D1)的结果. 将总能量表达式代入,则有
$$i\hbar \frac{\partial \psi}{\partial t} + \frac{\hbar^2}{2m}\frac{\partial^2 \psi}{\partial x^2} = U\psi. \tag{D4}$$
这就是**一维含时薛定谔方程**.

引入拉普拉斯算符 $\nabla^2 = \frac{\partial^2}{\partial x^2} + \frac{\partial^2}{\partial y^2} + \frac{\partial^2}{\partial z^2}$,可将一般情况下的含时薛定谔方程写成
$$i\hbar \frac{\partial \psi}{\partial t} = -\frac{\hbar^2}{2m}\nabla^2 \psi + U\psi.$$
再引入哈密顿算符 $\hat{H} = -\frac{\hbar^2}{2m}\nabla^2 + U$,则**薛定谔方程的一般形式**为
$$i\hbar \frac{\partial \psi}{\partial t} = \hat{H}\psi. \tag{D5}$$
在一维定态运动中,概率密度只由空间坐标 x 决定,可以将波函数表示为
$$\psi(x,t) = \varphi(x)f(t), \tag{D6}$$
代入式(D5),并分离变量,得
$$\frac{i\hbar}{f(t)}\frac{df(t)}{dt} = \frac{1}{\varphi(x)}\hat{H}\varphi(x).$$

上式中左端仅是时间 t 的函数,右端仅是空间坐标 x 的函数,这只有两端都是常数才能成立.将这个常数记为 E(事实表明它就是粒子的总能量),就可得到

$$i\hbar \frac{\mathrm{d}f(t)}{\mathrm{d}t} = Ef(t), \tag{D7}$$

$$\hat{H}\varphi(x) = E\varphi(x). \tag{D8}$$

式(D8)就是定态薛定谔方程,式中哈密顿算符 $\hat{H} = -\dfrac{\hbar^2}{2m}\dfrac{\mathrm{d}^2}{\mathrm{d}x^2} + U(x)$.

求解式(D7),可得

$$f(t) = C\mathrm{e}^{-\frac{\mathrm{i}}{\hbar}Et}, \tag{D9}$$

式中 C 为任意常数.将此结果代入式(D6),就可以得到波函数为

$$\psi(x,t) = \varphi(x)\mathrm{e}^{-\frac{\mathrm{i}}{\hbar}Et}. \tag{D10}$$

这里已将常数 C 并入 $\varphi(x)$(不影响概率密度).

由附录 D 中的式(D8)可知,如果给定了 $U(x)$,就可以通过它求解出定态波函数 $\varphi(x)$,进一步可以得到波函数 $\psi(x,t)$.式(D8)也称为哈密顿算符的**本征方程**,E 称为哈密顿算符的**本征值**,$\varphi(x)$ 称为**本征波函数**.

最后需要说明两点:第一,在附录 D 的推导中,必须用复数形式的波函数,如果用经典的平面波函数就得不到薛定谔方程;第二,用以上方法得到的薛定谔方程,其正确性是由它对具体实际问题所做的理论计算与实验结果相比较来验证的.因此,薛定谔方程不能视为数学方法推导的结论.然而,在非相对论性情况下应用薛定谔方程求解的结果与实际符合得很好,因而薛定谔方程被认为是能够反映微观系统客观实际的近代物理理论.

15.8.2　一维无限深方势阱

势阱是一种简单的理论模型.自由电子在金属内部可以自由运动,但很难逸出金属表面.这种情况下,可以认为自由电子处于以金属表面为边界的无限深势阱中.在粗略地分析自由电子的运动(不考虑点阵离子的电场)时,就可以利用一维无限深方势阱模型.

粒子在**一维无限深方势阱**中的势能函数为

$$U(x) = \begin{cases} 0 & (0 < x < a), \\ \infty & (x \leqslant 0, x \geqslant a), \end{cases}$$

这种势能函数的势能曲线如图 15.18 所示.在阱内($0 < x < a$),势能为零,粒子不受力而做自由运动;在边界处($x = 0, a$),势能突然增大至无限大,粒子会受到无限大的指向阱内的力.因此,粒子的位置就被限制在阱内,粒子这时的状态称为**束缚态**.

在阱内,粒子的状态用定态薛定谔方程(15.8.1)来描述.考虑

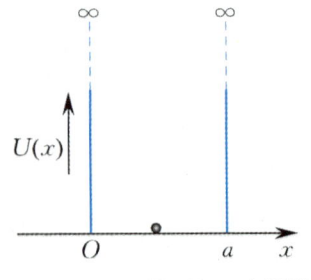

图 15.18　一维无限深方势阱

$U = 0$,所以
$$-\frac{\hbar^2}{2m}\frac{\mathrm{d}^2\varphi(x)}{\mathrm{d}x^2} = E\varphi(x).$$
对上式进行整理可得
$$\frac{\mathrm{d}^2\varphi(x)}{\mathrm{d}x^2} = -\frac{2mE}{\hbar^2}\varphi(x).$$
它和简谐运动的动力学方程形式一样,其解为
$$\varphi(x) = A\sin(kx + \delta) \quad (0 < x < a), \tag{15.8.2}$$
式中 $k = \frac{\sqrt{2mE}}{\hbar}$;$A,\delta$ 为待定常数.

在阱外,由于 $U = \infty$,是粒子不可能到达的区域,必须有
$$\varphi(x) = 0 \quad (x \leqslant 0, x \geqslant a). \tag{15.8.3}$$
根据波函数在 $x = 0$ 与 $x = a$ 处连续的要求,可以求出有关待定常数.由
$$\varphi(0) = A\sin\delta = 0$$
可得
$$\delta = 0;$$
由
$$\varphi(a) = A\sin(ka + \delta) = 0$$
可得
$$k = \frac{n\pi}{a} \quad (n = 1, 2, \cdots).$$
再根据波函数的归一化条件,可以求出 A 的值,即
$$\int_{-\infty}^{+\infty}|\varphi(x)|^2\mathrm{d}x = \int_{-\infty}^{0}|\varphi(x)|^2\mathrm{d}x + \int_{0}^{a}|\varphi(x)|^2\mathrm{d}x + \int_{a}^{+\infty}|\varphi(x)|^2\mathrm{d}x$$
$$= \int_{0}^{a}\left(A\sin\frac{n\pi}{a}x\right)^2\mathrm{d}x = \frac{a}{2}A^2 = 1.$$
由此可得 $A = \sqrt{\frac{2}{a}}$.于是所求粒子的波函数为
$$\varphi_n(x) = \begin{cases} \sqrt{\frac{2}{a}}\sin\frac{n\pi}{a}x & (0 \leqslant x \leqslant a), \\ 0 & (x < 0, x > a) \end{cases} \quad (n = 1, 2, \cdots).$$
$$\tag{15.8.4}$$
粒子的能量可以由 $k = \frac{n\pi}{a}$ 与 $k = \frac{\sqrt{2mE}}{\hbar}$ 求得,有
$$E_n = \frac{1}{2m}\left(\frac{\pi\hbar}{a}n\right)^2 \quad (n = 1, 2, \cdots). \tag{15.8.5}$$
由此可见,束缚在阱内的粒子的能量只能取分立的值,即能量是量子化的.每一个能量值对应于一个能级.这些能量值称为**能量本征值**,而 n 称为**量子数**.

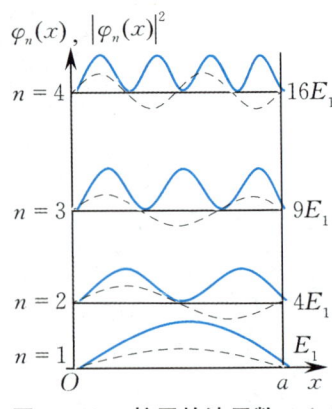

图 15.19　粒子的波函数 $\varphi_n(x)$（虚线）和概率密度 $|\varphi_n(x)|^2$（实线）

波函数称为**能量本征波函数**. 由每个能量本征波函数所描述的粒子的状态称为粒子的**能量本征态**，其中能量最低的态称为**基态**，其他能量较大的态称为**激发态**.

图 15.19 表示的是粒子在一维无限深方势阱中各能级下的波函数和概率密度.

以上的结果表明，粒子在阱内的表现与经典粒子明显不同：① 粒子的波动性给出的概率密度也呈周期性分布，而按经典物理理论，粒子在阱内自由运动，在各处的概率密度应该相等，且与粒子的能量无关；② 粒子的最小能量（基态能量）不为零，而经典粒子是有可能处于能量为零的状态；③ 与粒子动量相对应的物质波波长只能是势阱宽度两倍的整数分之一，即每一个能量本征态对应于物质波的一个特定波长的驻波.

例 15.8.1　在原子核内的质子和中子可粗略地认为处于无限深势阱中而不能逸出，它们在原子核中的运动也可以认为是自由的. 按一维无限深方势阱估算，质子从第一激发态（$n=2$）到基态（$n=1$）跃迁时，发出的 γ 光子的能量为多少？

解　原子核的线度按 1.0×10^{-14} m 计算，质子的质量为 $m_p = 1.67\times10^{-27}$ kg，$\hbar \approx 1.05\times10^{-34}$ J·s，则质子的基态能量为

$$E_1 = \frac{1}{2m_p}\left(\frac{\pi\hbar}{a}\right)^2 \approx \frac{(3.14\times 1.05\times 10^{-34})^2}{2\times 1.67\times 10^{-27}\times(1.0\times 10^{-14})^2}\ \text{J} \approx 3.3\times 10^{-13}\ \text{J}.$$

第一激发态的能量为

$$E_2 = 4E_1 \approx 13.2\times 10^{-13}\ \text{J}.$$

质子从第一激发态跃迁到基态所发出的 γ 光子的能量等于这两个能量的差，即

$$E_2 - E_1 \approx 9.9\times 10^{-13}\ \text{J} \approx 6.2\ \text{MeV}.$$

实验观测到的原子核发出的 γ 光子的能量一般就是几兆电子伏，与上述估算相符.

15.8.3　隧道效应

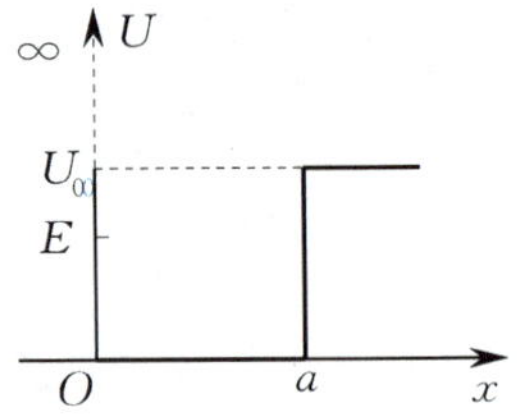

图 15.20 所示为半无限深方势阱，其势能分布函数为

$$U(x) = \begin{cases} \infty & (x \leqslant 0), \\ 0 & (0 < x < a), \\ U_0 & (x \geqslant a). \end{cases}$$

图 15.20　半无限深方势阱

在 $x \leqslant 0$ 的区域，$U = \infty$，波函数为 $\varphi(x) = 0$.

在阱内，即 $0 < x < a$ 的区域，粒子具有小于 U_0 的能量 E，粒子在阱内的状态用定态薛定谔方程描述为

$$\frac{d^2\varphi(x)}{dx^2} = -\frac{2mE}{\hbar^2}\varphi(x) = -k^2\varphi(x), \quad (15.8.6)$$

式中 $k = \frac{\sqrt{2mE}}{\hbar}$. 式(15.8.6)的解为 $\varphi(x) = A\sin(kx+\delta)$.

在 $x \geqslant a$ 的区域,定态薛定谔方程可写成

$$\frac{d^2\varphi(x)}{dx^2} = \frac{2m}{\hbar^2}(U_0 - E)\varphi(x) = -k'^2\varphi(x), \quad (15.8.7)$$

式中 $k' = \frac{\sqrt{2m(U_0-E)}}{\hbar}$. 对于 $E < U_0$ 的粒子,$k'^2 > 0$,此时式(15.8.7)有指数解

$$\varphi(x) = Ce^{-k'x}, \quad (15.8.8)$$

式中 C 为常数. 这说明,在 $x \geqslant a$ 的区域粒子出现的概率不为零,即粒子在运动中也可能到达 $x \geqslant a$ 的区域,不过到达的概率随 x 的增大而成指数减小.

由于数学推演比较复杂,这里不介绍波函数的细节. 结果表明,处于束缚态的粒子的能量是量子化的,粒子可以到达其总能量 E 小于势能 U_0 的区域. 由于在 $E < U_0$ 的区域,粒子的动能 $E_k = E - U_0$ 已变为负值,因而在经典力学中粒子是不可能进入这一区域的. 如果这一高势能区域是有限宽的,即粒子在运动中为一势垒所阻(见图 15.21),则粒子就有可能穿过势垒而到达势垒的另一侧. 这一量子力学现象称为**势垒穿透**或**隧道效应**.

隧道效应的一个重要应用是**扫描隧道显微镜**(STM). 它可以在荧光屏或绘图机上显示出样品表面的三维图像,和实验尺寸相比,这一图像可放大一亿倍. 图 15.22 是用 STM 的探针将 48 个铁原子移到一块精制的铜表面上,使它们成一个圆圈,圈内的圆形波纹就是电子的波动图像(驻波),人们将铁原子圈称为**量子围栏**. 它与量子力学的预言非常符合.

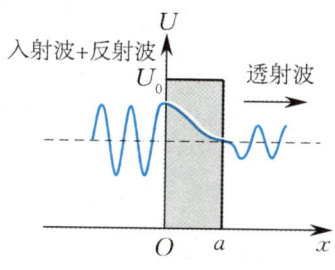

图 15.21 隧道效应

图 15.22 量子围栏

*15.8.4 线性谐振子

这里讨论的是粒子在略微复杂的势场中做一维运动的情形,即谐振子的运动. 固体中原子的振动就可以用这种模型加以近似地描述.

一维谐振子的势函数为

$$U = \frac{1}{2}kx^2 = \frac{1}{2}m\omega^2 x^2, \quad (15.8.9)$$

式中 $\omega = \sqrt{\frac{k}{m}}$ 是谐振子的固有角频率,m 是谐振子的质量,k 是谐振子的等效劲度系数.

将式(15.8.9)代入定态薛定谔方程(15.8.1),则有

$$\frac{d^2\varphi(x)}{dx^2} + \frac{2m}{\hbar^2}\left(E - \frac{1}{2}m\omega^2 x^2\right)\varphi(x) = 0. \quad (15.8.10)$$

这是一个变系数的常微分方程,求解较为复杂. 求解结果表明,为了使波函数满足单值、有限、连续的条件,谐振子的能量只能为

$$E_n = \left(n + \frac{1}{2}\right)\hbar\omega = \left(n + \frac{1}{2}\right)h\nu \quad (n = 0, 1, 2, \cdots).$$
(15.8.11)

由此可见,谐振子的能量也是分立的,即量子化的,n 是量子数. 和无限深方势阱中粒子的能级不同的是,谐振子两相邻能级间的间隔均为 $h\nu$,即

$$E_{n+1} - E_n = h\nu.$$

这和普朗克能量子假说一致. 另外,一维谐振子的基态($n = 0$)能量

$$E_0 = \frac{1}{2}\hbar\omega = \frac{1}{2}h\nu \tag{15.8.12}$$

称为**零点能量**.

零点能量的存在是量子力学的一个重要结果,是微观粒子波粒二象性的反映. 它表明,即使在绝对零度,一维谐振子仍有振动. 这用经典力学的理论是解释不了的.

*15.9 氢原子的量子理论简介

薛定谔利用他得到的方程取得的第一个突出成就是更自然地解决了当时有关氢原子的问题,从而开始了量子力学理论的构建. 量子力学理论使人们逐步弄清了原子的内部结构及运动规律,并推动了量子化学、光谱学和材料科学等学科的发展. 本节只介绍用薛定谔方程求解氢原子问题的方法,以及求解所得的一些重要结论,从而对量子力学理论的应用有一个初步的了解.

15.9.1 氢原子的薛定谔方程

氢原子中的一个电子处于原子核的库仑场中,其势能为

$$U(r) = -\frac{e^2}{4\pi\varepsilon_0 r},$$

它与时间无关,具有球对称性. 求解定态薛定谔方程采用如图 15.23 所示的球坐标系 $Or\theta\varphi$ 较为方便.

球坐标系下的定态薛定谔方程为

$$\frac{1}{r^2}\frac{\partial}{\partial r}\left(r^2 \frac{\partial \psi}{\partial r}\right) + \frac{1}{r^2 \sin\theta}\frac{\partial}{\partial \theta}\left(\sin\theta \frac{\partial \psi}{\partial \theta}\right) + \frac{1}{r^2 \sin^2\theta}\frac{\partial^2 \psi}{\partial \varphi^2}$$
$$+ \frac{2m}{\hbar^2}\left(E + \frac{e^2}{4\pi\varepsilon_0 r}\right)\psi = 0.$$

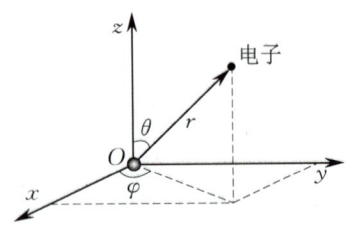

图 15.23 球坐标系中的氢原子

采用分离变量法,令

$$\psi = R(r)\Theta(\theta)\Phi(\varphi),$$

代入上面的定态薛定谔方程，经过一系列的换算、整理，可得到三个方程：

$$\frac{\mathrm{d}^2 \Phi}{\mathrm{d}\varphi^2} + m_l^2 \Phi = 0, \tag{15.9.1}$$

$$\frac{1}{\sin\theta}\frac{\mathrm{d}}{\mathrm{d}\theta}\left(\sin\theta\frac{\mathrm{d}\Theta}{\mathrm{d}\theta}\right) + \left[l(l+1) - \frac{m_l^2}{\sin^2\theta}\right]\Theta = 0, \tag{15.9.2}$$

$$\frac{1}{r^2}\frac{\mathrm{d}}{\mathrm{d}r}\left(r^2\frac{\mathrm{d}R}{\mathrm{d}r}\right) + \left[\frac{2m}{\hbar^2}\left(E + \frac{e^2}{4\pi\varepsilon_0 r}\right) - \frac{\hbar^2}{2m}\frac{l(l+1)}{r^2}\right]R = 0, \tag{15.9.3}$$

式中 m_l 和 l 均为常数，其意义将在后面说明。

以上方程的求解过程非常复杂，下面只给出一些结论。这里要说明的一点是，下面的部分结论与15.4节氢原子的玻尔理论相同，但这是求解定态薛定谔方程得到的结论，而不是利用玻尔的三个假设得出的结果。同时，我们还可以看到玻尔旧量子论得到的一些结果与量子力学理论的结果不同，实验证明后者才是正确的。

15.9.2 三个量子数

1. 能量量子化和主量子数

对薛定谔方程求解可得氢原子的能量为

$$E_n = -\frac{me^4}{2(4\pi\varepsilon_0)^2 \hbar^2}\frac{1}{n^2} \quad (n = 1, 2, \cdots). \tag{15.9.4}$$

式(15.9.4)表明，氢原子的能量是量子化的，式中 n 称为**主量子数**。主量子数 n 和电子径向概率分布有关，n 越大，电子离原子核越远。氢原子的能量主要由 n 来决定。

式(15.9.4)与玻尔理论中的能量公式相同。$|E_n| \propto \frac{1}{n^2}$，随着 n 的增加，$|E_n|$ 快速地减小。

2. 轨道角动量量子化和角量子数

电子绕原子核运动的轨道角动量 L 必须满足

$$L = \sqrt{l(l+1)}\hbar \quad (l = 0, 1, 2, \cdots, n-1), \tag{15.9.5}$$

式中 l 称为**角量子数**或**副量子数**。由式(15.9.5)可知，电子的轨道角动量 L 也是量子化的，角量子数的个数取决于主量子数 n，即共有 n 个 l 值。角量子数 l 决定电子绕原子核运动的轨道角动量 L 的大小。一般来说，n 相同而角量子数 l 不同的电子，其能量也稍有不同。

这里要特别提出的是，量子力学的角动量量子化公式与玻尔理论中的角动量量子化公式不同。由式(15.9.5)可知，量子力学中的角动量的最小值为 $L_{\min} = 0$，而玻尔理论中的角动量的最小值为

$L'_{\min} = \hbar$. 实验证明,量子力学的结论是正确的.

3. 轨道角动量的空间量子化和磁量子数

在薛定谔方程的解中,电子的轨道角动量 $\boldsymbol{L}$ 的 z 分量只能取分立的值,即 $\boldsymbol{L}$ 的空间取向是量子化的,有

$$L_z = m_l \hbar \quad (m_l = 0, \pm 1, \pm 2, \cdots, \pm l). \quad (15.9.6)$$

轨道角动量 $\boldsymbol{L}$ 的空间取向由 m_l 决定,由于 $\boldsymbol{L}$ 的取向通常与磁场有关,把 m_l 称为**磁量子数**. 式(15.9.6) 表明,电子的轨道角动量在空间共有 $2l+1$ 个可能的取向,因此是量子化的. 这一结论称为轨道角动量的空间量子化. 例如,取 $l=1$,则 $m_l = 0, \pm 1$;取 $l=2$,则 $m_l = 0, \pm 1, \pm 2$,此时轨道角动量 $\boldsymbol{L}$ 在空间的可能取向如图 15.24 所示.

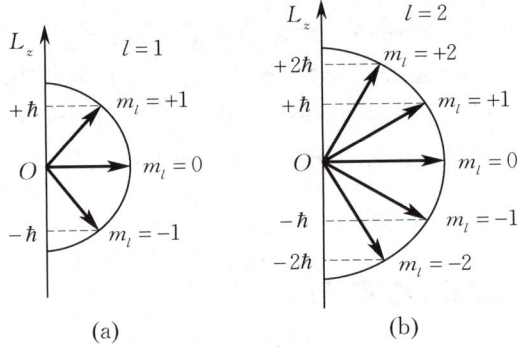

图 15.24 轨道角动量的空间量子化

15.9.3 氢原子核外电子的概率分布

在量子力学中,没有轨道的概念,电子是以一定的概率出现在原子核周围的,其波函数为

$$\psi_{n,l,m_l}(r,\theta,\varphi) = R_{n,l}(r)\Theta_{l,m_l}(\theta)\Phi_{m_l}(\varphi).$$

电子在原子核周围出现的概率密度为

$$|\psi_{n,l,m_l}|^2 = |R_{n,l}(r)\Theta_{l,m_l}(\theta)\Phi_{m_l}(\varphi)|^2,$$

在空间体积元 $\mathrm{d}V = r^2 \sin\theta \mathrm{d}r\mathrm{d}\theta\mathrm{d}\varphi$ 内,电子出现的概率为

$$|\psi|^2 \mathrm{d}V = |R_{n,l}(r)|^2 |\Theta_{l,m_l}(\theta)|^2 |\Phi_{m_l}(\varphi)|^2 r^2 \sin\theta \mathrm{d}r\mathrm{d}\theta\mathrm{d}\varphi.$$

$|R_{n,l}(r)|^2 r^2 \mathrm{d}r$ 表示电子出现在半径为 $r \sim r + \mathrm{d}r$ 的薄球壳内的概率,它与 θ 和 φ 无关,因此 $|R_{n,l}(r)|^2 r^2$ 称为径向概率密度. 图 15.25 给出了氢原子中电子的径向概率密度分布,从中可以看出,电子并没有稳定的轨道,而是以不同的概率出现在空间各处. 对于 $n=1$,只有一个值 $l=0$,故只有一种分布曲线,其最大概率密度恰好在玻尔半径 a_0 处. $n=2$ 时,概率密度有两种分布,其中 $l=1$ 时概率密度的峰值恰好位于玻尔的第二轨道半径 $(4a_0)$ 处, $l=0$ 时无经典轨道对应. 这说明,玻尔理论中的轨道概念有很大的局限性,只能粗略地表示电子所出现的空间范围.

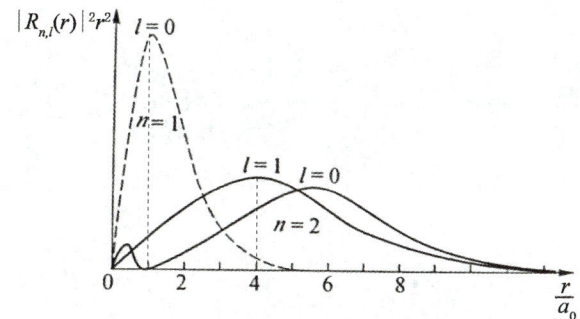

图 15.25 氢原子中电子的径向概率密度分布

$|\Theta_{l,m_l}(\theta)|^2 \sin\theta \mathrm{d}\theta$ 表示电子出现在 $\theta \sim \theta + \mathrm{d}\theta$ 之间的概率,由式(15.9.2)解得它与 φ 无关,只与 θ 有关. 由计算可知,$|\Phi_{m_l}(\varphi)|^2$ 与 φ 无关. 因此,角向概率分布对于 z 轴具有旋转对称性,$|\Theta_{l,m_l}(\theta)\Phi_{m_l}(\varphi)|^2 \sin\theta$ 的图形如图 15.26 所示.

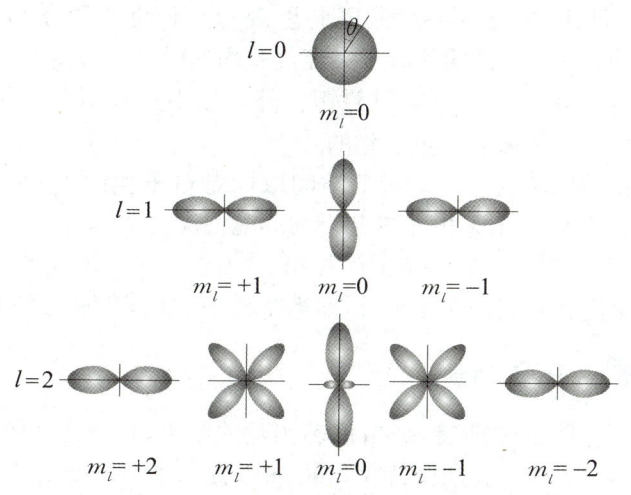

图 15.26 氢原子中电子的角向概率密度分布

*15.10 电子自旋　原子核外电子的壳层结构

15.10.1 斯特恩-格拉赫实验

1921 年,斯特恩和格拉赫(Gerlach)通过观察原子射线束通过非均匀磁场的情况来验证角动量空间量子化假设. 实验装置如图 15.27(a) 所示,O 为银原子射线源,通过电炉加热使银蒸发,产生的银原子束通过狭缝 S_1 和 S_2 后进入如图 15.27(b) 所示的非均匀磁场区域,最后打在底板 P 上,整个实验装置放在真空容器中.

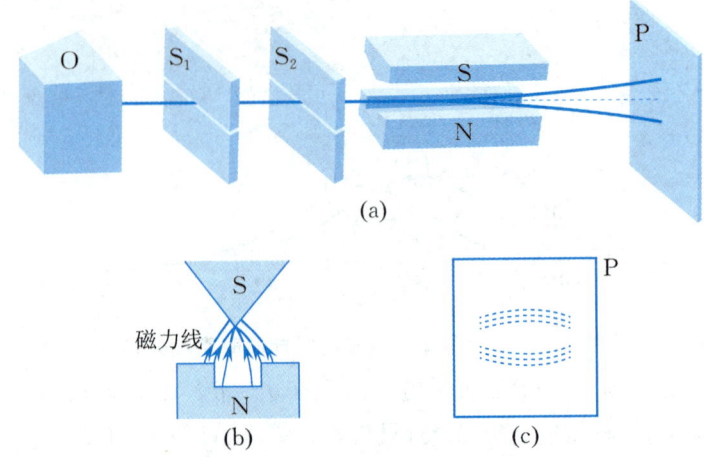

图 15.27 斯特恩-格拉赫实验

实验发现,在不加磁场时,底板 P 上呈现一条正对着狭缝的原子沉积;加上磁场后,底板 P 上呈现上、下两条原子沉积,如图 15.27(c) 所示,说明银原子束经过非均匀磁场后分为两束.这一现象证实了原子具有磁矩,且磁矩在外磁场中只有两种可能取向,即角动量的空间取向是量子化的.

实验结果说明了角动量的空间取向是量子化的,但是实验中的原子磁矩显然不是电子轨道运动的磁矩,因为当角量子数为 l 时,轨道角动量在外磁场方向的投影 L_z 有 $2l+1$ 个不同的值,底板上的原子沉积数目应为 $2l+1$,即为奇数条,而不可能只有两条.

15.10.2 电子自旋

为了说明上述斯特恩-格拉赫实验的结果,1925 年,乌伦贝克(Uhlenbeck)和古德斯密特(Goudsmit)提出了电子具有自旋运动的假设,并且根据实验结果指出,电子的自旋角动量和自旋磁矩在外磁场中只有两种可能取向. 上述实验中银原子处于基态,且 $l=0$,即处于轨道角动量和磁矩皆为零的状态,因而只有自旋角动量和自旋磁矩.

类似于电子轨道运动的情况,电子自旋角动量表示为

$$S = \sqrt{s(s+1)}\hbar = \frac{\sqrt{3}}{2}\hbar,$$

式中 $s = \frac{1}{2}$ 称为自旋量子数. 自旋角动量在外磁场方向上的分量为

$$S_z = m_s\hbar,$$

式中 $m_s = \pm \frac{1}{2}$ 称为自旋磁量子数.

自旋磁量子数决定电子自旋角动量在外磁场中的指向,它只

有两个值,故这种指向与外磁场同向或反向,它影响原子在外磁场中的能量. 这里要指出的一点是,电子自旋是电子的内禀特性,无经典类比.

引入电子自旋概念后,碱金属原子光谱的双线结构(如钠光谱主线系的第一条谱线由波长分别为 589.0 nm 和 589.6 nm 的双线组成)等现象得到了很好的解释.

理论和实验研究表明,一切微观粒子都具有各自特有的自旋,自旋是一个非常重要的概念.

15.10.3 原子的壳层结构

在多电子原子中,电子的状态由四个量子数 (n, l, m_l, m_s) 来决定. 主量子数 n 决定原子中电子的能量. 角量子数 l 决定电子绕原子核运动的角动量的大小. 一般来说, n 相同而 l 不同的电子,其能量也稍有不同. 磁量子数 m_l 决定电子绕原子核运动的角动量在外磁场中的指向. 自旋磁量子数 m_s 决定电子自旋角动量在外磁场中的指向.

1916 年,柯塞尔(Kossel)提出多电子原子中核外电子按壳层分布模型. 主量子数 n 相同的电子组成一个壳层, n 越大,壳层离原子核的平均距离越远, $n = 1, 2, 3, 4, 5, 6, \cdots$ 的各壳层分别用大写字母 K,L,M,N,O,P,$\cdots$ 来表示. 在一个壳层内,又按角量子数 l 分为若干个分壳层. 主量子数为 n 的壳层中包含 n 个分壳层,对应于 $l = 0, 1, 2, 3, 4, 5, \cdots$ 的各分壳层分别用小写字母 s,p,d,f,g,h,$\cdots$ 来表示. 一般说来,主量子数 n 越大的壳层,其能级越高,同一壳层中,角量子数 l 越大的分壳层能级越高. 由量子数 n, l 确定的分壳层通常这样表示:把 n 的数值写在前面,并排写出代表 l 数值的字母,如 1s,2s,2p,3s,3p,3d,4s,$\cdots$. 由于原子中的电子只处于一系列特定的运动状态,所以每一壳层只能容纳一定数量的电子,其电子数的分布由以下两个原理确定.

1. 泡利不相容原理

1925 年,泡利(Pauli)根据对光谱实验结果的分析,总结出如下规律:在一个原子中不能有两个或两个以上的电子处在完全相同的量子态. 也就是说,一个原子中任何两个电子都不可能具有一组完全相同的量子数 (n, l, m_l, m_s),这称为泡利不相容原理. 以基态氦原子为例,它的两个核外电子都处于 1s 态,其量子数 (n, l, m_l) 都为 $(1, 0, 0)$,则 m_s 必定不同,即一个为 $+\dfrac{1}{2}$,另一个为 $-\dfrac{1}{2}$. 根据泡利不相容原理,不难算出各壳层上最多可容纳的电子数为

$$Z_n = \sum_{l=0}^{n-1} 2(2l+1) = 2n^2.$$

在 $n = 1, 2, 3, 4, \cdots$ 的各壳层上,分别最多可容纳 $2, 8, 18, 32, \cdots$ 个电子;而在 $l = 0, 1, 2, 3, \cdots$ 的各分壳层上,分别最多可容纳 $2, 6, 10, 14, \cdots$ 个电子.

2. 能量最低原理

原子处于正常状态时,每个电子都趋向占据可能的最低能级.当原子中电子的能量最小时,整个原子的能量最低,这时原子处于最稳定的状态,即基态,这就是**能量最低原理**.因此,能级越低(离原子核越近)的壳层越先被电子填满,其余电子依次向未被占据的最低能级填充,直至所有 Z 个核外电子分别填入可能占据的最低能级为止.由于能量还和角量子数 l 有关,所以在有些情况下,n 较小的壳层尚未被填满时,下一个壳层上就开始有电子填入了.关于 n 和 l 都不同的状态的能级高低问题,我国科学工作者总结出这样的规律:对于原子的外层电子,能级高低可以用 $n + 0.7l$ 的值来确定,该值越大,能级越高.例如,3d 态能级比 4s 态能级高,因此钾的第 19 个电子不是填入 3d 态,而是填入 4s 态.

按泡利不相容原理和能量最低原理求得的各元素的核外电子的分布与元素周期表的完全一致,从而从理论上阐明了元素周期表的规律.

*15.11 激光原理及其应用

激光器的发明是 20 世纪科学技术领域中具有划时代意义的一项成就.自从 1960 年美国科学家梅曼(Maiman)制成第一台红宝石激光器以来,激光技术及其应用取得了巨大的进展,对整个社会生产和科学技术的发展起到了巨大的推动作用.激光是基于受激辐射光放大原理而产生的一种相干光辐射,其英文名 laser 是由 "light amplification by stimulated emission of radiation" 的第一字母缩写而成,译名是根据我国著名科学家钱学森的建议而确定的.1916 年,爱因斯坦提出的受激辐射理论是现代激光技术的理论基础.

15.11.1 激光产生的基本原理

1. 三种跃迁过程

按照原子的量子力学理论,光和原子的相互作用可以引起受激吸收、自发辐射和受激辐射.

(1) 受激吸收. 处于低能级 E_1 的原子受到频率为 ν 的光子照射时,会吸收光子的能量,然后在满足 $h\nu = E_2 - E_1$ 的能级间从低能级 E_1 跃迁到高能级 E_2(也称激发态). 这个过程称为**受激吸收**,如图 15.28(a) 所示.

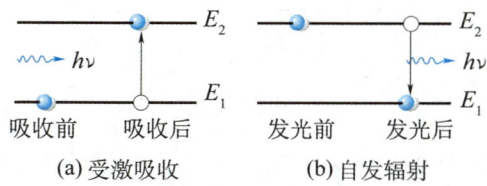

(a) 受激吸收　　(b) 自发辐射

图 15.28　受激吸收与自发辐射

一般情况下,一个原子仅吸收一个光子实现能级跃迁. 激光出现后,实验上实现了多光子吸收过程,即一个原子在一定条件下,同时吸收多个光子从低能级跃迁到高能级.

(2) 自发辐射. 处于激发态的原子是不稳定的,原子在激发态停留的时间大约为 10^{-8} s. 处于激发态的原子将自发跃迁到低能级而辐射出频率为 ν 的光子,这种发光过程称为**自发辐射**,如图 15.28(b) 所示. 辐射出的光子的能量为 $h\nu = E_2 - E_1$. 自发辐射的特点是原子发光彼此独立,互不相关,大量原子发出的光的频率、相位、振动方向和传播方向都是杂乱的.

(3) 受激辐射. 处于激发态的原子在自发辐射之前,如遇到能量为 $h\nu = E_2 - E_1$ 的外来光子的诱发,该原子将从高能级 E_2 跃迁到低能级 E_1,同时辐射出光子,这种发光过程称为**受激辐射**. 受激辐射的特点是辐射光子与入射光子具有相同的频率、相位、振动方向和传播方向,如图 15.29(a) 所示. 由此可见,在受激辐射中,一个入射光子可以获得一个原子的受激辐射而得到两个特征完全相同的光子,两个光子又可以获得四个特征完全相同的光子,如图 15.29(b) 所示. 如此持续下去,就可以获得大量特征相同的光子,从而实现光放大.

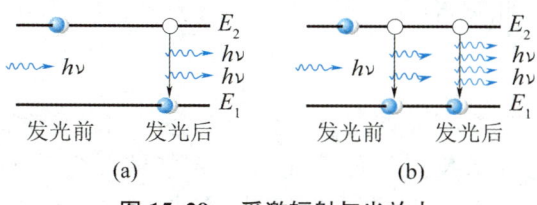

(a)　　(b)

图 15.29　受激辐射与光放大

2. 粒子数反转

在光和原子系统相互作用的过程中,受激吸收、自发辐射和受激辐射三种跃迁过程总是同时存在的.受激吸收使光子数减少,受激辐射使光子数增加.要实现受激辐射的光放大,就要使受激辐射所产生的光子数大于受激吸收所吸收的光子数.受激辐射与受激吸收哪个占优势,取决于原子按能级分布的状况.

原子系统处于动态平衡时,其原子能级上原子数的分布遵守玻尔兹曼定律.设处于低能级 E_1 的原子数为 N_1,处于高能级 E_2 的原子数为 N_2,由麦克斯韦-玻尔兹曼分布可得

$$\frac{N_2}{N_1} = \frac{Ce^{-E_2/kT}}{Ce^{-E_1/kT}} = e^{\frac{E_2-E_1}{kT}}. \tag{15.11.1}$$

由于 $E_2 - E_1 > 0$,故 $\frac{N_2}{N_1} < 1$,说明低能级的原子数比高能级的原子数多.多数的原子基态与第一激发态之间的能量差约为 1 eV 的数量级.当室温为 300 K 时,这两个能级上的原子数之比为 $\frac{N_2}{N_1} \approx e^{-40}$.因此,在正常情况下,$N_2 \ll N_1$,受激吸收大于受激辐射.

要使受激辐射大于受激吸收,就必须使高能级的原子数比低能级的原子数多.我们把某一高能级上的粒子数多于某一低能级上的粒子数的现象称为**粒子数反转分布**.

实现粒子数反转分布所需的条件是:① 要有外界的激励条件,即必须由外界输入能量,如光照、放电等,使尽可能多的粒子跃迁到高能级上.这一能量的供应过程称为**激励**或**光泵浦**;② 要有存在亚稳态的工作物质,因为粒子在亚稳态上停留的时间可达 $10^{-4} \sim 10^{-3}$ s,远大于粒子在一般激发态上停留的时间.He,Ne,Ar,Cr^{3+},CO_2 等就是存在亚稳态的工作物质.

如图 15.30 所示,E_1 为基态能级,E_3 为激发态能级,E_2 为亚稳态能级.利用外来能量进行激励,使大量处于基态的粒子跃迁到激发态能级 E_3 上,由于粒子在激发态能级 E_3 的寿命很短,很快就以无辐射跃迁的方式转移到亚稳态能级 E_2 上;粒子在亚稳态能级上的平均寿命很长,不会立即以自发辐射的方式返回基态,只要能源源不断地提供激励能量,处于亚稳态上的粒子就会越来越多,最终超过处于基态上的粒子数,从而实现 E_2 与 E_1 两个能级之间的粒子数反转分布.此时,若受到频率为

$$\nu = \frac{E_2 - E_1}{h}$$

的光子的作用,在亚稳态与基态之间就会产生以受激辐射为主的跃迁.实现粒子数反转分布后,还不一定能够形成激光,因为引起受激辐射的最初光子来自自发辐射,这些光子的相位、振动方向、

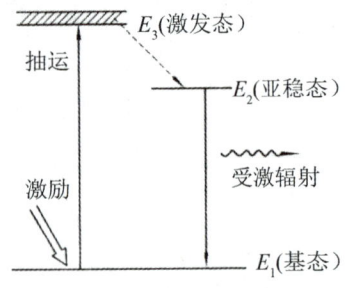

图 15.30 三能级系统

传播方向都是无规则的. 为了能产生激光,必须使其中某一方向、某一频率的受激辐射能够不断地得到加强,其他方向、其他频率的受激辐射受到抑制.这一任务就由光学谐振腔来完成.

3. 光学谐振腔

光学谐振腔是由两个相距一定距离的反射镜 M_1 和 M_2 构成的腔体,工作物质置于腔体之中,反射镜 M_1 和 M_2 严格平行并与腔体的轴线垂直,其中 M_1 是全反射镜,M_2 是部分反射镜(反射率达 98%),如图 15.31 所示.

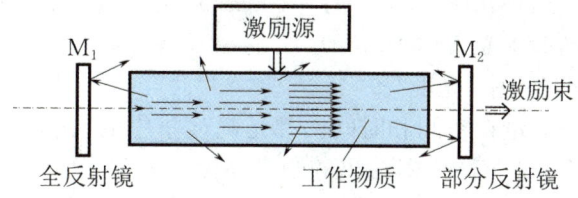

图 15.31　光学谐振腔

当工作物质在激励源的激励下实现粒子数反转分布后,有一部分原子将以自发辐射的方式跃迁回基态,并辐射出相位、偏振态、传播方向不相同的光子.这些光子也会引发受激辐射.在光学谐振腔内,那些偏离轴线传播的光子很快地从腔体侧面逸出.而沿着轴线方向运动的光子,由于得到两端反射镜的反射而在腔内形成振荡,每往返一次都会引发工作物质产生轴向的受激辐射,因此,沿着轴向运动的光子数不断地增加,在谐振腔内形成了沿轴向的频率、相位、偏振态完全一致的激光束,从部分反射镜 M_2 输出.

为了使谐振腔能有很好的选频作用,腔体的长度 l 应设计为所需波长的半整数倍,即 $l = \dfrac{n\lambda}{2}$,并在反射镜 M_1 和 M_2 上镀多层膜,使所需波长的光得到最大限度的反射,而限制其他波长的光反射.这样,只有波长为 λ 的光才能得到放大,其他波长的光很快就被衰减掉.因此,从 M_2 输出的激光束具有良好的单色性.

4. 阈值条件

实现工作物质的粒子数反转分布是产生激光的基本条件.我们把粒子数反转分布后高能级上的粒子数 N_2 与低能级上的粒子数 N_1 之差 $(N_2 - N_1)$ 称为<u>反转密度</u>.反转密度的大小直接影响光放大的增益,反转密度越大,受激辐射概率越大,光放大增益越高.由于谐振腔反射镜的透射和吸收,以及工作物质的不均匀引起的散射等原因,都会造成光子损耗.只有当光子在谐振腔内来回一次所得的增益大于损耗时,才能维持谐振腔内的振荡.

维持振荡所需的最小反转密度称为<u>阈值反转密度</u>.激励源为

维持阈值反转密度所提供的最小能量、功率和电流分别称为**阈值能量**、**阈值功率**和**阈值电流**. 只有激励源提供的能量、功率、电流都超过各自的阈值时,才能维持谐振腔内的振荡并输出激光.

15.11.2 激光的特性

(1) 方向性强.

由于谐振腔仅选择沿轴线运动的光子加以放大,输出的激光具有很强的方向性. 激光束的发散角只有 $3'38''$ 左右,在几千米外的扩散半径只有几厘米. 利用这一特性,激光可以用来定位、测距、导航以及制造激光雷达等.

(2) 能量集中,亮度高.

激光的能量在空间和时间上都是高度集中的. 例如,一台功率只有 1 mW 的氦氖激光器输出的激光亮度比太阳表面的亮度高 100 倍;一台功率较大的红宝石激光器输出的激光亮度比太阳表面的亮度高 100 亿倍. 连续输出激光器的最大连续功率可达 10^4 W,脉冲输出激光器的最大功率可达 10^{12} W.

激光通过透镜聚集可在焦点附近产生几万摄氏度甚至更高的温度,它足以熔化当今已有的任何材料. 利用这一特性,激光可以用来打孔、焊接、切割、热处理,以及制造激光武器等.

(3) 单色性好.

由于谐振腔的选频作用,激光器发出的单色光谱线宽度很窄. 例如,氦氖激光器发出的波长为 632.8 nm 的红光,波长宽度只有 10^{-8} nm. 利用这一特性,可将激光波长作为标准长度进行精密测量.

(4) 相干性好.

激光的发光过程是受激辐射,激光具有很好的相干性. 利用这一特性,产生了全息照相、激光信息处理和精密检测等一系列高新技术.

15.11.3 激光器

自 1960 年第一台激光器诞生以来,不同种类的激光器应运而生. 激光器主要由三个部分组成:① 能产生激光的工作物质;② 激励源;③ 光学谐振腔.

按工作物质分类可把激光器分为:① 气体激光器,如氦氖激光器、二氧化碳激光器;② 液体激光器,如无机液体激光器;③ 固体激光器,如红宝石激光器、钕玻璃激光器;④ 半导体激光器,如砷化镓二极管激光器.

按激光输出方式可把激光器分为:① 连续输出激光器,如氦氖激光器;② 脉冲输出激光器,如红宝石激光器.

按激励源的不同可把激光器分为:① 物理激光器,它是以电源为激励源的激光器,必须有供电系统,其功率比较小,不便移动;② 化学激光器,它是将化学反应的能量作为激励源的激光器,其突出优点是工程放大性能好,有利于产生大功率的激光. 不论是氟化氘/氟化氢化学激光器还是氧化碘化学激光器,目前输出功率已达到百万瓦[特]水平,激光束质量可达近衍射极限. 由于化学激光器的高亮度特性以及不必用极其庞大的电源,它在军事应用方面有良好的发展前景,利用氧化碘化学激光器作为光源的机载激光武器就是一例.

激光的发展简史如表 15.5 所示.

表 15.5 激光的发展简史

年代	事件
1860 年	麦克斯韦建立光的电磁理论
1900 年	普朗克提出能量子假说
1905 年	爱因斯坦提出光子理论
1916 年	爱因斯坦提出受激辐射理论
1953 年	汤斯(Townes)建立第一台微波激射器
1958 年	汤斯、肖洛(Schawlow)开始研制激光器
1960 年	梅曼制成第一台红宝石激光器
1961—1965 年	激光光谱,用于大气污染分析;半导体激光器,用于激光通信;二氧化碳激光器,用于激光熔炼、激光切割、激光钻孔……
1962 年	激光全息术
1969 年	月球上设置激光反射器,地面与卫星联系
20 世纪 80 年代—	激光外科手术、通信、光盘、激光武器……

思考题

1. 对于刚粉刷完的房间,在室内看很明亮. 但从距离房间很远的室外通过开着的窗户看,即使在白天,看到室内也是黑的,为什么?

2. 用可见光能产生康普顿效应吗?在光电效应中能观察到康普顿效应吗?

3. 根据不确定关系,一个原子即使在 0 K,它能完全静止吗?

4. 什么是物质波?哪些实验证实微观粒子具有波动性?

5. 波函数的标准条件是什么?

6. 在量子力学中,一维无限深方势阱中的粒子可以有若干个态,如果势阱的宽度缓慢地减少到某一较小的宽度,则能级会怎样变化?

7. 氢原子的玻尔理论中电子轨道角动量的最小值与量子力学理论中的结果是否相同?如果不同,哪个结果是正确的?

习题 15

1. 一绝对黑体在 $T_1 = 1\,450$ K 时,单色辐出度的峰值所对应的波长为 $\lambda_1 = 2$ μm. 当温度降低到 $T_2 = 976$ K 时,求:
   (1) 单色辐出度的峰值所对应的波长;
   (2) 两种温度下辐出度之比.

2. 若将太阳近似地视为黑体,从太阳光谱测得 $\lambda_m \approx 490$ nm,用维恩位移律计算太阳表面的温度为多少?如果将地面的温度视为 300 K,可算出对应的 λ'_m 为多少?后一结果有什么应用?

3. 试将普朗克公式的频率表示式换算到波长表示式.

4. 美国物理学家密立根花了 10 年时间从实验上验证爱因斯坦的光电效应方程,并准确地测出了普朗克常量. 他在 1916 年发表的一组实验数据如图 15.32 所示,它表示的是金属钠的遏止电压与入射光频率之间的关系. 试根据该图确定以下各量:
   (1) 金属钠的红限频率;
   (2) 普朗克常量;
   (3) 金属钠的功函数.

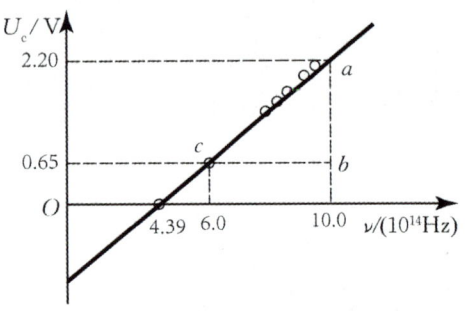

图 15.32

5. 用波长为 $\lambda = 300$ nm 的紫外线照射某金属,测得光电子的最大速度为 5×10^5 m/s,该金属的红限波长为多少?

6. 从金属钼中移出一个电子需要 4.2 eV 的能量. 用波长为 $\lambda = 200$ nm 的紫外线照射金属钼的表面,求光电子的最大初动能、遏止电压及金属钼的红限波长.

7. 用波长为 0.71 Å 的 X 射线照射石墨晶体,求在与入射方向成 45° 角的方向上观察到康普顿散射 X 射线的波长.

8. 在康普顿实验中,一个波长为 0.015 nm 的光子被一个自由电子散射,在散射角为 120° 的方向上,求其波长变化与原波长的比.

9. 在氢原子光谱中,求莱曼系的最大波长的谱线所对应的光子的能量.

10. 基态氢原子的电离能是多少?电离能为 0.544 eV 的激发态氢原子,其电子在 n 等于多大的轨道上运动?

11. 求波长为 $\lambda = 1$ Å 的 X 射线光子的能量、质量和动量.

12. 在一电子束中,电子的动能为 200 eV,则电子的德布罗意波长为多少?当该电子遇到直径为 1 nm 的孔或障碍物时,它表现出粒子性,还是波动性?

13. 波长为 $\lambda = 500$ nm 的光沿 x 轴正方向传播,若光的波长不确定量为 $\Delta\lambda = 10^{-3}$ Å,则利用不确定关系 $\Delta x \Delta p_x \geqslant h$(估算式)可得光子的位置不确定量至少是多大?

14. 如果枪口的直径为 5 mm,子弹质量为 0.01 kg,用不确定关系估算子弹射出枪口时的横向速率.

15. 一光子的波长为 300 nm,如果测定该光子波长的精确度为 $\dfrac{\Delta\lambda}{\lambda} = 10^{-6}$,求光子的位置不确定量.

16. 在激发态上的钠原子发射出波长为 $\lambda = 589$ nm 的光子,钠原子在激发态上的平均寿命约为 10^{-8} s,用不确定关系求能量和波长的不确定范围.

17. 粒子在一维无限深方势阱中运动(势阱宽度为 a),其波函数为 $\psi(x) = \sqrt{\dfrac{2}{a}} \sin\dfrac{3\pi x}{a}$ $(0 < x < a)$,求粒子出现概率最大的各个位置.

习题参考答案

习题 9

1. (1) 0.0023 rad； (2) 0.046 rad； (3) 2.5 mm
2. 632 nm
3. (1) 11 cm； (2) 7
4. 5.4×10^{-6} m
5. 1.4
6. (1) 2 250 nm；(2) 向棱边移动，第 17 级暗纹
7. (1) 凹的； (2) 凹的深度为 $\frac{\lambda}{2}$
8. (1) 4×10^{-4} rad； (2) 7.9×10^{-4} m； (3) 14
9. (1) 500 nm； (2) 50； (3) 67
10. 1.5 mm
11. 592 nm
12. 658 nm
13. 492 nm
14. 1.636

第 10 章

1. 1.20 mm
2. (1) 0.8 mm； (2) 2.4 mm；
   (3) 第 3 级，7 个
3. 429 nm
4. 3.76×10^{-3} rad
5. (1) 2.24×10^{-4} rad； (2) 不能分辨
6. (1) 3×10^{-7} rad； (2) 2 m
7. 916
8. (1) 6.0×10^{-6} m； (2) 1.5×10^{-6} m； (3) 15 条
9. (1) 2； (2) 1.2×10^{-3} cm
10. 5×10^{-4} cm
11. (1) 57.7 cm； (2) 5 条； (3) 9 条； (4) 9 条
12. 29.6 cm
13. 1.30 Å, 0.97 Å
14. 0.276 nm

习题 11

1. $\frac{1}{2}$
2. $\frac{5}{8} I_0$, $\frac{5}{32} I_0$
3. $\theta = 45°$, $\frac{1}{4}$
4. $\theta = 45°$
5. (1) 54.73°； (2) 35.27°
6. $i_0 = 49.6°, i_0' = 40.4°, i_0' + i_0 = 90°$
7. (1) 60°； (2) 1.73； (3) 略
8. $n_2 = n_3$
9. arcsin 0.995 或 84.38°，垂直入射面(纸面)
10. $\arctan \frac{1}{\sqrt{2}}$ 或 35.27°

习题 12

1. 4‰
2. 2.45×10^4 个
3. $\frac{7}{34}$
4. (1) 1.35×10^5 Pa； (2) 7.5×10^{-21} J, 362 K
5. 6.16×10^{-2} K, 0.512 Pa
6. (1) 1.58×10^6 m/s； (2) 2.07×10^{-15} J

大学物理学（下）

7. $\sqrt{\dfrac{m_2}{m_1}}$

8. $\dfrac{5}{6}$

9. 5.42×10^7 s^{-1}, 6×10^{-5} cm

习题 13

1. 6.59×10^{-26} kg
2. (1) 623.25 J, 623.25 J, 0;
   (2) 1 038.75 J, 623.25 J, 415.5 J
3. 692.1 J, 968.3 J, 过程(2)所需的热量大, 因为恒压时气体膨胀对外界做的功由加热提供
4. (1) 285 K; (2) 0.9 atm, 0.05 m^3;
   (3) 281.7 K, 0.046 m^3
5. (1) 500 J; (2) 700 J
6. (1) 3 279 J, 2 033 J, 1 246.5 J;
   (2) 2 935 J, 1 688 J, 1 246.5 J
7. (1) $\dfrac{3}{2}p_0V_0$, $\dfrac{5}{2}p_0V_0$; (2) $\dfrac{8p_0V_0}{13R}$
8. 略
9. 1.26, 1.15
10. 氮气
11. (1) 2.72×10^3 J; (2) 2.20×10^3 J
12. 降低
13. 160 K
14. (1) 5.35×10^3 J; (2) 1.34×10^3 J;
    (3) 4.01×10^3 J
15. 2.7%, 10%, 第(1)种方案更好
16. (1) 37.4%, 不是; (2) 1.67×10^4 J
17. $1-\dfrac{T_2}{T_1}$, 否

习题 14

1. $\Delta x' = 4\times 10^6$ m
2. (1) 1.8×10^8 m/s; (2) 9×10^8 m
3. 1.29×10^{-5} s
4. 2.68×10^8 m/s

5. (1) $L\sqrt{1-\dfrac{v^2}{c^2}}$; (2) $\dfrac{L\sqrt{1-\dfrac{v^2}{c^2}}+L_0}{v}$

6. $\dfrac{m_0 c^2}{V_0(c^2-v^2)}$

7. $0.96c$

8. c, 光信号与 x 轴的夹角为 $\alpha = \arccos\dfrac{u}{c}$

9. 8

10. 2.95×10^5 eV

11. 1.798×10^4 m

12. 6.85×10^{-15} J, 1.14×10^{-22} kg·m/s

13. (1) 5.02 m/s; (2) 1.49×10^{-18} kg·m/s;
    (3) 1.2×10^{-11} N, 0.25 T

14. (1) 4.15×10^{-12} J; (2) 6.20×10^{14} J;
    (3) 6.29×10^{11} kg

习题 15

1. (1) 3 μm; (2) 4.87
2. 5 912.24 K, $\lambda'_m = 9.66$ μm, 略
3. 略
4. (1) 4.39×10^{14} Hz; (2) 6.46×10^{-34} J·s;
   (3) 1.77 eV
5. 362.2 nm
6. 3.22×10^{-19} J, 2.0 V, 296 nm
7. 0.717 Å
8. 24.3%
9. 10.2 eV
10. 13.6 eV, 5
11. 1.99×10^{-15} J, 2.21×10^{-32} kg,
    6.63×10^{-24} kg·m/s
12. 8.69×10^{-11} m, 粒子性
13. 2.5 m
14. 1.1×10^{-30} m/s
15. $\geqslant 2.39\times 10^{-2}$ m
16. $\geqslant 5.28\times 10^{27}$ J, $\geqslant 9.2\times 10^{-15}$ m
17. $\dfrac{a}{6}$, $\dfrac{a}{2}$, $\dfrac{5a}{6}$

图书在版编目(CIP)数据

大学物理学. 下/俎凤霞,汤朝红主编. —北京:北京大学出版社,2022.1
ISBN 978-7-301-32834-7

Ⅰ. ①大… Ⅱ. ①俎… ②汤… Ⅲ. ①物理学—高等学校—教材 Ⅳ. ①O4

中国版本图书馆CIP数据核字(2022)第 011818 号

书　　　名	大学物理学(下) DAXUE WULIXUE (XIA)
著作责任者	俎凤霞　汤朝红　主编
责 任 编 辑	王剑飞
标 准 书 号	ISBN 978-7-301-32834-7
出 版 发 行	北京大学出版社
地　　　址	北京市海淀区成府路 205 号　100871
网　　　址	http://www.pup.cn
电 子 信 箱	zpup@pup.cn
新 浪 微 博	@北京大学出版社
电　　　话	邮购部 010-62752015　发行部 010-62750672　编辑部 010-62765014
印 　刷 　者	湖南省众鑫印务有限公司
经 　销 　者	新华书店
	787 毫米×1092 毫米　16 开本　14.5 印张　373 千字 2022 年 1 月第 1 版　2023 年 6 月第 3 次印刷
定　　　价	58.00 元

未经许可,不得以任何方式复制或抄袭本书之部分或全部内容。
版权所有,侵权必究
举报电话:010-62752024　电子信箱:fd@pup.pku.edu.cn
图书如有印装质量问题,请与出版部联系,电话:010-62756370